教育部高职高专材料类专业教学指导委员会工程材料与成形工艺类专业规划教材

JIAOYUBUGAOZHIGAOZHUANCAILIAOLEIZHUANYE
JIAOXUEZHIDAOWEIYUANHUI
GONGCHENGCAILIAOYUCHENGXINGGONGYILEIZHUANYEGUIHUAJIAOCAI

焊接检测及技能训练

许利民 / 主编　　吴静然　蔡建刚 / 副主编　　孟宪斌　苏海青 / 主审

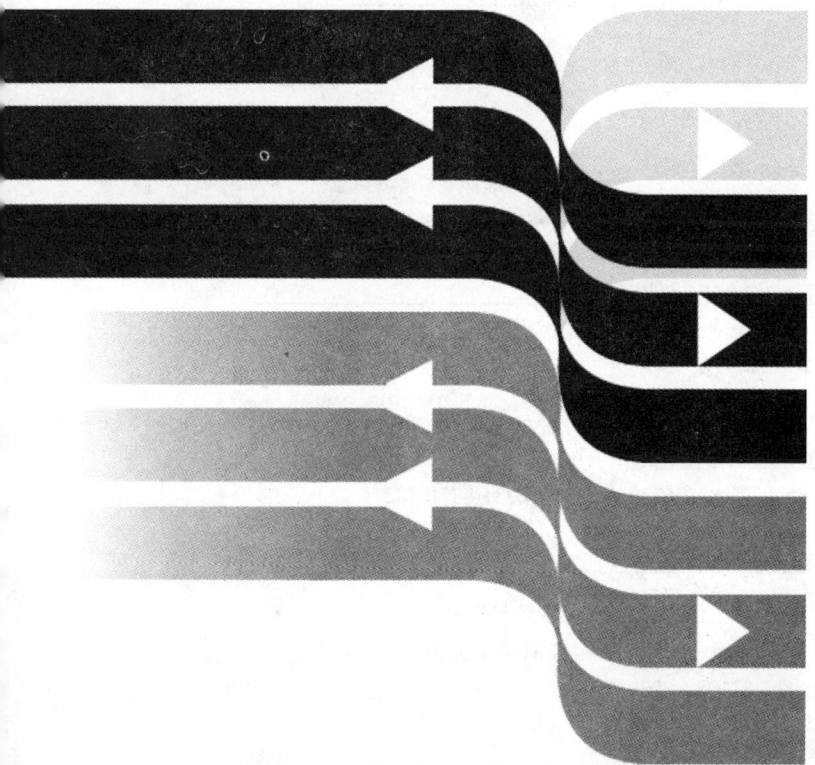

中南大学出版社
www.csupress.com.cn

图书在版编目(CIP)数据

焊接检测及技能训练/许利民主编. 一长沙:中南大学出版社,2010
教育部高职高专材料类专业教学指导委员会工程材料与成形工艺
类专业规划教材
ISBN 978 - 7 - 81105 - 393 - 7

Ⅰ.焊... Ⅱ.许... Ⅲ.焊接 - 质量检验 - 高等学校:技术
学校 - 教材 Ⅳ.TG441.7

中国版本图书馆 CIP 数据核字(2010)第 062420 号

焊接检测及技能训练

主编 许利民

□**责任编辑**	史海燕	
□**责任印制**	周 颖	
□**出版发行**	中南大学出版社	
	社址:长沙市麓山南路	邮编:410083
	发行科电话:0731-88876770	传真:0731-88710482
□**印 装**	长沙理工大印刷厂	

□**开 本**	787×1092 1/16	□**印张** 15 □**字数** 373 千字
□**版 次**	2010 年 7 月第 1 版	□2010 年 7 月第 1 次印刷
□**书 号**	ISBN 978 - 7 - 81105 - 393 - 7	
□**定 价**	31.00 元	

内容简介

本书是教育部高职高专材料类专业教学指导委员会工程材料与成形工艺类专业规划教材。

本书主要讲述了超声波检测、射线检测、渗透检测、磁力检测、涡流检测等常用焊接无损检测方法的基本原理，检测设备、器材，不同焊缝及工件的检测技术、方法及相应的质量评定。引入大量技术实训内容，针对工程实践中多见的焊接结构及焊接接头形式进行实际检测训练指导，并介绍了如防止电离辐射等安全知识。对声发射检测、红外线检测、激光全息检测、中子射线法检测、液晶检测和微波检测等一些较新或发展较快的无损检测技术进行了简要介绍。

为了有利于学生实际工作能力的培养，对金属的焊接缺陷、焊接检测的依据、常用破坏性检测方法、焊接质量控制的基本内容、焊接质量评定标准、无损检测的应用、压力容器检测、检验人员技术资格鉴定等有关内容也进行了简要介绍。

本书是一本集理论与实际操作于一体的高等职业技术学院焊接或检测专业教材，亦可供从事无损检测技术工作的工程技术人员参考。

教育部高职高专材料类专业教学指导委员会
工程材料与成形工艺类专业规划教材编审委员会
（排名不分先后）

主 任

王纪安　承德石油高等专科学校　　　　任慧平　内蒙古科技大学

副主任

曹朝霞　包头职业技术学院　　　　　　谭银元　武汉船舶职业技术学院
凌爱林　山西机电职业技术学院　　　　佟晓辉　中国热处理行业协会
王红英　深圳职业技术学院　　　　　　赵丽萍　内蒙古科技大学
姜敏凤　无锡职业技术学院

委 员

张连生　承德石油高等专科学校　　　　韩小峰　陕西工业职业技术学院
王泽忠　四川工程职业技术学院　　　　阎庆斌　山西机电职业技术学院
李荣雪　北京电子科技职业学院　　　　彭显平　四川工程职业技术学院
陈长江　武汉船舶职业技术学院　　　　杨坤玉　长沙航空职业技术学院
诸小丽　南宁职业技术学院　　　　　　蔡建刚　兰州石化职业技术学院
白星良　山东工业职业学院　　　　　　杨　跃　四川工程职业技术学院
李学哲　沈阳职业技术学院　　　　　　张　伟　洛阳理工学院
赵　峰　天津中德职业技术学院　　　　杨兵兵　陕西工业职业技术学院
李　慧　新疆农业职业技术学院　　　　谢长林　株洲电焊条股份有限公司
尹英杰　石家庄铁路职业技术学院　　　孟宪斌　齐鲁石化建设公司
苏海青　承德石油高等专科学校　　　　石　富　内蒙古机电职业技术学院
邱葭菲　浙江机电职业技术学院　　　　范洪远　四川大学
许利民　承德石油高等专科学校　　　　杨　岢　西华大学
王建勋　兰州石化职业技术学院　　　　曹喻强　陕西工业职业技术学院
韩静国　山西机电职业技术学院　　　　王晓江　陕西工业职业技术学院
王书田　包头职业技术学院　　　　　　付　俊　四川工程职业技术学院
郝晨生　黑龙江工程学院　　　　　　　柴腾飞　太原理工大学长治学院

总　序

当前，高等职业教育改革方兴未艾，各院校积极贯彻落实教育部《关于全面提高高等职业教育教学质量的若干意见》(教高[2006]16号文)和教育部、财政部《关于实施国家示范性高等职业院校建设计划，加快高等职业教育改革与发展的意见》(教高[2006]14号文)文件精神，探索"工学结合"的改革发展之路，取得了很多很好的教学成果。

教育部高等学校高职高专材料类专业教学指导委员会工程材料与成形工艺分委员会，主要负责工程材料及成形工艺类专业与课程·改革建设的指导工作。分教指委组织编写了《高职高专工程材料与成形工艺类专业教学规范(试行)》，并已由中南大学出版社正式出版，向全国推广发行，它是对高职院校教学改革的阶段性探索和成果的总结，对开办相关专业的院校有较好的指导意义和参考价值。为了适应工程材料与成形工艺类专业教学改革的新形势，分教指委还积极开展了工程材料与成形工艺类专业高职高专规划教材的建设工作，并成立了高职高专工程材料与成形工艺类专业规划教材编审委员会，编审委员会由教指委委员、分指委专家、企业专家及教学名师组成。教指委及规划教材编审委员会在长沙中南大学召开了教材建设研讨会，会上讨论了焊接技术及自动化专业、金属材料热处理专业、材料成形与控制技术专业(铸造方向、锻压方向、铸热复合)以及工程材料与成形工艺基础等一系列教材的编写大纲，统一了整套书的编写思路、定位、特色、编写模式、体例等。

历经几年的努力，这套教材终于与读者见面了，它凝结了全体编写者与组织者的心血，体现了广大编写者对教育部"质量工程"精神的深刻体会和对当代高等职业教育改革精神及规律的准确把握。

本套教材体系完整、内容丰富。归纳起来，有如下特色：①根据教育部高等学校高职高专材料类专业教学指导委员会工程材料与成形工艺类专业制定的教学规划和课程标准组织编写；②统一规划，结构严谨，体现科学性、创新性、应用性；③贯彻以工作过程和行动为导向，工学结合的教育理念；④以专业技能培养为主线，构建专业知识与职业资格认证、社会能力、方法能力培养相结合的课程体系；⑤注重创新，反映工程材料与成形工艺领域的新知识、新技术、新工艺、新方法和新标准；⑥教材体系立体化，提供电子课件、电子教案、教学与学习指导、教学大纲、考试大纲、题库、案例素材等教学资源平台。

教材的生命力在于质量与特色，希望本系列教材编审委员会及出版社能做到与时俱进，根据高职高专教育改革和发展的形势及产业调整、专业技术发展的趋势，不断对教材进行修订、改进、完善，精益求精，使之更好地适应高职人才培养的需要，也希望他们能够一如既往地依靠业内专家，与科研、教学、产业第一线人员紧密结合，加强合作，不断开拓，出版更多的精品教材，为高职教育提供优质的教学资源和服务。

衷心希望这套教材能在我国材料类高职高专教育中充分发挥它的作用，也期待着在这套教材的哺育下，一大批高素质、应用型、高技能人才能脱颖而出，为经济社会发展和企业发展建功立业。

王纪安

2010 年 1 月 18 日

王纪安：教授，教育部高等学校高职高专材料类专业教学指导委员会委员，工程材料与成形工艺分委员会主任。

前　言

为了进一步贯彻《国务院关于大力推进职业教育改革与发展的决定》的文件精神，加强职业教育教材建设，满足职业院校深化教学改革对教材建设的要求，教育部高职高专材料类专业教学指导委员会召开了"工程材料与成形工艺类专业规划教材建设研讨会"。在会上，来自教指委及全国26所职业院校的专家、教授、一线骨干教师研讨了在新的职业教育形势下工程材料与成形工艺类专业的课程体系，确定了面向高等职业教育层次教材的编写计划。本书是根据会议所确定的教学大纲和高职高专工程材料与成形工艺类专业的教学规范及焊接技术及自动化专业的培养目标组织编写的。

本书重点强调培养学生应用常用的焊接检测技术及进行质量控制的能力，在编写过程中充分体现高等职业教育特色，力求"淡化理论、突出应用、重在技能"，基础理论以服务应用为目的、以够用为度。注重焊接检测基础知识的铺垫，以检测的技术控制为重点，突出检测操作及标准应用，为了加强技能培养引入较大量的实训内容。

全书以无损检测为重点，适当介绍了现行国家及行业标准，有利于在工程实践中应用及参考。本书编写模式简洁、新颖，将需要掌握的知识和技能进行了分解，有利于培养学生的工作能力。全书内容中还兼顾到无损检验员的考证要求，以满足"双证制"教学需要。

本书在内容方面主要有以下特点：①焊接检测的主要对象是焊接缺陷，所以本书首先介绍了焊接缺陷。②本书以无损检测为重点，对焊接产品涉及较多的破坏性检验内容进行了简要介绍，有利于学员全面了解焊接检测的内容。③焊接检测的主要目的是进行焊接过程及产品的质量控制，因此，本书对焊前及施焊过程中的质量控制、应具备的条件和典型产品要求、达到的质量指标进行了必要的阐述。④目前还很难找到将相关基础知识内容与实训操作内容合理结合、方便高等职业教育人才培养的应用教材，所以，本教材是高职高专焊接专业、检测专业及化工机械等相关专业进行焊接检测教学和技能培训用书。

本书由承德石油高等专科学校许利民教授主编，并负责了第一、第七、第八模块的编写，承德石油高等专科学校吴静然老师、兰州石化职业技术学院蔡建刚老师担任副主编，并分别编写了第二模块和第三模块，兰州石化职业技术学院郑复晓老师编写了第四模块，长沙航空职业技术学院杨新刚老师编写了第五模块，承德石油高等专科学校刘翔宇老师编写了第六模块。齐鲁石化建设公司工程师、一级建造师孟宪斌和承德石油高等专科学校苏海青教授对书稿进行了审阅。

编写过程中，作者参阅了国内外出版的有关教材和资料，在此对有关作者表示衷心感谢！

由于作者水平有限，书中不妥之处在所难免，恳请读者批评指正。

编　者

2010 年 5 月

目 录

模块一 焊接检测基础 ·· (1)

1.1 金属焊接工艺缺陷 ·· (1)

  1.1.1 焊接缺陷的概念 ·· (1)

  1.1.2 焊接缺陷的分类和主要特征 ·································· (2)

  1.1.3 焊接接头缺陷形成的主要原因 ······························ (5)

  1.1.4 焊接接头缺陷的防止方法 ···································· (5)

  1.1.5 焊接缺陷对质量的影响 ······································ (5)

  1.1.6 压焊缺陷 ·· (6)

  1.1.7 钎焊缺陷 ·· (7)

1.2 焊接检测的一般知识 ·· (7)

  1.2.1 焊接检测的意义 ·· (7)

  1.2.2 焊接检测的分类 ·· (8)

  1.2.3 焊接检测的依据 ·· (9)

  1.2.4 焊接检测过程与内容 ·· (10)

  1.2.5 焊接结构破坏事故的现场调查与分析 ························ (12)

1.3 焊接接头的几种常用破坏性检测方法 ···························· (12)

  1.3.1 焊接接头力学性能试验 ······································ (12)

  1.3.2 焊接接头金相组织分析 ······································ (17)

1.4 焊接检测课程的特点、目的和要求 ······························ (20)

  1.4.1 课程特点 ··· (20)

  1.4.2 课程目的 ··· (20)

  1.4.3 课程要求 ··· (20)

  【综合训练】 ··· (21)

模块二 超声波检测 ·· (23)

2.1 超声波检测的物理基础 ·· (23)

  2.1.1 超声波简介 ··· (23)

  2.1.2 超声波在介质中的传播 ······································ (24)

  2.1.3 超声波在平界面上的入射 ···································· (27)

  2.1.4 超声波的衰减 ··· (30)

  2.1.5 超声波的获得和超声场 ······································ (32)

2.2 超声波检测仪器、探头和试块 ···································· (33)

  2.2.1 超声波检测仪 ··· (33)

2.2.2 超声波探头 ……………………………………………… (35)

2.2.3 探测仪和探头的主要技术性能指标及有关术语 ……… (37)

2.2.4 试块 ……………………………………………………… (38)

2.2.5 耦合 ……………………………………………………… (44)

2.3 超声波检测技术 ………………………………………………… (44)

2.3.1 超声波检测方法分类 …………………………………… (44)

2.3.2 探伤条件的选择 ………………………………………… (47)

2.3.3 扫查 ……………………………………………………… (51)

2.3.4 探伤仪的调节 …………………………………………… (52)

2.3.5 缺陷的定位 ……………………………………………… (55)

2.3.6 缺陷的定量 ……………………………………………… (57)

2.3.7 超声检测结果记录、评定和报告 ……………………… (59)

2.4 技能训练 ………………………………………………………… (63)

2.4.1 超声波检测的主要性能测试 …………………………… (63)

2.4.2 直探头主要性能的测试 ………………………………… (65)

2.4.3 斜探头主要性能的测试 ………………………………… (66)

2.4.4 焊缝超声波检测距离－波幅曲线的制作 ……………… (68)

2.4.5 薄钢板超声波检测 ……………………………………… (70)

2.4.6 对接焊缝超声波检测 …………………………………… (71)

2.4.7 管座角焊缝超声波检测 ………………………………… (74)

2.4.8 T形焊缝超声波检测 …………………………………… (77)

【综合训练】 ……………………………………………………… (79)

模块三 射线检测 ………………………………………………… (82)

3.1 射线检测基本原理 ……………………………………………… (82)

3.1.1 射线的种类 ……………………………………………… (82)

3.1.2 X射线和γ射线的主要性质 …………………………… (83)

3.1.3 射线的产生及特点 ……………………………………… (83)

3.1.4 射线照相法的原理及特点 ……………………………… (84)

3.2 X射线检测设备及器材 ………………………………………… (85)

3.2.1 X射线检测机的分类和用途 …………………………… (85)

3.2.2 X射线检测机的构造 …………………………………… (86)

3.2.3 典型国产X射线检测机技术性能及选择 ……………… (87)

3.2.4 X射线检测器材和工具 ………………………………… (89)

3.3 X射线照相法检测技术 ………………………………………… (92)

3.3.1 射线照相检测工艺的基本过程 ………………………… (92)

3.3.2 射线照相检测的基本透照方式 ………………………… (92)

3.3.3 透照工艺参数的选择 …………………………………… (94)

3.3.4 胶片的暗室处理技术 …………………………………… (96)

3.4　射线照相质量的影响因素及焊缝质量等级评定 ………………………… (97)
　　3.4.1　射线照相灵敏度 ……………………………………………………… (97)
　　3.4.2　评片工作的基本要求 ………………………………………………… (99)
　　3.4.3　评片工作的主要步骤 ……………………………………………… (101)
　　3.4.4　常见焊接缺陷影像及伪缺陷 ……………………………………… (102)
　　3.4.5　焊缝质量分级 ……………………………………………………… (104)
　　3.4.6　射线检测记录、报告与底片的保存 ……………………………… (105)
3.5　典型焊缝和工件透照方式 …………………………………………………… (106)
　　3.5.1　平板对接焊缝透照方式 …………………………………………… (106)
　　3.5.2　角形焊缝透照方式 ………………………………………………… (107)
　　3.5.3　管件对接焊缝透照法 ……………………………………………… (108)
3.6　其他射线检测方法与技术 …………………………………………………… (109)
　　3.6.1　射线实时成像检测技术 …………………………………………… (109)
　　3.6.2　数字化 X 射线成像技术 …………………………………………… (110)
　　3.6.3　X 射线层析照相技术(X－CT) …………………………………… (112)
3.7　辐射防护 ……………………………………………………………………… (113)
　　3.7.1　辐射防护的基本方法 ……………………………………………… (113)
　　3.7.2　放射防护国家标准简介 …………………………………………… (114)
3.8　技能训练 ……………………………………………………………………… (115)
　　3.8.1　射线检测基础实训 ………………………………………………… (115)
　　3.8.2　典型位置的透照实训 ……………………………………………… (119)
　　3.8.3　胶片暗室处理方法 ………………………………………………… (130)
　　3.8.4　焊缝射线底片的评定 ……………………………………………… (132)
【综合训练】 ……………………………………………………………………… (137)

模块四　液体渗透检测 ……………………………………………………… (140)
4.1　液体渗透检测原理 …………………………………………………………… (140)
　　4.1.1　液体渗透检测的物化基础 ………………………………………… (140)
　　4.1.2　液体渗透检测的一般知识 ………………………………………… (141)
4.2　液体渗透检测剂及设备 ……………………………………………………… (144)
　　4.2.1　渗透检测剂 ………………………………………………………… (144)
　　4.2.2　液体渗透检测设备及器具 ………………………………………… (147)
　　4.2.3　液体渗透检测试块 ………………………………………………… (148)
4.3　液体渗透检测技术 …………………………………………………………… (149)
　　4.3.1　液体渗透检测方法和步骤 ………………………………………… (149)
　　4.3.2　缺陷评定 …………………………………………………………… (151)
　　4.3.3　液体渗透检测灵敏度及液体渗透检测操作的质量控制 ………… (154)
4.4　焊缝液体渗透检测实例 ……………………………………………………… (157)
　　4.4.1　焊缝的液体渗透检测 ……………………………………………… (157)

　　　　4.4.2　坡口的液体渗透检测 ················· (157)

　　　　4.4.3　焊接过程中的液体渗透检测 ············· (157)

　　4.5　技能训练 ·························· (158)

　　　　4.5.1　溶剂清洗型着色液性能的比较 ··········· (158)

　　　　4.5.2　后乳化型着色液的配制 ··············· (159)

　　　　4.5.3　溶剂悬浮显像剂的配制 ··············· (160)

　　　　4.5.4　渗透剂的灵敏度测试 ················ (160)

　　　　4.5.5　显像剂的灵敏度测试 ················ (162)

　　　　4.5.6　焊缝着色检测 ···················· (163)

　　【综合训练】 ····························· (164)

模块五　磁力检测 ···························· (166)

　　5.1　磁力检测基础知识 ···················· (166)

　　　　5.1.1　磁力检测的基本原理 ················ (166)

　　　　5.1.2　磁力检测的分类 ·················· (167)

　　　　5.1.3　影响漏磁场强度的因素 ··············· (167)

　　5.2　焊件磁化方法的选择 ··················· (168)

　　5.3　磁粉检测法 ························· (170)

　　　　5.3.1　磁粉检测的材料 ·················· (170)

　　　　5.3.2　磁粉检测设备简介 ················· (171)

　　　　5.3.3　磁粉检测过程 ···················· (172)

　　　　5.3.4　焊接缺陷的判断和焊缝等级的确定 ········· (173)

　　　　5.3.5　焊缝等级确定及验收 ················ (174)

　　5.4　技能训练 ·························· (174)

　　　　5.4.1　称量法测定磁性 ·················· (174)

　　　　5.4.2　酒精沉淀法测磁粉粒度 ··············· (175)

　　　　5.4.3　磁粉检测 ····················· (175)

　　【综合训练】 ····························· (176)

模块六　涡流检测 ···························· (178)

　　6.1　涡流检测的原理 ····················· (178)

　　　　6.1.1　涡流及集肤效应 ·················· (178)

　　　　6.1.2　涡流检测的原理 ·················· (179)

　　6.2　涡流检测设备 ······················ (180)

　　　　6.2.1　涡流检测线圈 ···················· (180)

　　　　6.2.2　涡流检测仪 ···················· (180)

　　　　6.2.3　对比试样 ····················· (182)

　　6.3　涡流检测的一般步骤 ··················· (183)

　　　　6.3.1　检测前的准备工作 ················· (183)

   6.3.2 确定检测规范 ·· (183)

   6.3.3 检测工件 ·· (184)

   6.3.4 检测结果的分析与评定 ······························· (184)

   6.3.5 涡流检测的后续工作 ·································· (184)

  6.4 技能训练 ·· (184)

   6.4.1 涡流检测设备的性能测试 ·························· (184)

   6.4.2 钢管的涡流检测 ·· (185)

  【综合训练】 ··· (187)

模块七 其他无损检测方法 ·································· (189)

  7.1 声发射检测 ·· (189)

   7.1.1 声发射检测基础 ·· (189)

   7.1.2 焊接结构的声发射检测 ······························ (190)

   7.1.3 声发射检测的原理 ····································· (190)

   7.1.4 声发射检测技术的特点 ······························ (190)

   7.1.5 声发射检测技术的应用范围 ······················ (191)

  7.2 红外线检测技术 ·· (191)

   7.2.1 红外线检测原理 ·· (191)

   7.2.2 红外线检测仪 ··· (192)

   7.2.3 红外线检测方法分类 ·································· (193)

   7.2.4 红外线检测在焊接检测中的应用 ··············· (193)

  7.3 激光全息检测 ··· (193)

   7.3.1 激光全息检测的原理 ·································· (193)

   7.3.2 激光全息检测的方法 ·································· (195)

   7.3.3 激光全息检测的特点及应用范围 ··············· (195)

   7.3.4 激光全息检测在焊接中的应用 ··················· (196)

  7.4 热中子照相法检测 ··· (196)

   7.4.1 中子射线与物质作用 ·································· (196)

   7.4.2 热中子照相法检测方法 ······························ (197)

   7.4.3 热中子照相法检测方法的应用 ··················· (198)

  7.5 液晶检测 ·· (198)

   7.5.1 液晶的性质 ··· (198)

   7.5.2 液晶检测原理 ··· (198)

   7.5.3 液晶检测特点 ··· (199)

   7.5.4 液晶检测在焊接检测中的应用 ··················· (199)

  7.6 微波检测 ·· (200)

   7.6.1 微波的性质与特点 ····································· (200)

   7.6.2 微波检测的基本原理及应用 ······················ (200)

   7.6.3 微波检测方法 ··· (200)

7.6.4　微波检测技术的应用 ································· （201）

7.7　目视检测 ··· （201）

7.7.1　放大镜检测 ······································· （202）

7.7.2　内窥镜 ··· （202）

7.7.3　光电传感器 ······································· （203）

7.8　无损检测技术的发展 ······································· （204）

【综合训练】 ··· （204）

模块八　焊接质量管理及质量控制 ··························· （207）

8.1　焊接质量控制的基本内容 ··································· （207）

8.1.1　焊接质量控制的基本条件 ······················· （208）

8.1.2　焊接质量控制阶段和内容 ······················· （208）

8.2　焊接质量评定标准简介 ····································· （208）

8.2.1　质量控制标准 ····································· （208）

8.2.2　合于使用的标准 ··································· （208）

8.2.3　两类质量评定标准对比 ··························· （209）

8.3　无损检测的应用 ··· （210）

8.3.1　无损检验对裂纹的检出率 ······················· （210）

8.3.2　无损检测方法的选择对质量控制的影响 ··········· （211）

8.4　压力容器检测 ··· （214）

8.4.1　压力容器基础 ····································· （214）

8.4.2　压力容器的分类及工作条件 ····················· （214）

8.4.3　压力容器组成、结构及焊缝要求 ················· （216）

8.5　检验人员技术资格鉴定 ····································· （219）

8.5.1　检验人员资格等级及职责 ······················· （219）

8.5.2　无损检测人员的一般要求 ······················· （219）

8.5.3　无损检测人员的资格等级 ······················· （219）

8.5.4　各级检测人员的报考资格与条件 ················· （220）

【综合训练】 ··· （221）

参考文献 ··· （223）

模块一
焊接检测基础

[学习目标]

1. 掌握主要焊接缺陷的一般特征、影响因素及对焊接质量的影响程度;
2. 了解焊接检测的作用、过程及主要内容;
3. 掌握常用焊接检测的种类及进行检测的依据;
4. 了解常用焊接接头破坏性检测的试样制备、试验方法等。

　　高温、高压、高速、高效是现代工业的标志,现代工业要求产品结构向大型化、精密化、智能化和多功能化的方向发展,而这些都必须建立在高质量的基础上。焊接质量是影响金属结构产品质量的重要因素,而焊接检测在焊接质量控制活动中扮演着重要的角色。为了有效地开展焊接检测工作,检测人员必须具备较宽的知识面和过硬的检测技巧,因为焊接检测并不只是简单地看看焊缝,更重要的是对焊接产品的质量水平,特别是缺陷的存在程度与影响做出准确的判断。

1.1　金属焊接工艺缺陷

1.1.1　焊接缺陷的概念

　　在焊接生产过程中要获得无缺欠的焊接结构(件),在技术上是相当困难的,也是不经济的。为了满足焊接结构(件)的使用要求,应该把缺欠限制在一定的范围之内,使其对焊接结构(件)的运行不致产生危害。GB/T 6417.1—2005《金属熔化焊接头缺欠分类及说明》,将焊接接头中因焊接产生的不连续、不致密或连接不良的现象,称为焊接缺欠,简称"缺欠"(Welding Imperfection)。超过规定限值的缺欠,称之为焊接缺陷(Welding Defect)。

专业常识

　　由于不同的焊接结构(件)使用的场合不同,对其质量要求也不一样,因而对缺欠的容限范围也不相同。

1.1.2 焊接缺陷的分类和主要特征

在国家标准中根据缺欠的性质、特征将其分为六大类：裂纹、孔穴、固体夹杂、未熔合及未焊透、形状和尺寸不良、其他缺欠。每种缺欠根据其位置和形状还可进行分类。

1. 裂纹

焊接裂纹是指金属在焊接应力及其他致脆因素共同作用下，焊接接头中局部区域金属原子结合力遭到破坏形成新界面所产生的缝隙，具有尖锐的缺口和长宽比大的特征。常见裂纹形式见图1-1。

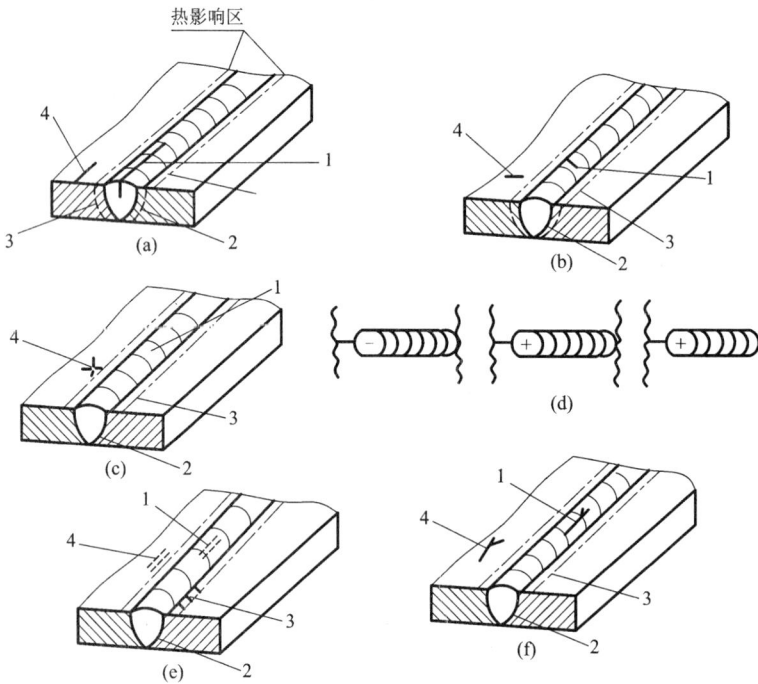

图1-1 常见裂纹

(a)纵向裂纹；(b)横向裂纹；(c)放射状裂纹；(d)弧坑裂纹；(e)间断裂纹群；(f)柱状裂纹
1—焊缝金属中；2—熔合线上；3—热影响区中；4—母材金属中

2. 孔穴

孔穴类缺欠主要是气孔，还有可能是缩孔。

焊接时熔池中的气泡在凝固时未能逸出而残留下来所形成的空穴称为气孔。气孔有时单个出现，有时以成堆的形式聚集在局部区域，其形状有球形、条虫形和链状等。常见气孔见图1-2。缩孔在焊接过程中很少出现。

3. 固体夹杂

主要是指焊缝中存在的固体杂物，以夹渣和夹杂为主。

(1)夹渣 焊后残留在焊缝中短小的熔渣或焊剂渣称为夹渣。其形状较复杂，一般有线状、长条状、颗粒状及其他形式。主要发生在坡口边缘和每层焊道之间非圆滑过渡的部位，在焊道形状发生突变或存在深沟的部位也容易产生夹渣。在横焊、立焊或仰焊时产生的夹渣

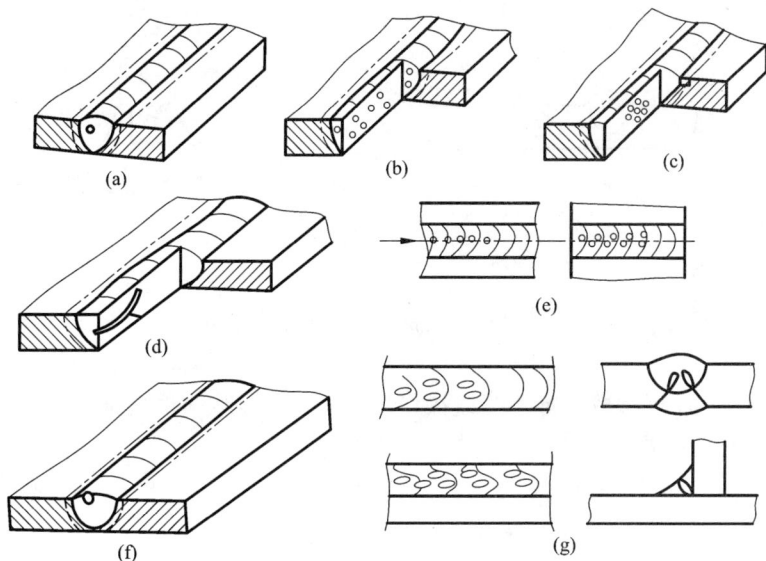

图 1 - 2　常见气孔

(a)球形气孔；(b)均布气孔；(c)局部密集气孔；(d)条形气孔；(e)链状气孔；(f)表面气孔；(g)虫形气孔

比平焊多。当混入细微的非金属夹杂物时，在焊缝金属凝固过程中可能产生微裂纹或孔洞。常见夹渣形式见图 1 - 3。

(2)夹杂　夹杂主要指残留在焊缝中的金属氧化物及外来的金属颗粒等，形状有线状、长条状、颗粒状及

图 1 - 3　常见夹渣

其他形式。这类缺欠中有一些在无损检测时也很难发现。例如：进行钨极氩弧焊时，若钨极不慎与熔池接触，会使钨的颗粒进入熔池金属中而造成夹钨；焊接镍铁合金时，则其与钨形成合金，这些情况 X 射线检测时很难发现。

4. 未熔合和未焊透

(1)未熔合　焊缝金属和母材之间或焊道与焊道金属之间未完全熔化结合的部分称为未熔合。未熔合常出现在坡口的侧壁、多层焊的层间及焊缝的根部。这种缺陷有时间隙很大，与熔渣难以区别。有时虽然结合紧密但未焊合，往往从未熔合区末端产生微裂纹。常见未熔合形态特征见图 1 -4。

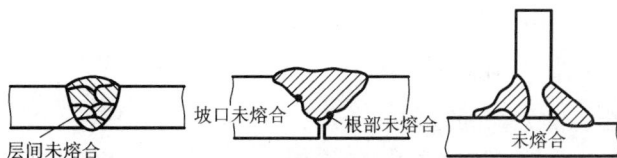

图 1 -4　未熔合

(2)未焊透　焊接时，母材金属之间应该熔合而未熔合的部分称为未焊透。未焊透常出现在单面焊的坡口根部及双面焊的坡口钝边处。未焊透会造成较大的应力集中，往往从其末端产生裂纹。常见未焊透形态特征见图 1 -5。

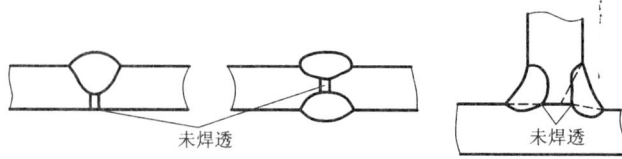

图 1-5 未焊透

5．形状和尺寸不良

形状和尺寸不良主要是指焊缝的外表面形状和接头的形状不良或焊缝尺寸不符合要求等。

（1）咬边 由于焊接参数选择不当或操作不正确，沿焊趾的母材部位（或前一道金属）产生的沟槽或凹陷称为咬边。在立焊及仰焊位置容易发生咬边，在角焊缝上部边缘也容易产生咬边。常见咬边形式见图 1-6。

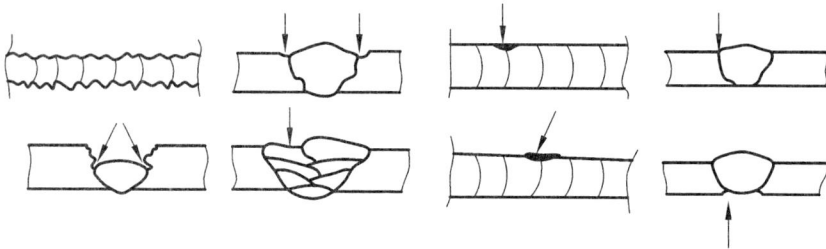

图 1-6 常见咬边

（2）焊缝超高 焊缝超高主要是指对接焊缝表面金属过多。

（3）凸度过大 凸度过大主要是指角焊缝表面金属过多。

（4）焊瘤 焊接过程中，熔化金属流淌到焊缝之外未熔化的母材上所形成的金属瘤称为焊瘤。焊瘤存在于焊缝表面，往往伴随着未熔合、未焊透等缺陷。由于焊缝填充金属的堆积，会使焊缝的几何形状发生变化而造成应力集中。常见焊瘤形式见图 1-7（a）。

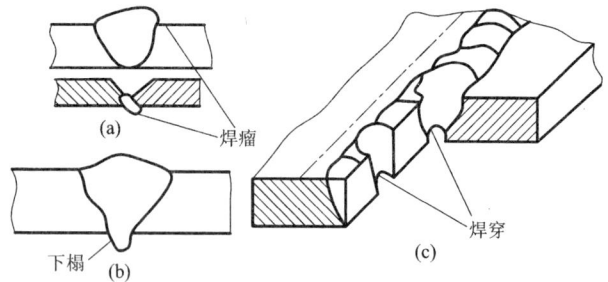

图 1-7 常见焊瘤、下塌、烧穿

（a）焊瘤；（b）下塌；（c）焊穿

（5）焊穿和下塌 焊接过程中，熔化金属自坡口背面流出，形成穿孔的缺陷叫焊穿。焊穿容易发生在第一道焊道及薄板对接焊缝或管子对接焊缝中。在焊穿的周围常有气孔、夹渣、焊瘤及未焊透等缺陷。过多的焊缝金属穿过单层焊缝根部，或在多层焊接接头中穿过前道熔敷金属塌落的过量焊缝金属都称为下塌。常见下塌和焊穿形式见图 1-7（b）（c）。

（6）错边和角变形 由于两个焊件没有对正而造成板的中心线出现平行偏差称为错边。当两个焊件没有对正而造成它们的表面不平行或不成预定的角度称为角变形。

（7）焊缝尺寸、形状不合要求　焊缝的尺寸缺陷是指焊缝的几何尺寸不符合标准的规定。焊缝形状缺陷是指焊缝外观质量粗糙，鱼鳞纹不均匀、宽窄发生突变，焊缝与母材非圆滑过渡等。

（8）未焊满　因焊接金属填充不足，在焊缝表面上产生纵向连续或间断的凹槽。

6. 其他缺欠

其他缺欠包括的种类较多，表现出来的主要特征也各不相同，主要有：电弧擦伤、飞溅（如图1-8所示）、表面撕裂、磨痕、打磨过量、定位焊缺欠、双面焊道错开、表面鳞片、焊剂残留、残渣及角焊缝的根部间隙不良等。

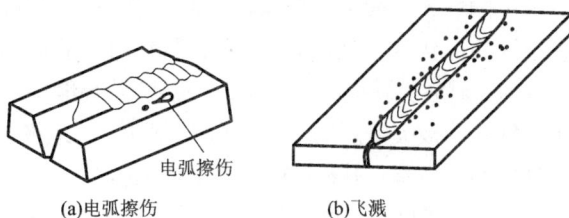

(a)电弧擦伤　　　(b)飞溅

图1-8　常见电弧擦伤与飞溅形式

1.1.3　焊接接头缺陷形成的主要原因

焊接接头缺陷形成的主要原因有：间隙、错边不符合要求，长度方向尺寸不相同及存在强行装配现象；焊接规范、坡口尺寸、角度选择不当；运条方式选择不当；焊条角度和摆动不正确；焊接顺序不合理；收缩余量设置不当；焊条选择不当；焊缝表面不净；焊接材料没有进行很好的烘干；保护效果不好，熔池中溶入过多的 H_2、N_2 及冶金反应产生的 CO 气体等；熔池中含有较多的 S、P 等有害元素，结构刚度大，接头冷却速度太快等。

实际上焊接缺陷的产生过程十分复杂，与被焊材料的焊接工艺有很大关系，既有冶金的原因，又有应力和变形的作用。通常焊接缺陷容易出现在焊缝及其附近，而这些区域正是结构中拉伸残余应力最大的地方。

1.1.4　焊接接头缺陷的防止方法

产生焊接缺陷的原因是多方面的，不同缺陷的影响因素有所不同，其防控的措施也不相同。一般需要严格坡口的制造及装配工艺；严格焊接材料的管理与使用工艺；严格焊接规范；严格焊接表面的清理；严格焊接操作工艺；严格进行焊接检测等。

1.1.5　焊接缺陷对质量的影响

焊接缺陷对质量的影响主要是指对结构负载强度、耐腐蚀性能和致密性等方面的影响。由于缺陷的存在减小了焊缝承载的有效截面积，更主要的是在缺陷周围产生了应力集中。因此，焊接缺陷对结构的静载强度、疲劳强度、脆性断裂以及抗应力腐蚀开裂都有重大的影响。各类缺陷对结构的危害程度不一样。

一般认为，结构中缺陷造成的应力集中越严重，脆性断裂的危险性越大。脆断是一种低应力下的破坏，具有突发性，事先难以发现和预防。裂纹尖端存在着缺口效应，容易出现三向应力状态，会导致裂纹的失稳和扩展，以致造成整个结构的断裂。其影响程度不仅与裂纹的尺寸、形状有关，而且与其所在的位置有关。如果裂纹位于拉应力区

专业常识

焊接裂纹是焊接接头中最重要的缺陷，危害性极大，是导致焊接结构事故的主要原因。

可引起低应力破坏；若位于结构的应力集中区，则更危险；裂纹位于焊缝的表面比位于焊缝内部产生的影响更大，同时也与载荷的方向有关，如果加载方向垂直于裂纹的平面，则裂纹两端会引起严重的应力集中。

焊缝中的气孔一般呈单个球状或条虫形，因此气孔周围应力集中并不严重。焊缝中的夹杂物具有不同的形状，包含不同的成分，但其周围的应力集中与空穴有类似之处，当夹渣形成尖锐的边缘时，对疲劳强度的影响十分明显。若焊缝中存在着密集气孔或夹渣时，在负载作用下，可能出现气孔间或夹渣间的联通（即产生豁口），这将导致应力区的扩大和应力值的上升。若深缝中出现成串或密集气孔时，由于气孔的截面较大，同时还可能伴随着焊缝力学性能的下降。因此，成串气孔要比单个气孔危险得多。一般情况下气孔缺陷面积较小、数量较少时，引起的应力集中不大，对焊缝的抗疲劳强度影响不大。

未熔合和未焊透比气孔和夹渣的危害大，它们不仅降低了结构的有效承载截面积，而且更重要的是产生了应力集中，有诱发脆性断裂的可能。

此外，对于咬边、下塌、焊瘤、角焊缝的凸出过大及错边、角变形等焊接接头的形状和尺寸不良缺陷，不同的缺陷形式对焊接质量影响的程度各不相同，需根据具体情况应用一般缺陷分析的方法进行具体分析确定。咬边对疲劳强度的影响比气孔、夹渣大得多。一般这类缺陷不仅会造成焊缝成型不美观，也会引起应力集中或者产生附加的应力，很易产生疲劳裂纹而造成疲劳破坏。错边和角变形易引起附加的弯曲应力，对结构的脆性破坏也有影响，并且角变形越大，破坏应力越低。这类缺陷也会引起应力集中，也可能降低焊缝的抗疲劳破坏能力。

其他缺陷中，例如：电弧擦伤会在引弧处产生对母材金属表面的局部损伤。如果在坡口外随意引弧，可能形成凹坑引起裂纹，又很易被忽视、漏检，导致事故的发生。

通常应力腐蚀开裂总是从表面开始。如果焊缝表面有缺陷，则裂纹很快在那里形核。焊缝的表面粗糙度，结构上的死角、拐角、缺口、间隙等都对应力腐蚀有很大影响。这些外部缺陷使浸入的介质局部浓缩，加快了电化学过程的进行和阳极的溶解，为应力腐蚀裂纹的成长提供了方便。同样地，应力集中对腐蚀疲劳也有很大影响。焊接接头的腐蚀疲劳破坏，大都是从焊趾处开始，然后扩展，穿透整个截面导致结构的破坏。

综上所述，焊接缺陷对焊缝质量的影响包括以下几个方面：

(1)引起应力集中；

(2)减小承载面积，降低焊缝的静载强度；

(3)引起脆性断裂；

(4)对疲劳强度的影响要比对静载强度的影响大得多；

(5)对应力腐蚀开裂有很大影响。

1.1.6 压焊缺陷

1. 电阻焊缺陷

电阻焊缺陷主要有：

(1)未熔合或未完全熔合 这是较严重的缺陷之一，直接影响接头的强度。

(2)裂纹 裂纹分为外部裂纹和内部裂纹两种。外部裂纹，对动载荷强度影响很大。

(3)气孔和缩孔 这是常见缺陷，在高温合金点焊和缝焊时更加明显。

(4)过深压痕 点焊和缝焊的压痕深度一般规定应小于板材厚度的15%，最大不超过

20% ~30% 。超过此规定,则作为缺陷处理。

(5)表面烧伤和表面发黑 此缺陷不影响接头强度,但影响接头的表面质量和耐蚀能力。

(6)喷溅 喷溅是最常见的一种缺陷。大的喷溅会破坏焊点周围的塑性环,降低接头的强度和塑性,应尽量避免。

(7)接合线深入 某些高温合金和铝合金点焊和缝焊时特有的缺陷,指两板结合面深入到熔核中的部分。一般深入量应控制在 0.1 ~0.2 mm 。

(8)过烧组织和过热组织 过烧组织和过热组织常出现在接头的热影响区。

2. 摩擦焊缺陷

摩擦焊缺陷主要有:接头偏心、飞边不封闭、未焊透、接头组织扭曲、接头过热、接头淬硬、焊接裂纹、氧化灰斑、脆性合金层等。

3. 扩散焊缺陷

扩散焊缺陷主要是未熔合或孔洞(界面孔洞和扩散孔洞)。

1.1.7 钎焊缺陷

钎焊过程时在金属焊接接头中产生的缺陷称为钎焊缺陷,主要包括:填隙不良、钎焊气孔、钎缝夹渣、钎缝开裂、母材开裂、母材被熔蚀、钎料流失等。

1.2 焊接检测的一般知识

1.2.1 焊接检测的意义

如前所述,由于焊接接头为一性能不均匀体,应力分布又十分复杂,制造过程中不可能做到绝对不产生焊接缺陷,更不能排除产品在服役过程中出现新缺陷。所以要获得可靠的焊接结构(件)还必须采用先进的焊接检测技术。

焊接检测的主要作用如下:

(1)对非连续加工(例如多工序生产)或连续加工(例如自动化生产流水线)的原材料、半成品、成品以及产品构件提供实时的工序质量控制,特别是控制产品材料的冶金质量与生产工艺质量,例如缺陷情况、组织状态、几何形状与尺寸的监控等。同时,通过检测得到的质量信息又可反馈给设计与工艺部门,促使其进一步改进设计与制造工艺以提高产品质量,达到减少废品和返修品、降低制造成本、提高生产效率的效果。

(2)进行规范的焊接检测可以根据验收标准将材料、产品的质量水平控制在适当的使用性能要求范围内,避免无限度地提高质量要求造成所谓的"质量过剩"。并且在进行无损检测时还可以通过检测确定缺陷所处的位置,在不影响设计性能的前提下使某些存在缺陷的材料或半成品得以利用。例如缺陷处于加工余量之内,或者允许局部修磨或修补,或者调整加工工艺使缺陷位于将要加工去除的部位,等等,从而可以提高材料的利用率,获得良好的经济效益。因此,焊接检测可以降低生产制造费用、提高材料利用率、提高生产效率,在产品同时满足使用性能要求(质量水平)和经济效益需求两方面都起着重要的作用。

(3)产品使用前的检测是非常必要的,特别是那些将在高应力、高温、高循环载荷等复杂恶劣环境中工作的零部件或构件等。仅仅靠一般的外观检查、尺寸检查、破坏性抽检等是远远不够的，还需要进行无损检测，全面检查材料内外部缺陷。

（4）进行合理的焊接检测，特别是使用无损检测技术对服役期间或正在运行中的设备构件进行经常性或定期检查，或者实时监控（称为在役检测），能及时发现影响设备继续安全运行和使用的隐患，防止事故的发生。定期或不定期在役无损检测，对所探测到的缺陷能够确定其类型、尺寸、位置、形状与取向等，根据断裂力学理论和损伤容限、耐久性等对设备构件的状态、能否继续使用、安全使用的极限寿命或者剩余寿命做出评估和判断。对于重要的大型设备，例如锅炉、压力容器、核反应堆、飞机、铁路车辆、铁轨、桥梁建筑、水坝、电力设备、输送管道等，防患于未然，更有着不可忽视的重要意义。

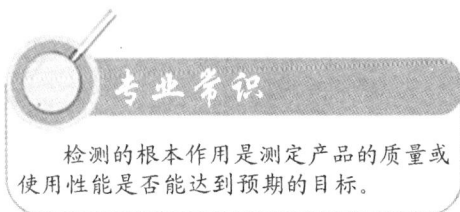

专业常识

检测的根本作用是测定产品的质量或使用性能是否能达到预期的目标。

（5）焊接检测贯穿于设计、制造和运行全过程中的各个环节，其目的是为了最安全、最经济地生产和使用产品。检测本身不是所谓的"成形技术"，产品所期待的使用性能和质量只能在产品制造中达到。

1.2.2 焊接检测的分类

焊接检测是采用调查、检查、度量、试验和检测等方法，把产品的焊接质量同其使用要求不断地比较的过程。

检测方法根据对产品是否造成损伤可分为破坏性检测（Destructive Testing）和非破坏性（无损）检测（Non－Destructive Testing）两大类。

1. 破坏性检测

破坏性检测主要有：

（1）机械性能试验：拉伸试验、弯曲试验、抗压试验、抗扭试验、抗剪试验、冲击试验、断裂韧性试验、硬度试验、疲劳试验、蠕变试验（持久强度和应力松弛试验）、耐磨试验、金属工艺性试验等。

（2）金相检测：宏观检测、微观检测、断口检测等。

（3）化学分析：经典化学分析（质量分析法、滴定分析法、气体容量法等）、仪器分析（光学分析法、电化学分析法、色谱分析法和质谱分析法等）、腐蚀试验。

（4）爆破检测（必要时）：多用水压爆破试验。

2. 非破坏性（无损）检测

非破坏性（无损）检测主要有：

（1）外观检查（目视及测量）：焊接接头表面尺寸的检查、焊接接头表面缺陷的检查。

（2）强度检测：水压试验、气压试验等。

（3）致密性检测：吹气试验、氨渗漏检测、煤油渗漏检测、载水试验、冲水试验、沉水试验等。

（4）无损检测：射线检测、超声波检测、磁力检测、渗透检测、全息检测、中子检测、液晶检测、声发射检测等。

破坏性检测和非破坏性检测各自的特点，详见表1－1。

表1－1表明，破坏性检测固然能提供焊接结构（件）的材料性能、组织结构和化学成分的定性、定量数据，但由于提取的数据是构件局部或试样的实测结果，是建立在统计数学基础上的，所以随机性较大。所获数据充其量也只是反映构件系统的综合水平，必然有较大的

局限性。重要的焊接结构(件)产品验收和在役产品,则必须采用不破坏其原有形状、不改变或不影响其使用性能的检测方法来保证产品的安全性和可靠性,因此无损检测技术得到了广泛应用和更快的发展。

表 1 - 1　破坏性检测与非破坏性检测特点

非破坏性检测(无损检测)	破坏性检测
优　　点	优　　点
(1)可直接对所生产的产品进行试验,而与零件的成本或可得到的数量无关,除去不合格零件之外损失不大	(1)往往能直接而又可靠地测量出有关数据
(2)既能对产品进行普检,也可对典型的抽样检测	(2)测定结果是定量的,这对设计与标准化工作来说通常是很有价值的
(3)对同一产品即可同时又可依次采用不同的检测方法	(3)通常不必凭着熟练的技术即可对试验结果做出解释
(4)对同一产品可以重复进行同一种检测	(4)试验结果与使用情况之间的关系往往是直接一致的,因此观测人员之间对于试验结果的争论很少
(5)可对使用的零件进行检测	局　　限　　性
(6)可直接测量运转使用期内的累积影响	(1)只能用于某一抽样,而且需要证明该抽样代表着一整批产品的情况
(7)可查明失效的机理	(2)试验过的零件不能再交付使用
(8)试样很少或无需制备	(3)往往不能对同一件产品进行重复性试验,而且不同形式的试验也许需要不同的试样
(9)为了便于现场使用,设备往往是携带式的	(4)由于报废损失大,故广泛进行试验通常是不大合理的
(10)劳动成本往往很低,尤其是对同类零件进行重复性检测时,更是如此	(5)对材料成本或生产成本很高或利用率有限的零件可能不允许试验
局　　限　　性	(6)不能直接测量运转使用期内的累积效应,只能根据用过不同时间的零件结果来加以推断
(1)通常必须借助熟练的检测技术才能对结果做出说明	(7)对使用中的零件很难应用,往往要中断其有效寿命
(2)不同的观测人员可能对检测结果所表明的情况看法不一致	(8)试验用的试样,往往需要大量的机加工或其他的制备工作
(3)有些检测的结果只是定性的或相对的	(9)投资及人力消耗往往很高
(4)有些非破坏实验需要的原始投资较大	

1.2.3　焊接检测的依据

焊接生产是依据技术标准和技术规范、经规定程序批准实施的有关施工用工程图样、工艺文件及订货合同等进行的。在进行焊接检测时也必须按照这些文件规定进行。

1. 相关技术标准和技术规范

产品标准按使用范围划分为国际标准、区域标准、国家标准、行业标准、企业标准等。通常标准的制定,国际标准由国际标准化组织(ISO)理事会审查,ISO理事会接纳国际标准并由中央秘书处颁布;国家标准在中国由国务院标准化行政主管部门制定,行业标准由国务院有关行政主管部门制定;企业生产的产品没有国家标准和行业标准的,应当制定企业标准,作为组织生产的依据,并报有关部门备案。由此可见标准是产品生产的行动准则,执行标准有利于合理利用国家资源,推广科学技术成果,提高经济效益,保障安全和人民身体健康,保护消费者的利益,保护环境,有利于产品的通用互换等。所以,在进行焊接检测时应依据有关标准进行。除此之外还包括有关的技术规范,它通常规定了具体焊接产品的质量要求和质量评定方法,是指导焊接检测工作的法规性文件。

2. 工程图样

施工用工程图样一般都明确规定或提出对焊接质量或焊缝质量的具体要求,是生产中使用的最基本资料。根据一般技术和工艺管理有关规定，施工用工程图样通常是经过产品的试验、验收和规定审批程序批准的技术文件，加工制作须按图样的规定进行。一般图样规定了结构(件)的尺寸、形状及相应的偏差要求、材料、焊缝位置、坡口形式与尺寸、焊接方法及一些焊缝的检测要求等。

3. 检测的工艺文件

这类文件具体规定了检测方法及其实施过程，是检测工作的指导性实施细则。主要包括工艺规程及卡片、检测规程及卡片等，它们具体规定了检测方法和检测程序，指导现场检测人员进行工作。此外还包括检测过程中收集的检测单据：检测报告、不良品处理单、更改通知单(如图样更改、工艺更改、材料代用、追加或改变检测要求等)等所使用的书面通知。

4. 订货合同

用户对产品焊接质量的要求在合同或有关协议中有明确标定的，可以视为图样和技术文件的补充规定，作为焊接检测的验收依据，有利于满足用户质量要求，使最终生产的产品和客户的需求质量一致。

1.2.4 焊接检测过程与内容

焊接检测内容包括从产品的图纸设计到产品整个生产过程中所使用的材料、工具、设备、工艺过程和成品质量的检测，一般可分为三个阶段：焊前检测、焊接过程中的检测、焊后成品的检测。从对产品质量负责到底的角度看，还应包括安装调试质量的检测和在役产品质量的检测。

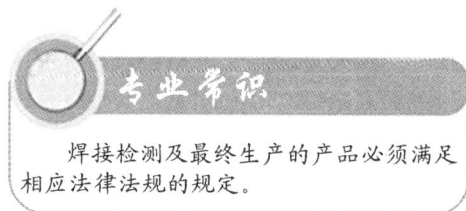

专业常识

焊接检测及最终生产的产品必须满足相应法律法规的规定。

1. 焊前检测

焊前检测主要是对焊前准备的检查，是最大限度避免或减少焊接缺陷的产生，保证焊接质量的积极有效措施。焊前检测包括原材料的检测，工作条件的检测、焊接结构设计的检查等。

(1)原材料的检测：母材金属质量的检测，以化学分析为主；焊丝、焊条质量检测，主要进行宏观质量及化学分析；氩气、氧气、乙炔气及焊剂质量检测，主要检测材料质量保证书，必要时进行质量分析检测等。

(2)工作条件的检测：焊工水平、资格的审查(持证上岗)；施焊环境的检测；工艺评定覆盖状况的检测；焊接工艺文件(卡)、方案的审查；检测条件的审查，例如：检测空间、检测面、取样位置等。

(3)焊接结构设计的检查等。

2. 焊接生程中的检测

(1)焊工的自检。焊接过程不仅指形成焊缝的过程，还包括后热和焊后热处理过程。焊工直接操纵焊接设备并能充分接近焊接区域和随时调整焊接参数，以适应焊缝成形质量的要求。因此，焊工的自检能积极主动地控制焊接质量。

(2)施工准备情况检测包括：放样、下料、坡口的检测；冷热成型、预处理的检测；焊接材料的烘干；焊接设备及工艺装备的检测；装配情况的检测等。

(3)进行焊接工艺规范及工艺纪律的检查；产品试板的检测。

(4)焊接产品的中间检测，如：焊接接头外观检查，焊接接头内部工艺缺陷的检查等。

专职检测人员还要对焊工的操作质量进行必要的监督。

3. 焊接成品的检测

焊接结构(件)虽然在焊前和焊接过程中进行了有关检测,但由于制造过程中外界因素的变化或能源的波动等仍有可能产生焊接缺陷,因此必须对焊接产品进行检测。主要检测内容包括:

(1)焊接接头质量检测 主要是外观检测,检查是否有焊缝表面缺陷和尺寸上的偏差。一般通过肉眼观察,借助标准样板、量规和放大镜等工具进行检测。此外还有焊缝内部缺陷的检测,一些结构还可能进行如下检测,如:焊接残余应力的检测;奥氏体焊缝铁素体含量的检测;珠光体耐热钢焊缝及热影响区硬度检测等。

(2)致密性检测 贮存液体或气体的焊接容器,其焊缝的不致密缺陷,如贯穿性的裂纹、气孔、夹渣、未焊透和疏松组织等,可用致密性试验来发现。致密性检测主要有:氨渗漏试验;煤油渗漏试验;载水试验;冲水试验;沉水试验;氦气渗漏试验等。

(3)受压容器的强度检测 受压容器,除进行密封性试验外,还要进行强度试验。常见有水压试验和气压试验两种。它们都能检测在规定压力下工作的容器和管道的焊缝致密性。气压试验比水压试验更为灵敏和迅速,同时试验后的产品不用排水处理,对于排水困难的产品尤为适用。气压试验的危险性比水压试验大,进行试验时,必须遵守相应的安全技术规范,以防试验过程中发生事故。

(4)必要时进行破坏性试验,如:爆破试验。

(5)物理方法检测 物理检测是利用一些物理现象进行测定或检测的方法。材料或工件内部缺陷情况的检查,一般都是采用无损检测的方法。

4. 安装调试质量的检测

安装调试质量检测包括两方面:一是对现场组装的焊接质量进行检测;二是对制造时的焊接质量进行现场复查。现场复查主要应注意以下三方面:

(1)检测程序和检测项目 检测程序和检测项目包括:检查资料的齐全性;核对质量证明文件;检查实物与质量证明的一致性;按有关安装规程和技术文件规定进行检测;对产品重要部位、易产生质量问题的部位要重点检查。

(2)检测方法和验收标准 运输中易破损和变形的部位应给予特别注意。在安装调试过程中,对焊接产品的制造质量应进行复查,以便发现漏检或错检,及时处理消除隐患,保证焊接结构(件)安全可靠地运行。注意复检时所采用的检测方法、检测项目、验收标准应该符合有关标准的规定,标准应与产品制造过程中所采用的相同。

(3)焊接质量问题的现场处理 发现漏检,应作补充检查并补齐质量证明文件。因检测方法、检测项目或验收标准等不同而引起的质量差异,应尽量采用同样的检测方法和评定标准,确定焊接产品合格与否。可修可不修的焊接缺陷一般不退修。焊接缺陷明显超标,应进行退修。其中大型结构应尽量在现场修复,不能修复的应及时返厂。

5. 在役产品质量的检测

(1)产品运行期间的质量监控 焊接结构(件)在役运行时,可用声发射技术进行质量监督。另外,产品在使用过程中还应进行必要的人工跟踪检测。

(2)产品检修质量的复查 焊接产品在腐蚀介质、交变载荷、热应力等条件下工作,使用一定时间后往往产生各种形式的裂纹。为保证设备安全运行,应有计划地定期复查焊接质量。重要产品如锅炉压力容器等应按照相应安全监察规程进行定期检修,以便发现缺陷,消除隐患,保证安全运行。

在役设备已在工作位置上固定、很难搬动的,一般应在现场返修。对重要焊接产品必须退修时要进行工艺评定、验证焊接工艺、制定退修工艺措施、编制质量控制指导书和记录卡,以保证在返修过程中掌握质量标准,记录及时,控制准确。

1.2.5 焊接结构破坏事故的现场调查与分析

1. 现场调查

焊接产品在服役过程中一旦发生事故,一般产品的制造者要到达现场进行必要的事故原因分析和事故处理。首先要维持不破坏现场,收集所有运行记录;尽可能查明在设备运行过程中,操作工作是否正确。查清开裂的位置,进行断口部位的焊接接头表面质量和断口质量分析。测量破坏结构的实际厚度,核对其厚度是否符合图样要求等。

2. 取样分析

在断裂部位或附近提取试样进行金相检测,并复查化学成分,复查力学性能等。

3. 设计校核

检测人员、设计人员及有关技术人员一同对事故产品进行必要的设计校核。

4. 复查制造工艺

通常一旦出现事故,在进行事故原因分析时要调取原始的生产及质量管理记录,以便准确地确定事故的产生原因。

对事故的调研和分析,目的是要分清责任,并为制造和应用等提供改进依据。

1.3 焊接接头的几种常用破坏性检测方法

1.3.1 焊接接头力学性能试验

焊接接头力学性能主要通过拉伸、弯曲、冲击和硬度等试验方法进行检测。大多数焊接接头力学性能试验的试样制备、试验条件及试验要求等都有相应的国家标准。焊接接头力学性能试验方法及主要内容见表1-2。

表1-2 焊接接头力学性能试验方法及主要内容

标准名称	标准代号	主要内容	使用范围
焊接接头冲击试验方法	GB/T 2650—2008	按照冲击试验方法,测定接头的冲击吸收能量	熔焊及压焊对接接头
焊接接头拉伸试验方法	GB/T 2651—2008	焊接接头横向拉伸试验和点焊接头剪切试验方法,分别测定接头的抗拉强度和抗剪强度	熔焊及压焊对接接头
焊缝及熔敷金属拉伸试验方法	GB/T 2652—2008	焊缝及熔敷金属拉伸试验方法,测定试样的拉伸强度和塑性	采用焊条或填充焊丝的熔焊
焊接接头弯曲试验方法	GB/T 2653—2008	对接接头的正弯及背弯试验、侧弯试验;带堆焊层的正弯、侧弯试验;带堆焊层的对接接头正弯、侧弯试验	熔焊对接接头
焊接接头硬度试验方法	GB/T 2654—2008	焊接接头的硬度	金属材料电弧焊接头,其他接头形式可参考

1. 焊接接头拉伸试验方法

焊接接头拉伸试样可以从焊接试件上垂直于焊缝轴线截取，经机械加工后，焊缝轴线应位于试样平行长度的中心。样坯截取位置、方法及数量应符合 GB/T 2651—2008《焊接接头拉伸试验方法》之规定。拉伸试验按 GB/T 288 进行。

对每个试样进行标记，以确定在被截试件中的位置。采用机械加工或磨削方法制备试样，试验长度内，表面不应有横向刀痕或刻痕。试样表面应去除焊缝余高，保持与母材原始表面齐平。

接头拉伸试样的形状分为板状、整管和圆形三种。板状拉伸试样的形状尺寸见图 1 – 9 和表 1 – 3。整管拉伸试样见图 1 – 10，圆形拉伸试样见图 1 – 11。试验仪器及试验条件应符合 GB/T 228—2002《金属材料室温拉伸试验方法》的规定，测定焊接接头的抗拉强度 σ_b，然后根据相应标准或产品技术条件对试验结果进行评定。

表 1 – 3 板状拉伸试样的尺寸 (mm)

总长 L_t		适合于所使用的试验机
夹持部分宽度 b_1		$b+12$
平行长度部分宽度	板 b	12（当 $t_s \leqslant 2$ 时）
		25（当 $t_s > 2$ 时）
	管 b	6（当 $D \leqslant 50$ 时）
		12（当 $50 < D \leqslant 168$ 时）
		25（$D > 168$ 时）
		当 $D \leqslant 38$ 时，取整管拉伸
平行长度 L_0		$\geqslant L_s + 60$
过渡圆弧 r		$\geqslant 25$

注：L_s 为加工后焊缝的最大宽度，压焊及高能束焊接接头 L_s 为 0；D 为管子外径；t_s 为试样厚度；某些金属材料（如铝、铜及其合金）可以要求 $L_c \geqslant L_s + 100$。

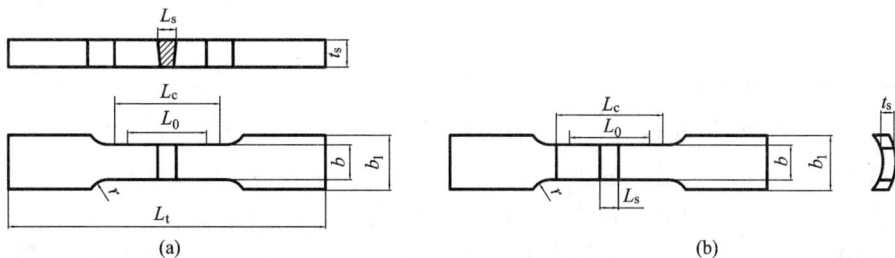

图 1 – 9 板和管接头板状拉伸试样
（a）板接头；（b）管接头

2. 焊缝及熔敷金属拉伸试验方法

拉伸试验按 GB/T 288 进行。除非有规定，试验应在环境温度（23 ±5）℃条件下进行。

根据 GB/T 2652—2008《焊缝及熔敷金属拉伸试验方法》，试样应从试件的焊缝及熔敷金

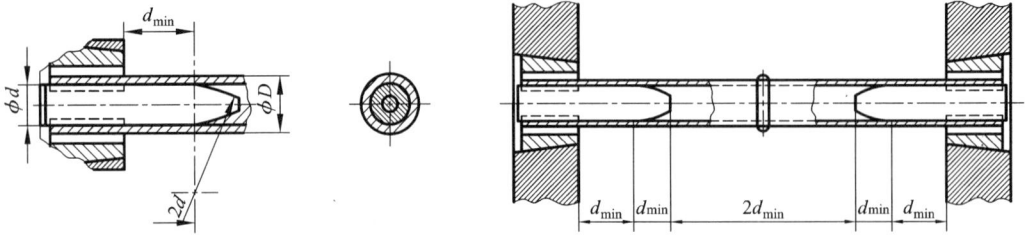

图1-10 整管拉伸试样

d—管塞外径尺寸；D—试管外径尺寸；d_{min}—管塞插入试管的最小尺寸

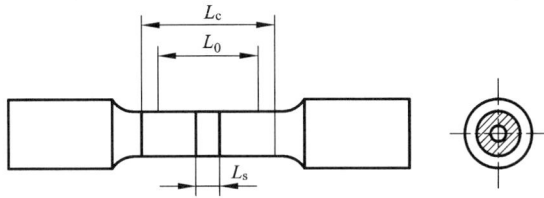

图1-11 圆形拉伸试样的形式

属上纵向截取，见图1-12和图1-13。加工完成后，试样的平行长度应全部由焊缝金属组成。

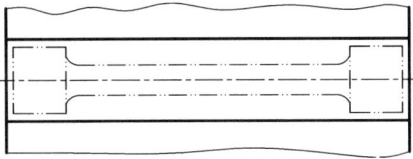

图1-12

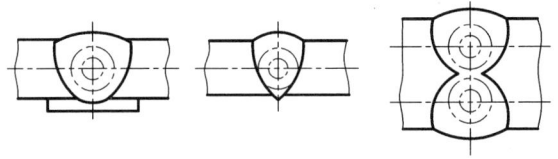

图1-13

测定焊缝及熔敷金属的抗拉强度 σ_b，根据相应的标准或产品技术条件对试验结果进行评定。

3. 焊接接头弯曲试验

GB/T 2653—2008《焊接接头弯曲试验方法》是对从焊接接头截取的横向或纵向试样进行弯曲，不改变弯曲方向，通过产生塑性变形，使焊接接头的表面或横截面发生拉伸变形。

除非有规定，试验应在环境温度(23±5)℃条件下进行。

图1-14是规定的对接接头的横向弯曲试样，图1-15是对接接头侧弯试样的基本形式。

图中 L_t 为试样总长度，t_s 为试样厚度，b 为试样宽度。对接接头弯曲试样厚度 t_s 应等于焊接接头处母材的厚度。对接接头纵向弯曲试样厚度 t_s 同样是等于接头处母材的厚度，当试件厚度 t 大于12 mm时，试样厚度 t_s 应为(12±0.5)mm。对接接头侧弯试样宽度 b 应等于焊接接头处母材的厚度。试样厚度 t_s 至少为(10±0.5)mm，试样宽度应大于或等于试样厚度的1.5倍。试样厚度超过40 mm时，试样宽度 b 的范围为20~40 mm。

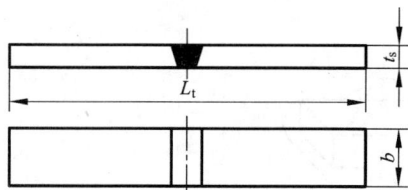

图 1 - 14　对接接头横向弯曲试样　　　　　图 1 - 15　对接接头侧弯试样

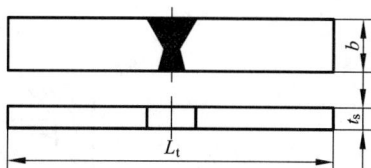

　　试样的制备应不影响母材和焊缝金属性能。对取样位置有如下规定：对接接头横向弯曲试验，应从产品或试样的焊接接头上横向截取以保证加工后焊缝的轴线在试样的中心或适合于试验的位置。对于纵向弯曲试验，应从产品或试样的焊接接头上纵向截取。带堆焊层的弯曲试样位置和方向应符合相关标准和协议的规定。对接接头弯曲试样的取样方法见图 1 - 16，对接接头侧弯试样的取样方法见图 1 - 17。

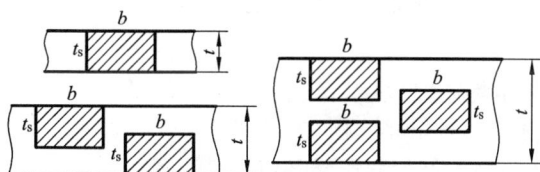

图 1 - 16　对接接头弯曲试样的取样方法　　　　　图 1 - 17　对接接头侧弯试样的取样方法

b—试样宽；t_s—试样厚度；t—试件厚度　　　　　b—试样宽；t_s—试样厚度；t—试件厚度

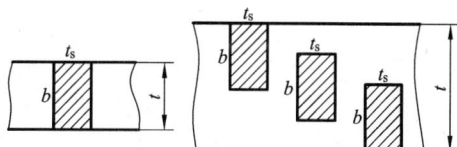

　　弯曲试验时，将试样放在两个平行的支撑辊子上，在跨距中间位置、垂直于试样表面施加集中载荷，如图 1 - 18 所示。当弯曲角达到使用标准中规定的数值时，完成试验。按相应标准或规定检查试样拉伸面上出现的裂纹或焊接缺陷的位置和尺寸。

4. 焊接接头冲击试验

　　冲击试验方法按照 GB/T 299—2007《金属材料夏比摆锤冲击试验方法》进行。

　　冲击试样尺寸为 10 mm × 10 mm × 55 mm，开 U 形或 V 形缺口。试样底部应光滑，不能有与缺口轴线平行的明显划痕。采用机械加工或磨削方法制备试样，试样号一般标记在试样的端面、侧面或缺口背面距端面 15 mm 以内。试样缺口处有肉眼可见的气孔、夹杂、裂纹等缺陷则不能进行试验。

　　根据所使用技术条件的要求，试验结果用冲击吸收能量(J)表示。当用 V 形缺口试样时，分别用 K_{v2} 或 K_{v8} 表示；采用 U 形缺口试样时，相应用 K_{u2} 或 K_{u8} 表示。然后根据相应的标准或产品技术条件对试验结果进行评定。

　　GB/T 2650—2008《焊接接头冲击试验方法》主要规定了对接接头冲击试验取样、缺口方向和实验报告的要求。

　　试样缺口可开在焊缝、熔合区或热影响区。试样的缺口轴线根据相应技术要求平行或垂直焊缝表面、开在焊缝和热影响区上的缺口位置，见图 1 - 19 和图 1 - 20。距离 a 由产品技术条件规定。

5. 焊接接头的硬度试验

　　硬度试验应按 GB/T 4340.1 或 GB/T 231.1 要求进行。除非有规定，试验应在环境温度

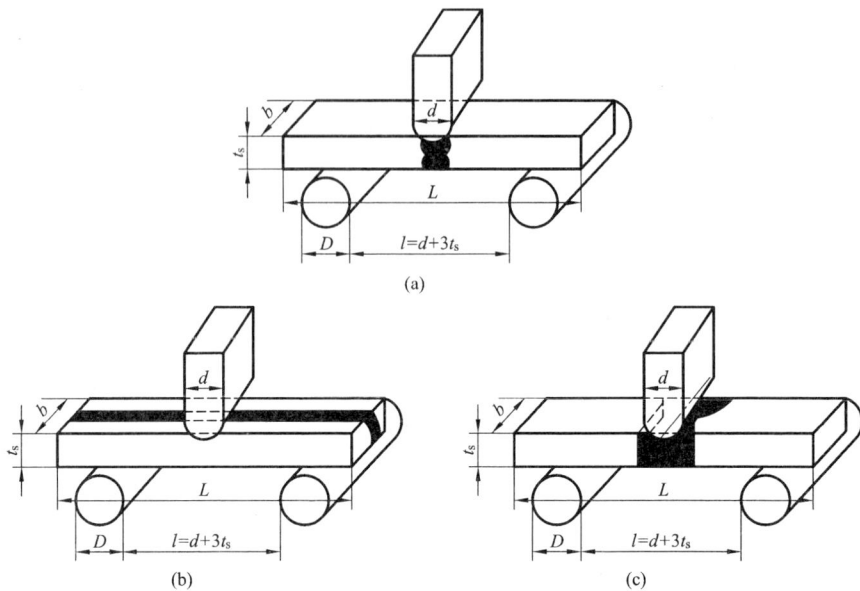

图 1-18　弯曲试样集中载荷施加方式

（a）横弯试验；（b）纵弯试验；（c）横向侧弯试验

b—试样宽度；t_s—试样厚度；d—压头直径；D—辊筒直径；l—辊筒间距离；L—试样长度

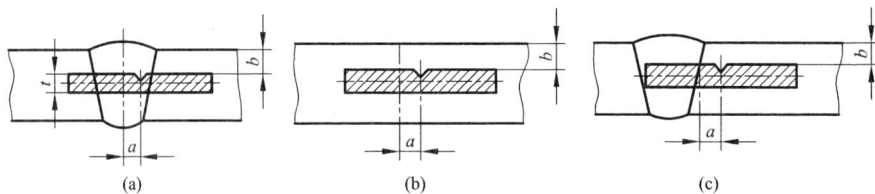

图 1-19　缺口平行于试件表面

（a）缺口在焊缝上；（b）缺口在压焊热影响区；（c）缺口在热影响区上

a—缺口中心距参考线的距离；b—试样表面距焊缝表面的距离；t—试样高度

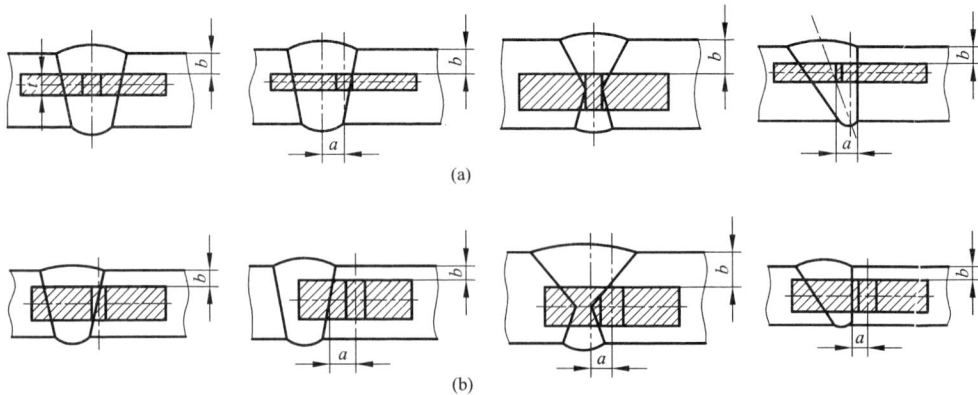

图 1-20　缺口垂直于焊缝表面

（a）缺口在焊缝；（b）缺口在热影响区

a—缺口中心距参考线的距离；b—试样表面距焊缝表面的距离

（23±5）℃条件下进行。

GB/T 2654—2008《焊接接头硬度试验方法》主要规定了试样的制备方法，具体的试验工艺。还规定了不同种类焊缝的标线测定测点位置，包括据表面的距离，特别是规定了母材、焊缝、热影响区测点应有足够的数量，热影响区的硬化区应增加检测点数量。检测点的距离应根据具体位置进行确定等。图 1–21 是对接焊缝的测点位置图。

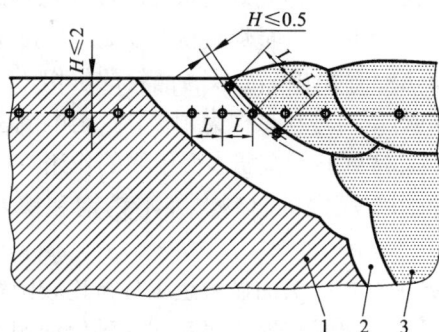

图 1–21　钢（奥氏体不锈钢除外）对接焊缝的测点位置

1—母材；2—热影响区；3—焊缝金属

1.3.2　焊接接头金相组织分析

焊接过程中，焊接接头各部分经受不同的热循环，所得组织各异。组织的不同，导致机械性能的变化。对焊接接头进行金相组织分析，是对接头性能鉴定的不可缺少的环节。

金相检测分为宏观和微观检测，宏观检测一般是用肉眼或用 30 倍以下的放大镜进行检测。微观分析一般是指借助于放大 100 倍以上的光学金相显微镜或电子显微镜进行观察。

专业常识

焊接接头的金相检测主要用来检查焊缝、热影响区和母材的金相组织、晶粒大小、缺陷和杂质等。

1. 金相试样制备

（1）试样的截取　焊接接头金相试样的形状尺寸一般根据焊接结构件的特点和焊接接头形式确定，应从便于金相分析和保持试样上储存尽可能多的信息两方面考虑。金相试样不论在试块上还是直接在焊接结构上取样，都要保证取样过程不能有任何变形、受热和使接头内部缺陷扩展和失真等。

试样的截取可以采用手工锯割、机械加工、砂轮切割、专用金相切割和线切割等方法。

（2）试样的镶嵌　对于很小、很薄或形状特殊的焊接件，截取金相试样后难以进行磨制，可以采用机械工具夹持或对试样进行镶嵌。镶嵌分为冷镶嵌和热镶嵌两种。冷镶嵌法是在室温下镶嵌后用环氧塑料固化，适用于不宜受压的软材料或金相组织对温度变化非常敏感以及熔点较低的材料。热镶嵌法是将试样和镶嵌用热固性塑料（胶木粉或电木粉）或热塑性塑料（聚乙烯聚合树脂、醋酸纤维树脂）一起放在专门的镶嵌机模具内加热加压成形，冷却后脱模而成。

（3）试样的磨制和抛光　为得到一个金相检测用平面，采用砂纸对试样进行磨制。通常用不同粒度的砂纸先从粗颗粒号开始，按顺序向细颗粒号磨制，一般磨到 500 号水砂纸或 01 号金相砂纸即可。磨制时每磨一道转 90°去除前一道磨痕，最后的磨痕轻微、细小并且有规则地朝向同一方向，不能出现紊乱磨痕，更不能有粗大磨痕。在光线明亮处，可以观察到磨面的均匀程度以及磨纹的状况。

经过金相砂纸细磨后的试样表面仍然存在轻度的表面加工损伤层和细磨痕，还需要进行抛光。金相试样的抛光分为机械抛光、电解抛光和化学抛光。一般可采用机械抛光，其目的是把磨制工序留下的损伤层除去，抛光产生的损伤层不影响显微组织的观察。

（4）试样的显示　焊接接头金相试样组织常用的显示方法有化学试剂法和电解侵蚀法。

化学试剂法是将抛光好的试样磨面在化学试剂中腐蚀一定时间,从而显示出试样的组织,对于纯金属和单向合金焊接接头试样,经过化学试剂腐蚀作用后,首先溶去了抛光时造成的表面变形层,显示出晶界及各晶粒的位相。

电解侵蚀是在试样为阳极,一定电流密度的直流电通过时,试样表面与电解液发生选择性溶解,达到显示金属表面组织的作用。电解侵蚀主要适用于抗腐蚀性强或难以用化学试剂法进行组织腐蚀的材料。如不锈钢和镍基合金等采用电解侵蚀法,消耗时间短,显示效果好。

异种材料接头的显微组织分析比较困难,其显微组织的显示是分析工作的技术关键,不同的母材金属及焊缝金属对同一种侵蚀剂表现出完全不同的腐蚀行为,很难显示出熔合线两侧的不同组织,侵蚀异种材料焊接接头组织最好采用不同的化学侵蚀剂或化学侵蚀和电解侵蚀相结合。典型的异种金属焊接接头金相组织显示方法见表 1 – 4。

表 1 – 4 典型的异种金属焊接接头金相组织显示方法

接头材料	显示剂和显示次序	备 注
不锈钢 + 钢	方法一 (1)10 g 铬酸酐(CrO_3) + 100 mL 水的溶液,电解腐蚀:电压 6 V,电流密度 0.05 ~ 0.1 A/cm^2,时间 30 ~ 50 s (2)4% 硝酸酒精溶液,或 5 g 氯化铁 + 2 mL 盐酸 + 100 mL 酒精的溶液 方法二 50 mL 水 + 50 mL 盐酸 + 5 mL 硝酸的溶液(加热至出现水蒸气为止)	侵蚀奥氏体钢部分 侵蚀碳素钢和低合金钢 碳钢和不锈钢同时侵蚀
铜 + 不锈钢	(1)8% 氯化铜氨水溶液 (2)10 g 铬酸酐(CrO_3) + 100 mL 水的溶液,电解腐蚀:电压 6V,电流密度 0.05 ~ 0.1 A/cm^2,时间 30 ~ 50 s	侵蚀铜部分 侵蚀奥氏体不锈钢部分
铜 + 低合金钢	(1)8% 氯化铜氨水溶液 (2)4% 硝酸酒精溶液,或 5 g 氯化铁 + 2 mL 盐酸 + 100 mL 酒精溶液	侵蚀铜部分 侵蚀碳素钢和低合金钢部分
钛 + 钢	(1)100 mL 水 + 3 mL 硝酸 (2)4% 硝酸酒精溶液,或 5 g 氯化铁 + 2 mL 盐酸 + 100 mL 酒精溶液	侵蚀钛部分 侵蚀碳素钢和低合金钢部分
铝 + 不锈钢	(1)95 mL 水 + 1 mL 氢氟酸 + 2.5 mL 硝酸 (2)10 g 铬酸酐(CrO_3) + 100 mL 水溶液,电解腐蚀:电压 6 V,电流密度 0.05 ~ 0.1 A/cm^2,时间 30 ~ 50 s	侵蚀铝部分 侵蚀不锈钢部分
铝 + 低合金钢	(1)95 mL 水 + 1 mL 氢氟酸 + 2.5 mL 硝酸 (2)4% 硝酸酒精溶液,或 5 g 氯化铁 + 2 mL 盐酸 + 100 mL 酒精溶液	侵蚀铝部分 侵蚀低合金钢部分
Fe_3Al + 碳钢	(1)5% 硝酸酒精溶液 (2)75 mL 盐酸 + 25 mL 硝酸溶液	侵蚀碳钢部分 侵蚀 Fe_3Al 部分
Fe_3Al + 不锈钢	75 mL 盐酸 + 25 mL 硝酸溶液	同时侵蚀 Fe_3Al 和不锈钢,但 Fe_3Al 的侵蚀时间长于不锈钢的侵蚀时间

2. 焊接接头金相检测的内容

焊接接头金相检测，一般先进行宏观分析，而后进行有针对性的显微金相分析。

（1）接头的宏观分析　宏观分析包括低倍分析和断口分析。低倍分析可以了解焊缝柱状晶生长变形形态、宏观偏析、焊接缺陷、焊道横截面形状、热影响区宽度和多层焊道层次情况。断口分析可以了解焊接缺陷的形态、产生的部位和扩展情况。通过对焊接接头金相试样的宏观分析，可以检查焊缝金属与母材是否完全熔合并显露出熔合区的位置，研究接头在结晶过程中引起的成分偏析情况。在不便用其他方法检测的产品上，不得已时可以对焊缝进行局部钻孔。使用钻孔直径较焊缝宽度大于 2 ~ 3 mm 的钻头钻取，能检测焊缝金属内的气孔、夹渣、裂纹和未焊透等缺陷。

在大型焊件断裂的事故现场，宏观分析经常是唯一的分析手段。通过分析，可以根据断口各区形貌及放射线的方向，确定出断裂源，为微观分析取样提供依据。另外，通过对断口表面的颜色、金属光泽、表面粗糙度、断口纹理（人字纹、疲劳纹等）、断口边缘的形貌（剪切唇及延性变形大小）、尺寸等的综合分析，初步判断破坏的性质。把断开的两个残片匹配在一起，缝隙较宽处为裂纹源；断口上有人字形花样，而无应力集中时，人字形花样的交汇处为裂纹源；如果断口上有放射形花样，放射线的发源处为裂纹源；断口表面无剪切唇处，通常也为裂纹源。断口颜色主要是指氧化色、腐蚀痕迹和夹杂物的特殊颜色，如断口面有氧化铁时，断口发红。

（2）接头的显微金相分析　显微分析是焊接金相分析中工作量大、内容丰富的分析项目之一，主要包括焊缝和焊接热影响区的组织类型、形态、尺寸、分布等内容。焊缝的显微组织有焊缝铸态一次结晶组织和二次固态相变组织。一次结晶组织分析是针对熔池液态金属经成核、长大，即结晶后的高温组织进行分析。一次结晶常表现为各种形态的柱状晶组织。

二次固态相变组织是高温奥氏体经连续冷却相变后，在室温下的固态组织。焊缝凝固后所形成的奥氏体主要发生向铁素体和珠光体的相变。相变后的组织主要是铁素体和珠光体，有时受冷却条件的限制，还会有不同形态的贝氏体和马氏体组织。

低碳低合金钢焊缝金属在连续快速冷却条件下，可形成条状马氏体。在光学显微镜下板条马氏体的组织特征是在奥氏体晶粒内部形成细条状马氏体板条束，在束与束之间有一定的角度。当焊缝金属的碳含量较高时，会形成片状马氏体。在光学显微镜下，片状马氏体的组织特征是马氏体互相不平行，先形成的马氏体片可贯穿整个奥氏体晶粒，后形成的马氏体片受到先形成的马氏体片的限制，尺寸较小，马氏体片之间也呈一定的角度。

焊接热影响区的组织情况非常复杂，尤其是靠近焊缝的熔合区和过热区，常存在一些粗大组织，使接头的冲击吸收功和塑性大大降低，同时也常产生脆性破坏裂纹。

观察分析焊接接头显微组织时，对于常用的钢材、正常焊接工艺条件下的组织分析和鉴别，可以根据形态特征加以辨认。对于焊缝中非典型的组织形态（如混合组织），可根据化学成分、焊接工艺参数、冷却条件以及该材料的 CCT 图推测可能产生的组织类型、形态、数量和分布等。

（3）定量金相分析　显微组织分析除定性研究外，有时需要进行定量研究。定量分析的常用方法有比较法、计点法、截线法和截面法。

比较法是将被测图与标准图进行比较，和标准图中哪一级接近就定为那一级，如晶粒度、夹杂物及偏析等都可以用比较法判定其级别。比较法简便易行，但误差较大。

计点法一般常选用 3 mm×3 mm、4 mm×4 mm、5 mm×5 mm 的网络进行测量。截线法是采用有一定长度的刻度尺来测量单位长度测试线上的点数 p。截面法是用带刻度的网络来测量单位面积上的交点数 p 或单位测量面积上的物体个数 n，也可以是测量单位面积上被测相所占的面积百分比。

近年来开发的焊接金相自动图像分析仪是结合光学、电子学和计算机技术对金属显微组织图像进行计算机智能化分析的自动图像分析系统。其中成像系统主要是将试样的光学显微组织转化成电子图像，以便于计算机进行图像处理和数据分析。采用计算机智能化金相分析，可用于实现晶粒度的测量与分析（包括体积分数，平均直径，质点间的平均距离等）、金属夹杂物的测量与显微评定（包括等效圆直径，面积百分数，形状参数及分布状态等）等。

（4）电子显微分析　在光学显微镜下，细小的组织、析出相、缺陷、夹杂物等难以分辨时，或需要确定微区成分时，常规的光学方法很难做到，这就需要采用适当的电子显微方法做进一步的分析。

采用电子显微镜可对晶界的结构、位错状态及行为、第二相结构、夹杂物的种类和成分、显微分析、晶间薄膜、脆性相、超显微的组织结构、裂纹或断口形貌特征及其上富集的物质、焊接接头中微量元素的含量及分布等进行分析。

电子显微分析方法有扫描电镜、透射电镜、X 射线衍射、微区电子衍射、电子探针等。

1.4　焊接检测课程的特点、目的和要求

1.4.1　课程特点

焊接检测本身并非一种生产技术，它具有多学科性，是以近代物理学、化学、力学、电子学和材料科学为基础，具有较广的学科性和实践性。焊接检测是实行全面质量管理科学的重要组成部分，不仅涉及力、热、磁、声、光、电各领域，同时需要多方调查、检测、监测，综合多种方法获得的各种信息后才能对焊接结构（件）的安全可靠性做出合理和准确的评价。

焊接检测的实践性，是因为检测人员要对焊接缺陷的产生、存在及对产品性能的影响有很好的理解，检测人员的质量综合评定能力与其实践经验密切相关。在依据标准、法规、检测规程及工程图样等进行相应的检测工作的同时，还有很多技术内容需要在实践过程中学习、深化。所以检测人员（尤其是无损检测人员）的资格鉴定和认可，与其从事的工作经历和培训情况密切相关，只有经过培训和较长时期的实践锻炼才能胜任。

1.4.2　课程目的

通过本课程的学习与训练，能使学生掌握焊接检测的基本知识，熟悉焊接生产中常用的检测方法，具备制订检测工艺、进行主要无损检测设备及仪器的操作、出具检测报告等工作的基本能力和评定焊接质量等级、进行生产质量管理的初步能力。

1.4.3　课程要求

（1）掌握焊接常用检测方法的基本原理、适用范围。

（2）正确选用无损检测设备、仪器，熟悉基本操作技能。

（3）掌握有关检测标准、缺陷识别知识，正确选择合适的检测方法，拟订检测工艺。

（4）具有一定评定焊缝质量等级、进行质量分析、改进焊接技术、进而提高产品质量的能力。

【综合训练】

一、填空题

1. 检测人员必须具有较宽的 _____ 和 _____。

2. 检测人员要对焊接产品的质量水平，特别是缺陷的存在与影响做出 _____。

3. 超过规定限值的焊接缺欠，称之为 _____。

4. 在国家标准中根据缺欠的性质、特征分为 _____ 大类。

5. 焊接时熔池中的气泡在凝固时未能逸出而残留下来所形成的空穴，称为 _____。

6. 焊后残留在焊缝中短小的熔渣或焊剂渣，称为 _____。

7. 残留在焊缝中的金属氧化物及外来的金属颗粒等，称为 _____。

8. 在焊缝金属和母材之间或焊道金属与焊道金属之间未完全熔化结合的部分，称为 _____。

9. 焊接时，母材金属之间应该熔合而未熔合的部分，称为 _____。

10. 由于焊接参数选择不当，或操作工艺不正确，沿焊趾的母材部位（或前一道金属）产生的沟槽或凹陷，称为 _____。

11. 焊接过程中，熔化金属流淌到焊缝之外未熔化的母材上所形成的金属瘤，称为 _____。

12. 焊接过程中，熔化金属自坡口背面流出，形成穿孔的缺陷，称为 _____。

13. 通常焊接缺陷容易出现在 _____ 及 _____。

14. 电阻焊缺陷主要有： _____、_____、_____、_____、_____、_____、_____、_____ 等。

15. 检测方法根据对产品是否造成损伤可分为 _____ 和 _____ 两大类。

16. 在进行焊接生产时是依据 _____ 和 _____、经规定程序批准实施的有关施工用工程图样、_____ 及 _____ 等进行的。

17. 焊接检测一般可分为三个阶段：_____ 检测、_____ 检测、_____ 检测。

18. 大多数焊接接头力学性能试验的试样制备、试验条件及试验要求等都有相应的 _____。

19. 接头拉伸试样的形状分为 _____、_____ 和 _____ 三种。

20. 按不同要求，冲击试样缺口可分别开在 _____、_____ 或 _____。

21. 金相检测分为 _____ 和 _____。

22. 试样的截取可以采用 _____、_____、_____、_____ 等方法。

23. 焊接接头金相试样组织常用的显示方法有 _____ 和 _____。

二、判断题

1. 焊接缺陷和焊接缺欠是一回事。　　　　　　　　　　　　　　　　（　　）

2. 在焊接生产过程中要获得无缺陷的焊接结构（件），在技术上是相当困难的，也是不

经济的。　　　　　　　　　　　　　　　　　　　　　　　　　　（　　）

3. 裂纹具有尖锐的缺口和长宽比大的特征，是焊接结构(件)中最危险的缺陷。（　　）

4. 焊接缺陷对质量的影响，主要是对结构负载强度的影响。　　　　　（　　）

5. 各类缺陷的形态不同，所产生的应力集中程度也不同，因而对结构的危害程度也各不一样。　　　　　　　　　　　　　　　　　　　　　　　　　　　（　　）

6. 裂纹位于焊缝的表面比位于焊缝的内部影响小，同时也与载荷的方向有关。（　　）

7. 通常夹杂物引起的应力集中程度比气孔要小。　　　　　　　　　　（　　）

8. 通常未熔合和未焊透比气孔和夹渣的危害大。　　　　　　　　　　（　　）

9. 破坏检测是建立在统计数学基础上的，必然有较大的局限性。　　　（　　）

10. 检测的工艺文件具体规定了检测方法及其实施过程，是检测工作的指导性实施细则。　　　　　　　　　　　　　　　　　　　　　　　　　　　　　（　　）

11. 在焊接检测中，焊接过程中的检测更为重要。　　　　　　　　　（　　）

12. 焊接检测主要是对焊接成品的检测。　　　　　　　　　　　　　（　　）

13. 安装调试质量的检测，主要是对安装进行质量控制。　　　　　　（　　）

14. 焊接接头拉伸试样可以从焊接试件上平行于焊缝轴线截取。　　　（　　）

15. 在没有规定条件下，大多机械性能试验对环境温度没有要求。　　（　　）

16. 机械性能试样的制备应不影响母材和焊缝金属性能。　　　　　　（　　）

17. 焊接接头的金相检测主要用来检查焊缝、热影响区和母材的金相组织类型。（　　）

18. 焊接接头的金相试样的形状尺寸有统一规定。　　　　　　　　　（　　）

19. 金相试样要先进行磨制后进行抛光。　　　　　　　　　　　　　（　　）

20. 异种材料接头的显微组织分析比较困难，其显微组织的显示是分析工作的技术关键。　　　　　　　　　　　　　　　　　　　　　　　　　　　　　（　　）

三、思考题

1. 焊接接头主要的缺陷是什么？

2. 焊接缺陷对焊缝质量的影响包括哪几个方面？

3. 综合分析焊接检测的主要作用。

4. 试分析非破坏检测与破坏检测各自的特点。

5. 你认为应该如何进行焊接结构破坏事故的现场调查与分析？

6. 如何进行焊缝的宏观和微观分析？

7. 试分析学习焊接检测的意义。

模块二

超声波检测

[学习目标]

1. 掌握超声波检测仪的使用方法，对仪器进行校准、调节等操作；
2. 掌握焊接产品超声波检测的过程，初步具备缺陷的识别能力；
3. 会判断缺陷位置及确定缺陷大小，能出具 UT 检测报告。

超声检测（Ultrasonic Testing，UT）利用材料自身或缺陷的声学特性对超声波传播的影响，来检测材料缺陷或某些物理特性的一种无损检测方法。超声波进入物体遇到缺陷时，一部分声波会产生反射，发射和接收器可对反射波进行分析，就能非常精确地测出缺陷来，并且能显示内部缺陷的位置和大小，测定材料厚度等。

超声波检测较之其他无损检测方法有无法比拟的优点，可探测厚度大、成本低、灵敏度高、设备轻巧、操作简单、探测速度快、对人体无害等。它不仅可以检查金属材料，而且可以检查非金属材料和复合材料，既可检测表面缺陷，又可检测内部缺陷。因而被广泛应用于工业、通讯、医学以及其他许多领域。

2.1 超声波检测的物理基础

2.1.1 超声波简介

人耳听到的声音来源于物体的振动，在弹性介质中，如果波源所激发的纵波频率为 20 ~ 20000 Hz，能引起人耳的听觉，在这个频率范围内的振动叫做声振动，此时产生的波动叫声波。当频率低于 20 Hz 或高于 20 kHz 时人耳则无法感觉到。为与可听见的声波加以区别，称低于 20 Hz 的声波为次声波，高于 20 kHz 的声波为超声波。超声检测中实际所发出和接收的频率要比声波高得多，一般为 0.5 ~ 25 MHz，常用频率为 0.5 ~ 10 MHz。

专业常识

在金属探伤中使用的超声频率为 0.5 ~ 10 MHz，以 2 ~ 5 MHz 最为常用。

2.1.2 超声波在介质中的传播

1. 超声波的波形

超声波是一种机械波,机械振动与波动是超声波检测的物理基础。超声波的波形主要有纵波、横波、表面波和板波等,如图2-1所示,λ为波长。而在超声波检测中应用较多的是纵波和横波。

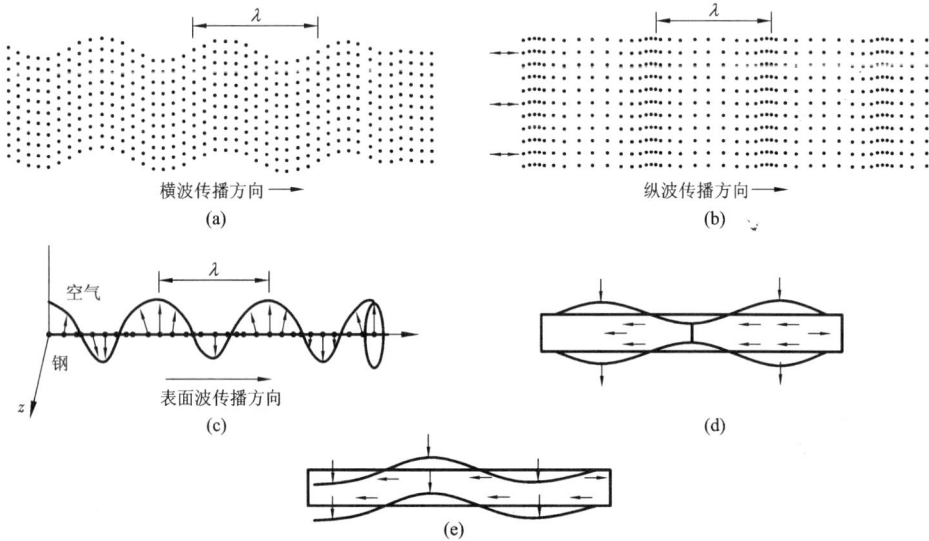

图 2-1 各种波动的波形

(a)横波;(b)纵波;(c)表面波;(d)(e)板波

(1)横波 当弹性介质受到交替变化的正弦剪切力作用时,质点产生具有波峰和波谷的横向振动,并在介质中传播,它的振动方向与波的传播方向垂直,这种波称为横波,也称为切变波,如图2-1(a)所示。横波常用符号"T"或"S"表示。只在固体介质中传播横波。

(2)纵波 当弹性介质受到交替变化的正弦拉应力作用时,质点产生疏密相间的纵向振动,并作用于相邻质点而在介质中向前传播。此时介质中质点的振动方向与波的传播方向一致,这种波称为纵波,也称为压缩波或疏密波,如图2-1(b)所示。纵波常用符号"L"表示。任何弹性介质(固体、液体和气体)都能传播纵波。

(3)表面波 在半无限大弹性介质与气体介质的交界面上受到交替变化的表面张力作用时,介质表面的质点就产生相应的纵向和横向振动,其结果导致界面质点绕其平衡位置作椭圆运动,并作用于相邻质点而在介质表面传播,这种波称为表面波。通常所说的表面波,一般是指瑞利波,如图2-1(c)所示,表面波常用符号"R"表示,图中表示的是瞬时的质点位移状态。

表面波传播深度约为1~2个波长范围,其振动随深度的增加而迅速减小。因此,一般认为,表面波探伤只能发现距工件表面两倍波长深度内的缺陷。只在固体介质表面传播表面波。

(4)板波 当板状弹性介质受到交替变化的表面张力作用而且板厚与波长相当时,与表面波的形成相类似,介质质点产生相应的纵向和横向振动,质点的振动轨迹也是椭圆形,声场遍布整个板厚。这种波称为板波,也称兰姆波。板波常用符号"P"表示,如图2-1(d)、(e)所示。

与表面波不同之处是板波的传播要受到两个界面的束缚,从而形成对称型和非对称型两种情况。对称型板波在传播中，质点的振动以板厚为中心面对称，即板的上下表面上质点振动的相位相反，板中心面上质点的振动方式类似于纵波。非对称型板波在传播中，上下表面质点振动的相位相同，板中心面上质点的振动方式类似于横波。

上述几种波的特点和区别见表 2－1。

表 2－1　几种波的特点和区别

波的类型		质 点 振 动 特 点	传播介质	应　用
纵　波		质点振动方向平行于波传播方向	固、液、气体介质	钢板、锻件探伤等
横　波		质点振动方向垂直于波传播方向	固体介质	焊缝、钢管探伤等
表面波		质点作椭圆运动，椭圆长轴垂直于波传播方向，短轴平行于波传播方向	固体介质	钢管探伤等
板波	对称型（S 型）	上下表面：椭圆运动，中心：纵向振动	固体介质（厚度与波长相当的薄板）	薄板、薄壁钢管等（$\delta < 6$ mm）
	非对称型（A 型）	上下表面：椭圆运动，中心：横向振动		

2. 超声波的主要特征量

描述超声波在介质中传播的主要物理量有声速 c、频率 f、周期 T、波长 λ，另外还有声压 p、声强 I、声阻抗 z。

（1）声速 c　声速是指声波在介质中单位时间内所传播的距离，用 c 表示，声速 c、频率 f、波长 λ 三者之间的关系为

$$c = \lambda f$$

声速除与波动类型有关外，还与介质的性质有关。介质弹性振动的规律受材料密度 ρ、弹性模量（正弹性模量 E、切变弹性模量 G）和泊松比 μ 的约束，影响这些物理量常数的因素都对声速有影响。超声波在无限大的固体介质中的纵波波速 c_L、横波波速 c_S 和表面波波速 c_R 分别为

$$\left.\begin{array}{l} c_L = \sqrt{\dfrac{E(1-\mu)}{\rho(1+\mu)(1-2\mu)}} \\[2mm] c_S = \sqrt{\dfrac{G}{\rho}} = \sqrt{\dfrac{E}{2(1+\mu)}} \\[2mm] c_R = \dfrac{0.87 + 1.12\mu}{1+\mu}\sqrt{\dfrac{G}{\rho}} \end{array}\right\} \tag{2.1}$$

式中：E——介质的拉压弹性模量；

μ——介质的泊松比；

ρ——介质的密度；

G——介质的切变弹性模量。

上述公式表示超声波的传播速度与介质的性质（密度、弹性模量、泊松比）及波的类型之间的关系。

纵波波速在气体中每秒为几百米，在液体中为 $1\sim2$ km/s，在固体中为 $3\sim6$ km/s。在固体中，横波的速度约为纵波的一半，表面波波速约为横波的 0.95 倍。对于钢而言：

$c_L = 5900$ m/s，$c_S = 3230$ m/s，$c_R = 2950$ m/s。三者之比为：$c_L : c_S : c_R = 1.82 : 1.0 : 0.91$。

专业常识

在同一种介质中，纵波、横波和表面波三者的波速不同，在同一种介质中有：$c_L > c_S > c_R$。

（2）声压 p　超声场中某点具有的 p_1 与没有超声波存在时该点的静态压强 p_0 之差，称为该点的声压 p。即 $p = p_1 - p_0$，声压的常用单位是 Pa。

（3）声强 I　在声学中，把单位时间内通过垂直于声波传播方向上单位面积的声波能量称为声强度（简称声强），用 I 表示，其常用单位为 W/m^2。超声波在介质中传播时，若单位时间内传递的能量越多，则声强越大。

（4）声阻抗 z　超声场中某处的声压 p 与该处质点的振动速度 v 之比称为声阻抗 z，其常用单位是 Pa·s/m，$kg/(m^2 \cdot s)$。由定义得：$z = \dfrac{P}{v} = \rho c$

（5）分贝（dB）和奈培（Np）　分贝和奈培是计算和度量声压或声强衰减时常用的两个概念。超声波检测仪的荧光屏上显示的反射波高度，往往是用相对于某　确定的基准高度的多少分贝来表示的。

①分贝和奈培的定义　分贝和奈培都是采用同一量纲的两个参量的对数来表示的单位。

设 p_1 和 p_2 为材料内部能测到的不同位置的声压值，若 $\dfrac{p_1}{p_2}$ 以分贝 dB 为单位表示，即分贝数：

$$n = 20\lg\left(\frac{p_1}{p_2}\right) \qquad (2.2)$$

若以奈培 Np 为单位，则奈培数为

$$n' = \ln\left(\frac{p_1}{p_2}\right) \qquad (2.3)$$

②分贝和奈培的换算　令 $\left(\dfrac{p_1}{p_2}\right) = e$ 代入式（2.3），得奈培数

$$n' = \ln\left(\frac{p_1}{p_2}\right) = \ln e = 1 \text{ Np}$$

将 $\left(\dfrac{p_1}{p_2}\right) = e$ 代入式（2.2）得

$$n = 20\lg\left(\frac{p_1}{p_2}\right) = 20\ln e = 8.86 \text{ dB}$$

$$1 \text{ Np} = 8.68 \text{ dB} \quad \text{或} \quad 1 \text{ dB} = 0.115 \text{ Np}$$

常用声压比（波高比）对应的分贝值见表 2-2。

表 2-2　常用声压比（波高比）对应的分贝值

$\dfrac{p_1}{p_2}\left(\dfrac{H_1}{H_2}\right)$	10	5	2	1	$\dfrac{1}{2}$	$\dfrac{1}{5}$	$\dfrac{1}{10}$
分贝值	20	14	6	0	-6	-14	-20

当 $\dfrac{p_1}{p_2}$ 或 $\dfrac{H_1}{H_2}$ 大于 1 时，分贝值为"正"表示增益；小于 1 时，分贝值为"负"表示衰减。如当两声压比（或波高比）为 2，即一声压（波高）为另一声压（波高的）的 2 倍时，此两声压（波高）之间的分贝差值为 6 dB。同样每衰减 20 dB（-20 dB）时，声压（波高）则为原来的 $\dfrac{1}{10}$。

在声学和超声波检测中常用到这两种单位。由于声强与声压的平方成正比，所以：

$$\Delta = 20\lg\frac{p_2}{p_1} = 10\lg\frac{I_2}{I_1}\ \text{dB}$$

③分贝与奈培的应用　用分贝值表示回波幅度的相互关系，不仅可以简化运算，而且在确定基准波高以后，可直接用仪器衰减器的读数表示缺陷的相对波高。因此，分贝概念的引入对超声检测有很重要的实用价值。

例1　示波屏上一波高为 80 mm，另一波高为 20 mm，问前者比后者高多少 dB？

解　$\Delta = 20\lg\frac{H_2}{H_1} = 20\lg\frac{80}{20} = 12$ dB

答：前者比后者高 12 dB。

例2　示波屏上有 A、B、C 三个波，其中 A 波比 B 波高 3 dB，已知 B 波高为 50 mm，求 A、C 各为多少 mm？

解　由已知得 $\Delta = 20\lg\frac{A}{B} = 3\rightarrow A = 100.15$，$B = 70.6$ mm

又 $\Delta = 20\lg\frac{C}{B} = -3\rightarrow C = 10 - 0.15B = 35.4$ mm

答：A、C 分别为 70.6 mm 和 35.4 mm。

2.1.3　超声波在平界面上的入射

1. 超声波在大平界面上垂直入射的行为

（1）反射和透射　当声平面波垂直入射到声阻抗不同的两介质的大平界面时，如图 2-2 所示，则入射波能量（声强 I）的一部分进入介质Ⅱ中，为透射波（声强 I_2），另一部分能量被界面反射回来，仍在介质中传播，为反射波（声强 I_1），根据能量守恒规律

$$I = I_1 + I_2$$

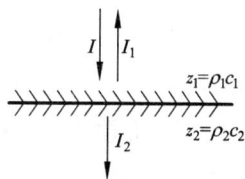

图 2-2　对大平界面垂直入射时的反射和透射

在实际探伤工作中常用反射波声压（p_r）与入射波声压（p_0）的比值表示声压反射率 r，则

$$r = \frac{p_r}{p_0} = \frac{z_2 - z_1}{z_2 + z_1}$$

用透射波声压（p_t）与入射波声压（p_0）的比值来表示透射率 t，则

$$t = \frac{p_t}{p_0} = \frac{2z_2}{z_1 + z_2}$$

①若 $z_1 \approx z_2$，可以看出 $r = 0$ 而 $t = 1$，这时声波几乎没有反射而全部从Ⅰ介质透射入Ⅱ介质。

②若 $z_1 \gg z_2$，则声波在界面上几乎全反射而透射极少。现以超声波从钢射向水时的情况为例，此时

z_1（钢）$= 45\times10^6\ \text{kg}/(\text{m}^2\cdot\text{s})$

z_2（水）$= 1.5\times10^6\ \text{kg}/(\text{m}^2\cdot\text{s})$

于是

$$r = \frac{1.5 - 45}{1.5 + 45} = -0.935$$

$$r = \frac{2\times45}{1.5 + 4.5} = 1.935$$

用百分比表示，反射波声压占入射波声压的 93.5%，透射波声压则仅占入射波声压的 6.5%，负号表示反射波相位与入射波的相位相反，如图 2-3 所示。

③若 $z_2 \gg z_1$，这可用超声波从水射向钢时的情况为例，于是

$$r = \frac{45 - 1.5}{45 + 1.5} = 0.935$$

$$t = \frac{2 \times 45}{1.5 + 45} = 1.935$$

因为 r 为正值，入射波和反射波相位相同，透射波具有入射波声压的 193.5%，如图 2-4 所示。

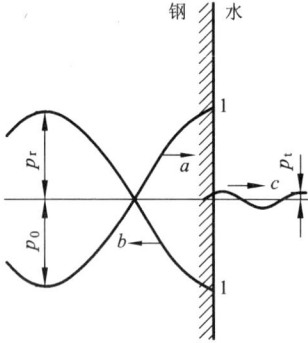

图 2-3　在钢水界面上声的反射和透射

a—入射波；b—反射波；c—透射波

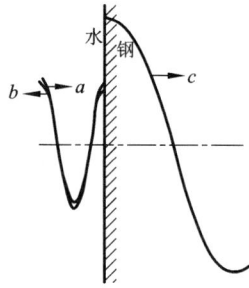

图 2-4　在水钢界面上声能的反射和透射

a—入射波；b—反射波；c—透射波

此处 t 大于 1 与能量守恒定律并不矛盾，因为 $I = p^2 / 2\rho c = p^2 / 2z$，$p$ 大 z 亦大，总效果仍符合入射声能等于反射声能与透射声能之和。

(2) 多层介质垂直入射　当超声脉冲波由声阻抗为 z_1 的介质，通过厚度为 T 声阻抗为 z_2 的中介层介质而传到声阻抗为 z_3 的介质中时：

①当中层介质厚度 T 较大而超声波在其中往复一次所用时间大于脉冲宽度时，可看到一系列多次反射、透射波，如图 2-5(b) 所示，这些波互不相干。

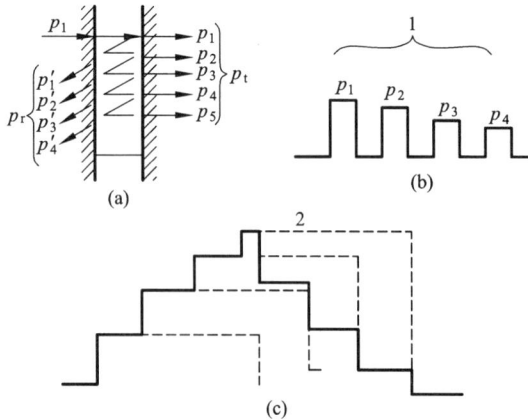

图 2-5　超声波在中介层中的透射和反射

(a) 透射、反射情况；(b) 脉冲宽度狭时的透射波；(c) 脉冲宽度大时的透射波

1—透射波分成几个脉冲；2—透射波并成一个脉冲

②当中层介质厚度 T 较小而脉冲宽度较大时,多次反射、透射波会重叠在一起产生干涉现象,形成非常宽而乱的波,如图2-5(c)所示。

③当 T 很薄而 $z_1 = z_3$ 时,声压声强的反射、透射率则与中层有关。当 T 为 0,0.5λ,λ,1.5λ,…时,其反射率 r 具有极小值,透射率 t 具有极大值;当 T 为 0.25λ,0.75λ,1.25λ,…时,其反射率 r 具有极大值,透射率 t 具有极小值。

2. 超声波在平界面上斜入射的行为

(1)波形转换 当超声波由一种介质倾斜入射到另一种介质上时,如果两种介质的声速不同,在界面会产生声波的反射、折射和波形转换现象(如图2-6)。

(2)纵波斜入射 当纵波 L 倾斜入射到固/固界面时,除产生反射纵波 L′和折射纵波 L″外,还会产生反射横波 S′和折射横波 S″。各种反射波和折射波方向符合反射、折射定律:

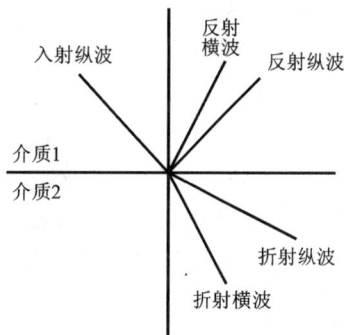

图2-6 超声波的反射、折射和波形转换

$$\frac{\sin\alpha_L}{c_{L_1}} = \frac{\sin\alpha'_L}{c_{L_1}} = \frac{\sin\alpha'_S}{c_{S_1}} = \frac{\sin\beta_L}{c_{L_2}} = \frac{\sin\beta_S}{c_{S_2}} \quad (2.4)$$

由于同一介质中纵波波速不变,因此 $\alpha'_L = \alpha_L$。又由于在同一介质中纵波波速大于横波波速,因此 $\alpha'_L > \alpha'_S$,$\beta_L > \beta_S$。

①第一临界角 α_I:由式(2.4)可以看出,$\frac{\sin\alpha_L}{c_{L_1}} = \frac{\sin\beta_L}{c_{L_2}}$ 当 $c_{L_2} = c_{L_1}$ 时,$\beta_L > \alpha_L$,随着 α_L 增加,β_L 也增加,当 α_L 增加到一定程度时,$\beta_L = 90°$,这时所对应的纵波入射角称为第一临界角,用 α_I 表示。

$$\alpha_I = \arcsin\frac{c_{L_1}}{c_{L_2}} \quad (2.5)$$

②第二临界角 α_{II}:由式(2.4)可得 $\frac{\sin\alpha_L}{c_{L_1}} = \frac{\sin\beta_S}{c_{S_2}}$。当 $c_{S_2} > c_{L_1}$ 时,$\beta_S > \alpha_L$,随着 α_L 增加,β_S 也增加,当 α_L 增加到一定程度时,$\beta_S = 90°$,这时所对应的纵波入射角称为第二临界角,用 α_{II} 表示。

$$\alpha_{II} = \arcsin\frac{c_{L_1}}{c_{S_2}} \quad (2.6)$$

③由 α_I 和 α_{II} 的定义可知:

(a)当 $\alpha_L < \alpha_I$ 时,第二介质中即有折射纵波 L″又有折射横波 S″。

(b)当 $\alpha_L = \alpha_I \sim \alpha_{II}$ 时,第二介质中只有折射横波 S″没有折射纵波 L″。这就是常用横波探头的制作原理。

(c)当 $\alpha_L \geq \alpha_{II}$ 时,第二介质中既无折射纵波 L″,又无折射横波 S″。这时在其介质的表面存在表面波 R,这就是常用表面波探头的制作原理。

④例:纵波倾斜入射到有机玻璃/钢界面时。有机玻璃中:$c_{L_1} = 273$ m/s,钢中:$c_{L_2} = 5900$ m/s,$c_{S_2} = 3230$ m/s,则第一、二临界角分别为:

$$\alpha_{I} = \arcsin \frac{c_{L_1}}{c_{L_2}} = \arcsin \frac{2730}{5900} = 27.6°$$

$$\alpha_{II} = \arcsin \frac{c_{L_1}}{c_{S_2}} = \arcsin \frac{2730}{3230} = 57.7°$$

由此可见有机玻璃横波探头 $\alpha_L = 27.6° \sim 57.7°$，有机玻璃表面波探头 $\alpha_L \geqslant 57.7°$。

（3）横波入射

①当横波倾斜入射到固/固界面时，同样会产生波形转换。各反射、折射波的方向符合反射、折射定律：

$$\frac{\sin\alpha_S}{c_{S_1}} = \frac{\sin\alpha_S'}{c_{S_1}} = \frac{\sin\alpha_L'}{c_{L_1}} = \frac{\sin\beta_L}{c_{L_2}} = \frac{\sin\beta_S}{c_{S_2}} \tag{2.7}$$

②横波倾斜入射时，同样存在第一、二临界角，由于在实际探伤中无多大实际意义，故这里不再讨论，这里只讨论第三临界角 α_{III}。

由上式得 $\frac{\sin\alpha_S}{c_{S_1}} = \frac{\sin\alpha_L'}{c_{L_1}}$，随 α_S 增加，α_L' 也增加，当 α_S 增加到一定程度时，$\alpha_L' = 90°$，这时所对应的横波入射角称为第三临界角，用 α_{III} 表示。

$$\alpha_{III} = \arcsin \frac{c_{S_1}}{c_{L_1}} \tag{2.8}$$

当 $\alpha_S \geqslant \alpha_{III}$ 时，第一介质中只有反射横波，没有反射纵波，即横波全反射。

③对于钢：$c_{L_1} = 5900 \text{ m/s}$，$c_{S_1} = 3230 \text{ m/s}$

$$\alpha = \arcsin \frac{c_{S_1}}{c_{L_1}} = \arcsin \frac{3230}{5900} = 32.2°$$

当 $\alpha_S \geqslant 33.2°$ 时，钢中横波全反射。

2.1.4 超声波的衰减

1. 衰减原因

超声波在介质内传播过程中，其声能随着传播距离的增加而逐渐减弱的现象称为超声波能量的衰减。不同的传播条件及不同的波形有不同的衰减规律。超声波衰减的机理是很复杂的，特别是对于组织结构复杂的固体介质，理论分析则更加困难。一般都以实际测量来评价其衰减程度。就探伤而言，超声波在传播过程中能量减少的原因，从理论上讲可以粗略地分为以下几类：

（1）由声束扩展引起的衰减（扩散衰减）　在声波的传播过程中，随着传播距离的增大，非平面波的声束不断扩展增大，因此单位面积上的声能（或声压）随距离的增大而减弱，这种衰减称为扩散衰减。扩散衰减仅取决于波的几何形状，而与传播介质无关。对于平面波，声能或声压不随传播距离而变化，不存在扩散衰减。

（2）由散射引起的衰减（散射衰减）　由于实际材料不可能绝对均匀，例如材料中有外来杂质、金属中的第二相析出、晶粒的任意取向等均会导致整个材料的声阻抗不均，从而引起超声波的散射。被散射的超声波在介质中沿着复杂的路径传播下去，最终变成热能，这种衰减称为散射衰减。散射衰减与材质的晶粒密切相关，当材质晶粒粗大时，散射衰减严重，被散射的超声波沿着复杂的路径传播到探头，在示波屏上引起林状回波（又叫草波），使信噪比下降，严重时噪声会湮没缺陷波。

（3）由介质的吸收引起的衰减（吸收衰减）　超声波在介质中传播时，由于介质的粘滞性而造成质点之间的内摩擦，从而使一部分声能转变成热能。同时，由于介质的热传导，介质的稠密和稀疏部分之间进行热交换，从而导致声能的损耗以及由于分子驰豫造成的吸收，这些就是介质的吸收现象，这种衰减称为吸收衰减。

2. 衰减规律和衰减系数

对于平面余弦波来说，声压衰减规律可用下式表示：

$$p_x = p_0 e^{-\alpha x} \tag{2.9}$$

式中：p_x——超声波在材料传播一段距离 x 的声压；

p_0——入射到材料界面时的声压；

α——衰减系数；

x——超声波在材料中传播的距离。

需指出的是，对于大多数固体和金属来说，通常所说的超声波的衰减，即由 α（衰减系数）表征的衰减仅包括散射衰减 α_s 和吸收衰减 α_a 而不包括扩散衰减。

介质的衰减与介质的性质密切相关，因此在实际工作中有时根据底波的次数来衡量材料衰减情况，从而判定材料晶粒度大小，缺陷密集程度、石墨含量等。

3. 衰减系数的粗略测定

（1）薄板工件衰减系数的测定　对于厚度较小，上下底面互相平行，表面光洁的薄板工件，可用直探头波在薄板表面，使声波在上下表面往复反射，在示波屏上出现多次底波。由于介质衰减和反射损失，使底波高度依次减小。设薄板试块或工件厚度为 x，将探头置于试块表面上，调节仪器使示波屏上出现多次底波，这时材质的衰减系数 α 用下式来计算：

$$\alpha = \frac{20\lg(B_m/B_n) - \delta}{2(n-m)x} \quad \text{dB/mm} \tag{2.10}$$

式中：m、n——底波的次数；

B_m、B_n——第 m、n 次底波的高度；

δ——底面反射损失。

上述公式没有考虑扩散衰减，只适用于薄工件或试块，并要求工件上下底面互相平行、表面光洁，测试处无缺陷。

（2）厚板或粗圆柱体衰减系数的测定　对于厚度大于 200 mm 的板材或轴类零件，可根据第一、二次底波 B_1、B_2 高度来测试衰减系数。B_1、B_2 高度差由扩散衰减、介质衰减、反射损失引起。这时介质衰减系数 α 按下式计算：

$$\alpha = \frac{20\lg(B_1/B_2) - 6 - \delta}{2x} = \frac{[B_1] - [B_2] - 6 - \delta}{2x} \quad \text{dB/mm} \tag{2.11}$$

式中：x——厚度；

$[B_1] - [B_2]$——底波 B_1、B_2 的分贝值差。

上述公式考虑了扩散衰减，只适用于厚度足够大（$x \geq 3N$）的试块或工件，并要求测试处无缺陷，上下底面互相平行和光洁，不得沾有油或其他污物。

例：某工件厚度 $x = 500$ mm，测得 $B_1 = 80\%$，$B_2 = 20\%$，反射损失 $\delta = 0.5$ dB，则工件的衰减系数为：

$$\alpha = \frac{20\lg(B_1/B_2) - 6 - \delta}{2x} = \frac{20\lg(80/20) - 6 - 0.5}{2 \times 500} = 0.05 \text{ dB/mm}$$

2.1.5 超声波的获得和超声场

1. 超声波的发射和接收

利用某些材料的物理效应可以实现超声波的发射和接收,实现电能与声能之间的相互转换。

(1)逆压电效应与超声波的发射 在石英、钛酸钡、硫酸锂等天然或人工压电材料制成的压电晶片两面施加高频的交变电场,则会在晶片的厚度方向上出现相应的压缩和伸长变形,这一现象称为压电材料的逆压电效应。在逆压电效应的作用下,压电晶片将随外加电压的变化在其厚度方向上作相应的超声振动,发出超声波。

(2)压电效应与超声波的接收 沿厚度方向作超声波振动的压电晶片的表面随之产生交变电压的现象称为压电材料的压电效应,即把回波信号转变为电信号。接收并显示这一源于超声波振动的交变电压即实现了超声波的接收。

在超声检测中,用以实现上述电声相互转换的声学器件称为超声波换能器,习惯上称为探头。发射和接收纵波的称直探头,发射和接收横波的称斜探头或横探头。

2. 超声场的结构

充满超声波的空间或超声波振动所波及的部分介质叫做超声场。

一般来说,由于传播条件和传播介质的不同,声场就有不同的形状和范围。确定声场的几何形状和大小,通常要考虑的因素很多,其中,最主要的因素是声源的直径及声波的传播频率(或波长)。实际探伤时,准确地确定声场的形状和大小,对确定缺陷的性质、大小和位置有着重要的意义。

通常称超声探头发出的束状超声场为超声波束。超声波束一般由主声束和副声束构成(见图2-7)。副声束的截面小能量弱,其数量和传播方向随晶片直径 D 与波长 λ 之比的改变而改变。主声束的截面大,能量集中,并具有很好的指向性,指向性的好坏由指向角 θ 表征。

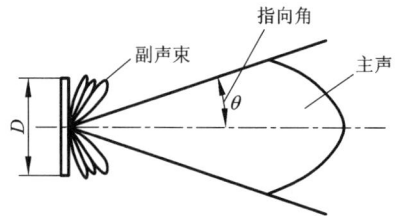

图2-7 直探头发出的超声波

(1)主声束轴线上的声压分布 圆形直探头向无声能衰减的液体介质中发射的连续正弦纵波主声束轴线上的声压分布示意图如图2-8所示。图中 p_0 为探头表面的起始声压,p_x 为声程 x 处的声压。

由图2-8可知,在探头附近,主声束轴线上的声压出现若干极大和极小值,这段声程称为超声波主声束的近场。其中距探头最远的声压极大值点至探头表面的距离称为近场长度,用符号 N 表示,近场以外($x > N$)即

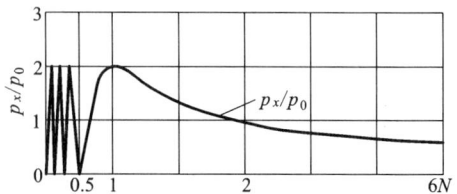

图2-8 圆形声源轴线上的声压分布曲线

为超声波束的远场。在远场中紧靠近场的一段区域内,特别在 $x > 3N$ 以外,p 还与探头的面

积和起始声压 p_0 成正比,与超声波波长 λ 成反比。

(2)近场长度　就直探头发射的纵波声束而言,近场长度可近似的表示为:

$$N \approx D^2/4\lambda \tag{2.12}$$

式中:N——近场长度,mm;

$\quad\quad D$——直探头压电晶片的直径,mm;

$\quad\quad \lambda$——超声波波长,mm。

由上式可知,压电晶片的直径越大,频率越高,探头的近场越长。这一结论也定性地适用于斜探头发射的横波声场。

近场区探伤定量是不利的,处于声压极小值处的较大缺陷回波可能较低,而处于声压极大值处的较小缺陷回波可能较高,这样就容易引起误判,甚至漏检,因此应尽可能避免在近场区探伤定量。

(3)指向特性　超声场的指向性是指超声波向某一方向集中发射的特性。指向特性的优劣由指向角 θ(又称为半扩散角)表征。指向角越小,超声波束的指向性越好,声能量越集中。压电晶片的直径越大,频率越高,超声波束的指向性越好。

2.2　超声波检测仪器、探头和试块

2.2.1　超声波检测仪

超声波检测仪是超声波检测的主体设备,它的作用是产生电振荡并加到换能器(探头)上,激励探头发射超声波,同时将探头送回的电信号进行放大,通过一定方式显示出来,从而得到被探工件内部有无缺陷及缺陷位置和大小等信息。

1. 仪器的分类

超声仪器分为超声检测仪器和超声处理(或加工)仪器,超声波检测仪属于超声检测仪器。超声波检测技术在现代工业中的应用日益广泛,由于探测对象、探测目的、探测场合、探测速度等方面的要求不同,因而有各种不同设计的超声波检测仪,常见的有以下几种:

(1)按超声波的连续性分类

①脉冲波探伤仪　这种仪器通过探头向工件周期性地发射不连续且频率不变的超声波,根据超声波的传播时间及幅度判断工件中缺陷位置和大小,这是目前使用最广泛的探伤仪。

②连续波探伤仪　这种仪器通过探头向工件中发射连续且频率不变(或在小范围内周期性变化)的超声波,根据透过工件的超声波强度变化判断工件中有无缺陷及缺陷大小。这种仪器灵敏度低,且不能确定缺陷位置,因而大多已被脉冲波探伤仪所代替,但在超声显像及超声共振测厚等方面仍有应用。

③调频波探伤仪　这种仪器通过探头向工件中发射连续的频率周期性变化的超声波,根据发射波与反射波的差频变化情况判断工件中有无缺陷。以往的调频式电路探伤仪便采用这种原理。但由于只适宜检查与探测面平行的缺陷,所以这种仪器也大多被脉冲波探伤仪代替。

(2)按缺陷显示方式分类

①A型显示探伤仪　A型显示是一种波形显示,探伤仪荧光屏的横坐标代表声波的传播

时间(或距离),纵坐标代表反射波的幅度。由反射波的位置可以确定缺陷位置,由反射波的幅度可以估算缺陷大小。

②B型显示探伤仪　B型显示是一种图像显示,探伤仪荧光屏的横坐标是靠机械扫描来代表探头的扫查轨迹,纵坐标是靠电子扫描来代表声波的传播时间(或距离),因而可显示出被探工件任一纵截面上缺陷的分布及缺陷的深度。

③C型显示探伤仪　C型显示也是一种图像显示,探伤仪荧光屏的横坐标和纵坐标都是靠机械扫描来代表探头在工件表面的位置。探头接收信号幅度以光点辉度表示,当探头在工件表面移动时,荧光屏上便显示出工件内部缺陷的平面图像,但不能显示缺陷的深度。

(3)按超声波的通道分类

①单通道探伤仪　这种仪器由一个或一对探头单独工作,是目前超声波检测中应用最广泛的仪器。

②多通道探伤仪　这种仪器由多个或多对探头交替工作,每一通道相当于一台单通道探伤仪,适用于自动化探伤。

目前,探伤中广泛使用的超声波检测仪,如CTS-22、CTS-26等都是A型显示脉冲反射式探伤仪。这种探伤仪属于被动声源探伤仪,即仪器本身发射超声波,它所发射的超声波是不连续的脉冲波,在工件中遇到缺陷后,在荧光屏是A形显示,即以幅度估计缺陷大小,这种仪器是由一个(或多个)探头单独工作,属于单通道探伤仪。本节所介绍的仪器均属于A型脉冲反射式超声波检测仪。

2. A型脉冲反射式超声波检测仪工作原理

A型脉冲反射式超声波检测仪的工作原理方框图如图2-9所示。

由图2-9可知,A型脉冲反射式超声波检测仪主要由同步电路、时基(扫描)电路、发射电路、接收放大电路、显示电路和电源电路组成。

同步电路:产生一系列同步脉冲信号,用以控制整台仪器整个电路按同一步调进行工作。

发射电路:在同步脉冲信号作用下产生高频电脉冲,激励探头发射超声波。

接收放大电路:将探头接收到的信号放大加于示波管垂直偏转板上。

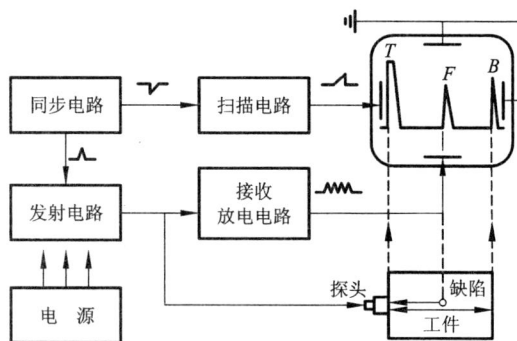

图2-9　A型探伤仪工作原理方框图

T:初始波;*F*:缺陷波;*B*:底波

时基电路:在同步脉冲信号作用下产生锯齿波,加于示波管水平偏转板上,形成时基线。

显示电路:显示时基线和探伤波形。

电源电路:供给仪器各部分所需要的电压。

工作过程:同步电路产生的触发脉冲同时加至扫描电路和发射电路,扫描电路受触发开始工作,产生锯齿波扫描电压,加至示波管水平偏转板,使电子束发生水平偏转,在荧光屏上产生一条水平扫描线。与此同时,发射电路受触发产生高频窄脉冲,加至探头,激励压电晶片振动,产生超声波。超声波在工件中传播,遇缺陷或底面发生反射,返回探头时,又被压电晶片转变为电信号,经接收电路放大和检波,加至示波管垂直偏转板上,使电子束发生垂直偏转,在水平扫描线的相应位置上产生缺陷波和底波。由于示波屏上波高与声压成正比,扫描光点的位移与时间成正比,因此可以根据 A 型探伤仪示波屏上缺陷波的幅度和位置对缺陷进行定量和定位。

2.2.2　超声波探头

在超声波检测中,如何发射超声波,以及如何接受经被探测材料传播后的超声波,是首先要解决的问题。

1. 探头的作用

超声波检测中,超声波的产生和接收过程是一种能量的转换过程,它是通过探头来实现电能和声能的转换的。因此探头又称为超声换能器,其主要作用是:

(1)实现声电能转换。

(2)控制超声波的指向性和干扰区的影响范围。

(3)控制工作频率,因为频率越高,波长越短,可提高探伤灵敏度。

利用压电效应能方便地实现声电能转换。正压电效应是晶体材料在交变拉压应力作用下,产生交变电场的效应。探头接收超声波时,发生正压电效应,将声能转为电能。

逆压电效应是当晶体材料在交变电场的作用下,产生伸缩变形的效应。探头发射超声波,高频电脉冲激励探头压电晶片时,发生逆压电效应,将电能转换为声能。

2. 探头的种类及结构

超声检测中使用的探头因检测对象、目的和条件的不同而不同。各种形式的探头如图 2 – 10 所示。其中焊缝超声检测使用的主要是压电晶片面积不超过 500 mm^2,且任一边长不大于 25 mm 的纵波直探头和横波斜探头。

(1)直探头　直探头主要探测与探测面平行的缺陷,如板材、锻件探伤等。

直探头由壳体、吸收块、压电元件和保护膜等组成,其基本结构如图 2 – 11(a)所示。各部分的作用为:

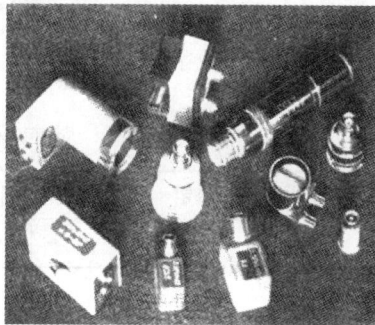

图 2 – 10　各种形式的探头

①压电晶片的作用是发射和接收超声波,实现电声换能。

②保护膜是保护压电晶片不致磨损。分为硬、软保护膜两类,前者用于表面光洁度较高的工件,后者用于表面光洁度较低的工件探伤。

③吸收块(阻尼块)紧贴压电晶片,对压电晶片的振动起阻尼作用。另外还可以吸收晶片背面的杂波,提高信噪比,并且支承晶片。

④外壳的作用在于将各部分组合在一起,并保护之。

(2)斜探头　斜探头一般由探头芯、透声器和壳体等部分组成,基本结构如图 2 – 12(b)所示。在结构上,斜探头与直探头的主要区别是前者在压电元件的正前方设置了透声楔。纵波以位于第一和第二临界角之间的透射楔角度入射至工件表面,通过波形转换在钢中得到单一的折射横波。透射楔材料的纵波声速应小于钢的横波声速,常用材料为有机玻璃。透射楔

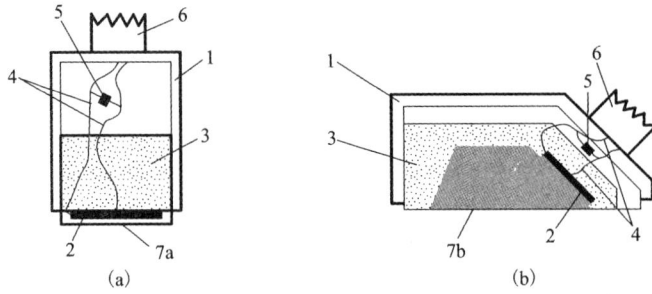

图 2 – 11 直探头和斜探头的基本结构

(a)直探头；(b)斜探头

1—外壳；2—晶片；3—吸收背衬；4—电极接线；5—匹配电感；6—接插头；7a—保护膜；7b—斜楔

的形状设计以楔底反射波经楔内多次反射仍无法返回压电晶片为原则。

3. 探头的型号

我国探头型号的组成包括频率、晶片材料、晶片尺寸、探头种类和特征等。

频率：用数字表示，单位为 MHz。

晶片材料：用化学元素缩写符号表示，如表 2 – 3 所示。

晶片尺寸：用数字表示，单位为 mm。

探头种类：用汉语拼音字母表示，如表 2 – 4 所示。

探头特征：用数字表示，如 K 值、水中焦距等。

表 2 – 3 晶片材料代号

压电材料	锆钛酸铅	钛酸钡	钛酸铅	铌酸锂	石英	碘酸锂	其他
代号	P	B	T	L	Q	I	N

表 2 – 4 探头型号代号

种类	直探头	斜探头(K值)	斜探头(折射角)	分割探头	水浸探头	表面波探头	可变角探头
代号	Z	K	X	FG	SJ	BM	KB

举例说明如下：

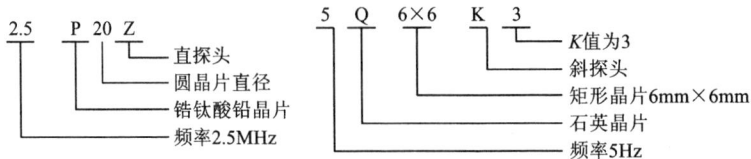

4. 斜探头的主要性能

除公称频率和晶片尺寸外，斜探头的主要性能还有：

(1)声速折射角(K值) 声速折射角的正切称为探头的 K 值。为简化缺陷定位的计算步骤，K 值一般取整数。斜探头的公称折射角为 45°、60° 或 70°；K 值为 1.0、1.5、2.0、2.5。折射角的实测值与公称值的偏差应不超过 2°；K 值的偏差不应超过 ±0.1。

（2）斜探头前沿长度 斜探头的声束入射点至探头前端的水平距离称为斜探头的前沿长度，其偏差不应超过 1 mm。

（3）声束轴线偏向角 探头主声束轴线与晶片中心法线之间的夹角称为声束轴线偏向角。为保证缺陷定位与指示长度的测量精度，声束轴线偏向角不应大于 2°。

专业常识

斜探头的声束折射角或 K 值、前沿长度及声束轴线偏向角必须在探头开始使用时及每隔六个工作日按 JB/T 10062—1999《超声检测用探头性能测试方法》规定的方法检查一次。

2.2.3 探测仪和探头的主要技术性能指标及有关术语

在超声波检测中，探伤仪和探头是配套使用的，也只有它们组合到一起一些测试项目才能完成。因此，所提及的超声波检测仪的技术性能指标，有些实际上是探伤仪和探头的综合技术性能指标。为了客观评定超声波检测仪的技术性能指标，有些国家除了规定统一的测试条件和试块外，还规定要使用统一的标准探头，以便直接进行比较。我国目前的探伤仪和探头往往都是由制造商配套提供的，对于探头的技术性能指标还没有统一的规定和通用系列化。不同厂家的探伤仪和试块之间严格地说还不能任意选配，这样，探伤仪和探头也还有一些各自独立的技术性能指标。

1. 仪器和探头的主要技术性能指标

（1）标准频率与回波频率 标准频率是制造厂在探伤仪和探头上标注的频率，对于宽频带探伤仪来说是一个范围标准。当探伤仪和探头组合使用时，经被探工件中传播后返回的声波频率称为回波频率，回波频率除了取决于探伤的发射电路及探头组合性能外，还受辐射声阻抗大小和工件表面耦合状况等多方面因素的影响，需进行测试。

（2）灵敏度 超声波检测中灵敏度的广义概念是指发现缺陷的能力。探伤仪的灵敏度是通过调整发射功率、发射脉冲宽度、增益、抑制等使探伤系统在一定条件下能够发现欲探测的最小缺陷的能力。影响探伤仪灵敏度的因素主要有探测频率、探伤仪放大器功能、探头特性及被测件材质等。理论上认为超声波探测的缺陷最小当量尺寸为 1/2 波长。

（3）盲区 从探测面到能够测出缺陷的最小距离，即在此区域内无法探测缺陷成为盲区。影响探伤仪盲区的重要因素有发射强度、发射脉冲宽度、放大器恢复时间、晶片 θ 值。

（4）分辨力 分辨力也称分辨能力或分辨率，它是超声波探测系统在时间轴上分开两个相临缺陷回波的能力，通常用两个相临缺陷之间的距离来表示(或分贝值表示)。一般说的分辨力多指远距离分辨力。影响分辨力的因素主要有发射波的强度、发射波的宽度和晶片 θ 值。分辨力尚可分为纵向分辨力和横向分辨力，纵向分辨力是在声束的作用范围内，在探测仪荧光屏上能够把距探头不同距离的两个相临缺陷作为两个反射信号区别出来的能力；横向分辨力则是在声束的作用范围内，在探测仪荧光屏上能够把距探头相同距离的两个相临缺陷作为两个反射信号区别出来的能力。

（5）水平线性 水平线性也称时基线性，是指探伤仪荧光屏水平扫描线上显示的多次波底间隔距离相等的程度。实际上水平线性的好坏就是探伤仪水平扫描速度的均匀程度，水平线性差指水平扫描单位长度所代表的时间(或探测距离)是不均匀的,影响水平线性的主要因素是时基电路和显示系统等。

(6)垂直线性 探伤仪荧光屏上反射波高度与接收信号成正比关系的程度。影响垂直线性的主要因素是放大器和示波管的性能。

(7)动态范围 动态范围是指反射信号从垂直极限(有的标准规定为垂直极限的80%)衰减到消失时所需的衰减量。对于垂直线性好的探伤仪,动态范围的含义是线性范围内所能探测的最大缺陷与最小缺陷之比。影响动态范围的主要因素有探头和放大器的线性范围及荧光屏面积的大小等。

2. 探伤仪和探头的主要性能指标

仪器和探头的性能包括仪器的性能、接头的性能及仪器与探头的综合性能。

(1)仪器的性能 仪器的性能是指仅与仪器有关的性能,如仪器的垂直线性、水平线性和动态范围等。

(2)探头的性能 探头的性能是指仅与探头有关的性能,如探头的入射点、K值或折射角、主声束偏离和双峰情况等。

(3)仪器与探头的综合性能 仪器与探头的综合性能是指不仅与仪器有关而且与探头有关的性能,如分辨力、盲区、灵敏度余量等。

3. 有关术语解释

(1)发射脉冲 发射脉冲指用来产生超声波的电脉冲,该电脉冲在荧光屏上的显示也叫发射脉冲,俗称始脉冲或始波。

(2)脉冲宽度 脉冲宽度是指荧光屏上回波根部的宽度。

(3)发射脉冲宽度 发射脉冲宽度指发射脉冲的持续时间,也即发射脉冲在荧光屏上显示波形根部的宽度,俗称始波占宽。

(4)穿透力 对于平行平面工件,第一个底波或第一个穿透波的波高在荧光屏上小到刚刚能显示出来时的被测工件的厚度称为穿透力。

(5)探测范围 荧光屏上整个时间轴所代表的声程范围即探测范围。

(6)刻度板 刻度板亦称面板,指装在荧光屏前面的带有纵横刻度线的透明板。

(7)回波信号 回波信号指荧光屏上显示的自界面反射回来的声波产生的信号。

(8)波高 波高是荧光屏上显示的回波垂直高度。常用标准刻度的垂直高度或分贝值来表示。

(9)底波 由工件底面反射的回波叫底波。

(10)仪器噪声 由于工件噪音引起的出现在荧光屏上的小信号称为仪器噪声。

(11)信噪比 所要探测的最小缺陷的信号幅度与杂波幅度之比为信噪比。

2.2.4 试块

1. 试块的作用

按一定的用途设计制作的具有简单几何形状人工反射体的标准块,称为试块。试块的主要作用如下:

(1)测试仪器与探头的性能 仪器和探头的一些性能常利用试块来测定,如仪器的垂直线性、水平线性、分辨力、盲区等。

（2）确定探伤灵敏度　每台仪器的灵敏度都有一定的调整范围，探伤前需要利用试块来调整探伤灵敏度，以便能在最大深度处发现规定大小的缺陷。

（3）调整扫描速度（时基线比例）　一般探伤前要利用试块来调整扫描速度，以便对缺陷定位。

（4）评价缺陷的当量大小　探伤中在 $X < 3N$ 以内发现缺陷时，采用试块比较法来确定缺陷的当量大小。

2. 试块的分类

根据不同的目的和要求，可以设计制作各种各样的试块，对这些试块按不同的归纳方式也可以进行不同的分类。

1）按制定的来历分

（1）标准试块（STB 试块）　标准试块是指由权威机构制定的试块。它的材料形状和尺寸都由该权威机构作了统一的规定，取英文"Standard Testing Block"的字头 STB 来表示。这种试块若由国际机构（如国际焊接学会、国际无损伤检测协会等）制定的称为国际标准试块，如国际焊接协会 IIW 试块。若由国家机构制定的称为国家标准试块。

（2）对比试块（RB 试块）　对比试块又称参考试块，是由各个部门按某些具体探伤对象制定的试块，取英文"Reference Block"字头 RB 表示。这种试块常用于调整探伤仪的灵敏度，调整探测范围和确定当量大小等。

2）按用途分

（1）校验试块　这种试块主要用于测试和校验仪器和探头的性能。它可以作为仪器和探头制造厂和使用单位对仪器和探头的共同验收评定依据，也可以用于监视使用过程中仪器探头的质量及探伤过程中灵敏度的变化。

（2）定量试块　这种试块一般与被探测件同材质，有的还与被探测件曲率相同、光洁度相近。试块上一般加工一系列不同探测距离或不同尺寸的简单形状人工反射体，用于确定探伤灵敏度和确定被探件中的缺陷当量，它是被探件评级和判废的依据。

3）按人工反射体的形状分

（1）平底孔试块　平底孔试块就是在试块的底面加工有与探测声束相垂直的一定直径的圆形反射面，反射面的平整与否直接关系到探伤精度，所以要选择适当的加工工艺。平底孔试块是直探头探伤中最普遍采用的试块，通常 DGS 方法中的缺陷当量也多以平底孔的直径大小来标定。

（2）横孔试块　横孔试块就是在试块的侧面钻一定直径的孔，孔的轴线与声波的轴线相垂直。气孔长与声束截面相比较，有长横孔（大于声束直径）、短横孔之分；按其在试块上是否钻通又有通孔、埋孔之分。横孔的特点是加工方便，在与孔轴线垂直的方向上不受入射角的影响，是斜探头探伤中最普遍采用的试块形式。

（3）柱孔试块　柱孔试块是在试块底面加工与探测面垂直的一定直径的平底竖孔，它相当于深度较浅的直探头用的平底孔，所不同的是它用于斜探头，其底面与波束轴线成一倾斜角，由柱面和底面共同构成反射面。由于声学计算较复杂，这种试块有些已被横孔试块所代替，目前用得较少。但由于加工方便，在某些情况下也还应用。

（4）槽形试块　槽形试块是在试块上加工有矩形槽或三角槽，以槽形作为反射面。有时用于模拟焊件中未焊透的反射及某些管道探伤中用于确定探伤灵敏度。

（5）自然缺陷试块　自然缺陷试块往往是从被探件上截取下来的，或者是按某种要求特别制作的。它以自然缺陷为反射体，是被探件中缺陷真实情况的反映，是研究缺陷定性定量不可缺少的试块，具有很大的实用价值。自然缺陷试块的积累要靠探伤人员平时留心收集，对于难以截取的自然缺陷块，也可按相同工艺条件模拟制作。

4）按试块外形分

（1）平板试块　平板试块是一定厚度尺寸的矩形板，多用于制作斜探头的横孔或柱孔试块，也有的用于制作直探头的平底孔试块。作为参考试块这是最常见的。

（2）圆柱形试块　不同直径和不同高度构成的圆柱形试块，通常在其底面钻平底孔，用于直探头探测深度和探伤灵敏度的调整，也可以用于测试仪器和直探头的某些综合性能。

（3）半圆试块　半圆试块分半圆柱形和半球形两种，半圆柱形试块通常用于斜探头入射角的测定和调整仪器时间扫描的比例及零位校准等；半球形试块除可代替半圆形试块使用外，主要用于测试直探头的声束特性，由于加工困难很少应用。

（4）三角形试块　三角形试块用于斜探头，一般使其一锐角正好为斜探头的折射角，在与其锐角相对的直角边上加工平底孔，则平底孔的端面垂直于斜面探测的斜探头的声束轴线，这是斜探头探伤中平底孔试块典型的设计。由于斜探头多以横孔作为参考反射体，三角形试块较少使用。

（5）综合试块　综合试块是集合上述试块的某些特点，综合设计、制作的一种试块。它的特点是可以满足多种测试目的，具有多种用途，减少了试块的数量并且使用方便；缺点是加工困难。

3. 常用试块

目前我国常用的试块有以下几种：

（1）IIW 试块　IIW 试块是国际焊接学会标准试块（IIW 是国际焊接学会的缩写），该试块是荷兰代表 1985 年首先提出来的，故又称荷兰试块。试块外形似船形，因此还叫船形试块，如图 2 - 12 所示。IIW 试块材质接近我国的 20 号钢，正火处理，晶粒度 7 ~ 8 级。IIW 试块的主要用途如下：

①测仪器的水平、垂直线性和动态范围：常利用试块上 25 和 100 尺寸测。

②测直探头和仪器的分辨力：利用试块上 85、91 和 100 尺寸测。

③测盲区：利用试块上 $\phi50$ 与相临两测间距 5 和 10 尺寸测。

④测斜探头入射点和折射角：利用试块上 $R100$ 测入射点，利用 $\phi1.5$ 和 $\phi50$ 测折射角。

⑤测斜探头和仪器的灵敏度余量：利用试块上 $R100$ 或 $\phi1.5$ 测。

⑥测斜探头声束偏离：用试块直角棱边测。

⑦测穿透力：利用试块上 $\phi50$ 有机玻璃底面多次反射测。

⑧调纵波探测范围和扫描速度：利用试块上 25 和 100 调。

⑨调横波探测范围和扫描速度：利用试块上 91 和 $R100$ 调。

（2）IIW2 试块　IIW2 试块也是荷兰代表提出来的国际焊接学会标准试块。由于其外形似牛角，故又称牛角试块。IIW2 试块质量轻（仅 0.2kg）、形状简单，加工容易，携带方便。IIW2 试块如图 2 - 12。

IIW2 的主要用途如下：

①测仪器的水平、垂直线性和动态范围：利用试块上厚度尺寸 12.5 测。

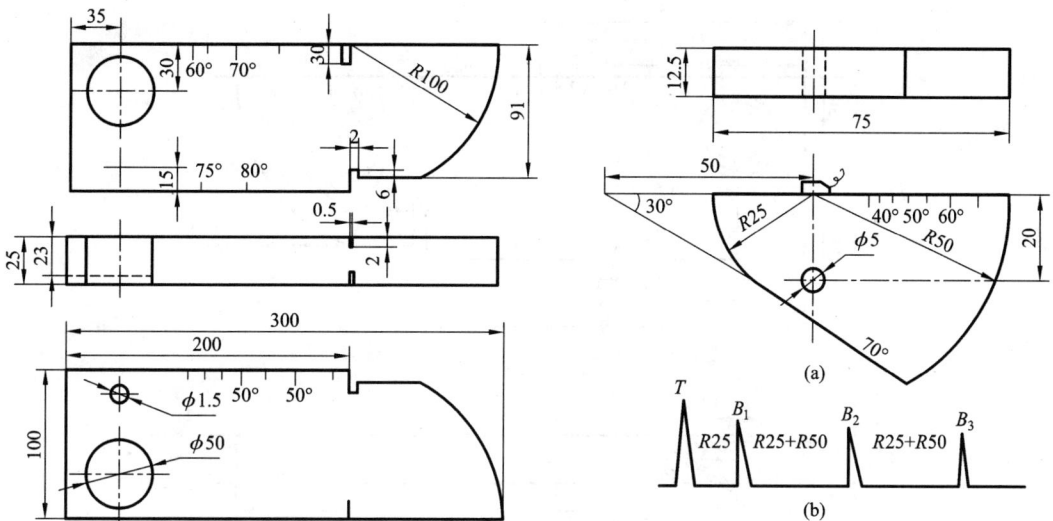

图 2 - 12　IIW 及 IIW2 试块

②测斜探头入射点和折射角：利用试块上 R25 和 R50 测入射点，用 φ5 横孔测折射角。

③测斜探头和仪器的灵敏度余量：利用试块上 R25 和 R50 测。

④调纵波探测范围和扫描速度；利用试块上厚度尺寸 12.5 调。

⑤调横波探测范围和扫描速度；利用试块上 R25 和 R50 调。这里值得注意的是，当探头对准 R25 时，各次波的间距分别为 25、75、75，当探头对准 R50 时，各次波的间距分别为 50、75、75，这是声路反射可逆原理决定的。

（3）CSK - IA 试块　在 IIW 试块基础上改进得到，CSK - IA 试块有三点改进：

①将直孔 φ50 改为 φ50、φ44、φ40 台阶孔，以便于测定横波斜探头的分辨力。

②将 R100 改为 R100、R50 阶梯圆弧，以便于调整横波扫描速度和探测范围。

③将试块上标定的折射角改为 K 值，从而可直接测出横波斜探头的 K 值。

其结构及主要尺寸如图 2 - 13 。

（4）CS - 1 型、CS - 2 型试块　CS - 1 和 CS - 2 试块是我国机械部颁平底孔标准试块，材质一般为 45 号碳素钢。这两种试块为圆形平底孔试块，供直探头纵波探伤使用，属标准试块。根据 JB/T8428—2006 CS - 1 型试块形状如图2 - 14所示，整套试块分五组 26 块。CS - 2 型试块形状如图 2 - 15，试块有 11 组 66 块。

CS - 1 型、CS - 2 型试块的主要用途如下：

①测试探伤仪的水平、垂直线性和动态范围。

②测试直探头和探伤仪的组合性能，如灵敏度、始波宽度等。

③绘制距离 - 波幅当量曲线。

④调节探伤仪灵敏度。

⑤确定缺陷的平底孔当量尺寸。

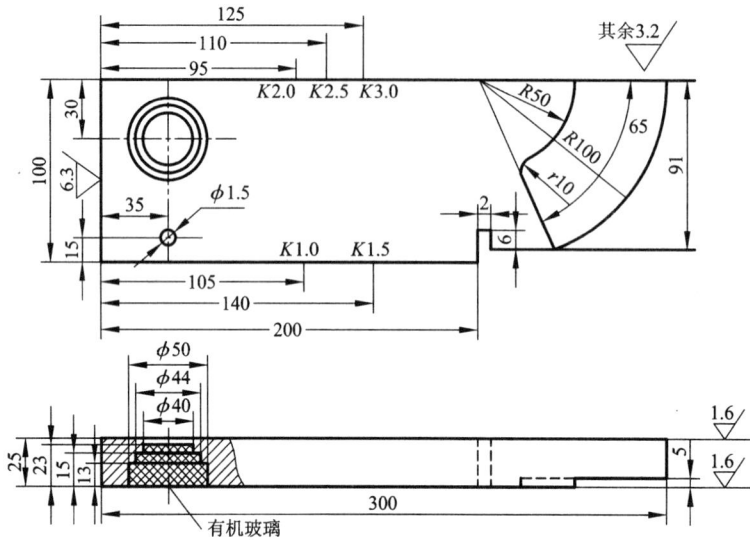

图 2 - 13　CSK - I A 试块

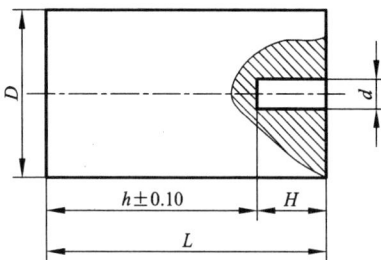

图 2 - 14　CS - 1 型试块

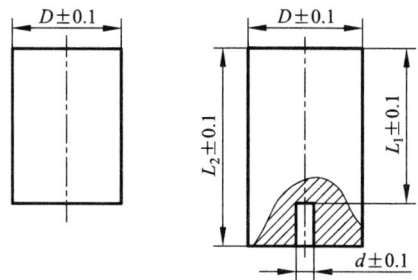

图 2 - 15　CS - 2 型试块

（5）CSK - Ⅱ A 试块　它是 JB/T 10063—1999 标准规定的试块，主要用于锅炉和钢制压力容器对接焊缝的横波探伤。材质与被检测工件材质相同或相近，形状与尺寸如图 2 - 16 所示。

试块长度由使用的声程确定，试块厚度由被检测材料厚度确定，标准孔位置由被检材料厚度确定，根据探伤需要可在试块上添加标准孔。CSK - Ⅱ A 试块的主要用途如下：

①绘制距离 - 波幅曲线。

②调整绘制范围和扫描速度。

③调节和检验探伤灵敏度。

④测定斜探头的 K 值。

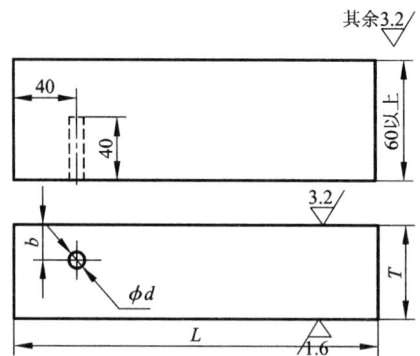

图 2 - 16　CSK - Ⅱ A 试块

⑤应用不同深度的横孔校验仪器的放大线性及探头的声束指向性。

（6）CSK－ⅢA 试块　该试块也是标准规定的锅炉和钢制压力容器对焊接超声波检测试块。材质与 CSK－ⅡA 试块相同，其形状与尺寸见图 2－17。

CSK－ⅢA 试块的主要用途与 CSK－ⅡA 试块相同。

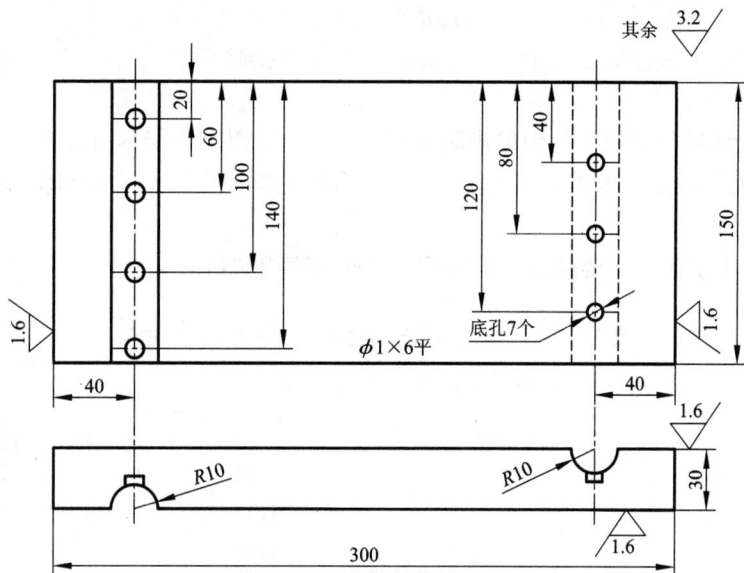

图 2－17　CSK－ⅢA 试块

（7）RB 试块　RB 试块是钢焊缝手工超声波探伤方法和探伤结果分级标准 GB 11345—1989 规定的试块。GB 11345—1989 规定 RB－1（图 2－18（a），适用 8～25 mm 板厚）、RB－2（图 2－18（b），适用 8～100 mm 板厚）和 RB－3（图 2－18（c），适用 8～150 mm 板厚）。

该试块上都加工有 φ3 mm 横通孔，试块的材质与被检工件相同或相近。RB 试块组主要用于绘制距离－波幅曲线、调整探测范围和扫描速度、确定探伤灵敏度和评定缺陷大小，它是对工件进行评级判废的依据。

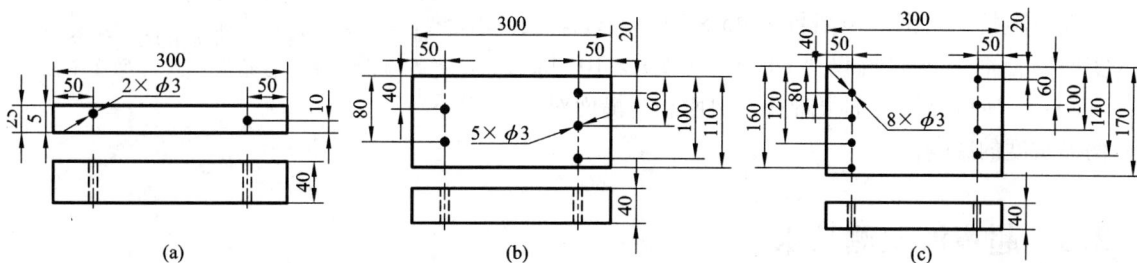

图 2－18　RB 试块
（a）RB－1；（b）RB－2；（c）RB－3

2.2.5 耦合

耦合就是实现声能从探头向试块的传递，在超声波检验中有重要影响。借助与试件之间涂敷的液体，排除空气间隙以实现声能的传递，这种液体称为耦合剂。

超声检测中使用的耦合剂，从声传递的角度来说要求具备下列性质：

(1)容易附着在试件的表面上，有足够的润湿性以排除探头与探伤面之间由试件表面粗糙度造成的空气薄层；

(2)声阻抗尽量与被检测材料的声阻抗相差小一些，以利声能尽可能多地进入试件。

耦合剂从实用角度还要求：对人体无害，对试件无腐蚀作用；容易清除；来源方便，价格低廉。

表2-5给出了几种主要耦合剂的密度、声速和声阻抗值。

表2-5 几种主要耦合剂的密度、声速和声阻抗值

耦合剂	密度/(g·cm^{-3})	声速/(m·s^{-1})	声阻抗/(kg·m^2·s^{-1})
水(20℃)	1.0	1.48	1.50
甘油(100%)	1.27	1.88	2.38
水玻璃(33%体积)	1.26	1.72	2.17
油	0.52	1.39	1.28

机油是最常用的耦合剂，根据试件表面情况和环境温度，可选适当黏度的机油。

水的最大优点是来源方便，其缺点是易流失，会使试件生锈，有时不浸湿试件，在浸液探伤中用水做浸渍液，常在其中加批准使用的浸润剂和防腐蚀剂。

甘油是实用耦合剂中声阻抗最高的，耦合效果也最好，但易凝固，易损坏探头。探伤中要用水经常擦洗探头，在粗糙面、曲面或竖壁上使用较为适宜。

水银，声阻抗为20×10^6 kg/m^2，是良好的耦合剂，但价格昂贵，对人体有害。

总的来说，液体耦合剂的声阻抗小于大多数的试件声阻抗，如钢的声阻抗为45×10^6 kg/m^2。而实用耦合剂的声阻抗仅为$(1.5 \sim 2.5) \times 10^6$ kg/(m^2·s)，所以靠耦合剂很难补偿曲面和粗糙面对探伤灵敏度的影响。

专业常识

对于大多数接触法探伤来说，偶合剂应是薄的，为使检验结果一致，厚度不应有太大的变化。

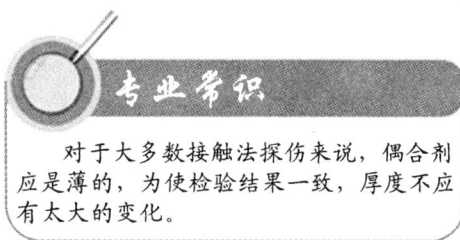

2.3 超声波检测技术

2.3.1 超声波检测方法分类

在UT中有各种探伤方式及方法，目前最常用的分类方法有如下几种。

1. 按原理分类

(1)脉冲反射法 跟据反射波情况来检测试件缺陷的方法。

①缺陷回波法是根据仪器示波屏上显示的缺陷波形进行判断的方法,该方法是反射法的基本方法。

缺陷回波探伤法的基本原理:当试件完好时,超声波可顺利传播到达底面,探伤图形中只有发射脉冲 T 及底面回波 B 两个信号,如图 2-19(a) 所示。若试件中存在缺陷,底面回波前有表示缺陷的回波 F,如图 2-19(b) 所示。

②底波高度法是跟据底面回波的高度变化判断试件缺陷情况的探伤方法,如图 2-20 所示。其特点在于同样投影大小的缺陷可以得到同样的指示,而且不出现盲区,但要求被探试件的探测面与底面平行,耦合条件一致。由于该方法检出缺陷定位定量不准,灵敏度较低,因此实用中很少作为一种独立的探伤方法,而经常作为一种辅助手段,配合缺陷回波法发现某些倾斜的和小而密集的缺陷。

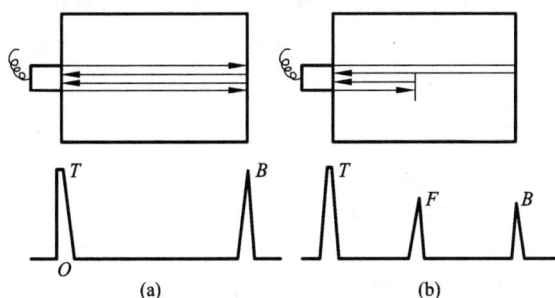

图 2-19 缺陷回波法

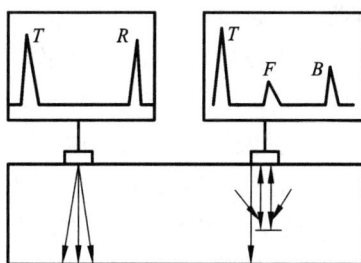

图 2-20 底波高度法

③多次底波法是依据底面回波次数而判断试件有无缺陷的方法。多次底波法主要用于厚度不大、形状简单、探测面与底面平行的试件探伤,缺陷检出的灵敏度低于缺陷回波法。

(2)穿透法 根据脉冲波或连续波穿透试件之后的能量变化来判断缺陷情况的一种方法。

(3)共振法 根据试件的共振特性来判断缺陷情况和工件厚度变化的方法。共振法常用于试件测厚。

2. 按波形分类

(1)纵波法 使用直探头发射纵波进行探伤的方法。纵波法又分为单晶探头反射法、双晶探头反射法和穿透法。常用的是单晶探头反射法,主要用于铸造、锻压、轧材及其制品的探伤,该法对与探测面平行的缺陷检出效果最佳。由于盲区和分辨力的限制,反射法只能发现试件内部离探测面一定距离以外的缺陷。

(2)横波法 将纵波通过楔块、水等介质倾斜入射至试件探测面,利用波形转换得到横波进行探伤的方法,称为横波法。由于透入试件的横波束与探测面成锐角,所以又称斜射法。主要用于管材、焊缝的探伤。其他试件探伤时,则作为一种有效的辅助手段,用以发现垂直探伤法不易发现的缺陷。

(3)表面波法 表面波法是使用表面波进行探伤的方法。这种方法主要用于表面光滑的试件。表面波波长比横波波长还短,因此衰减也大于横波。同时,它仅沿表面传播,对于表面上的复层、油污、不光洁等反应灵敏,并被大量地衰减。利用此特点可以通过手沾油在声束传播方向上进行触摸并观察缺陷回波高度的变化,对缺陷定位。

（4）板波法　板波法是使用板波进行探伤的方法，主要用于薄板、薄壁管等形状简单的试件探伤，板波充塞于整个试件，可以发现内部和表面的缺陷。但是检出灵敏度除取决于仪器工作条件外，还取决于波的形式。

3. 按探头数目分类

（1）单探头法　使用一个探头兼作发射和接收超声波的探伤方法，称为单探头法，其特点如下。

①单探头法操作方便，大多数缺陷可以检出，是目前最常用的一种方法。

②单探头法探伤，对于与波束轴线垂直的片状缺陷和立体型缺陷的检出效果最好。与波束轴线平行的片状缺陷难以检出。当缺陷与波束轴线倾斜时，则根据倾斜角度的大小，能够受到部分回波或者因反射波束全部反射在探头之外而无法检出。

（2）双探头法　使用两个探头（一个发射，一个接收）进行探伤的方法，称为双探头法。双探头法主要用于发现单探头法难以检测的缺陷。双探头又可根据两个探头排列方式和工作方式进一步分为并列式、交叉式、V型串列式、K型串列式、串列式等。

①并列式　两个探头并列放置，探伤时两者做同步移动。但直探头作并列放置时，通常是一个探头固定，另一个探头移动，以便发现与探测面倾斜的缺陷，如图2–21（a）所示。并列式探头的原理，就是将两个并列的探头组合在一起，具有较高的分辨能力和信噪比，适用与薄试件、近表面缺陷的探伤。

②交叉式　两个探头轴线交叉，交叉点为要探测的部位，如图2–21（b）所示。此种探伤方法可用来发现与探测面垂直的片状缺陷，在焊缝探伤中，常用来发现横向缺陷。

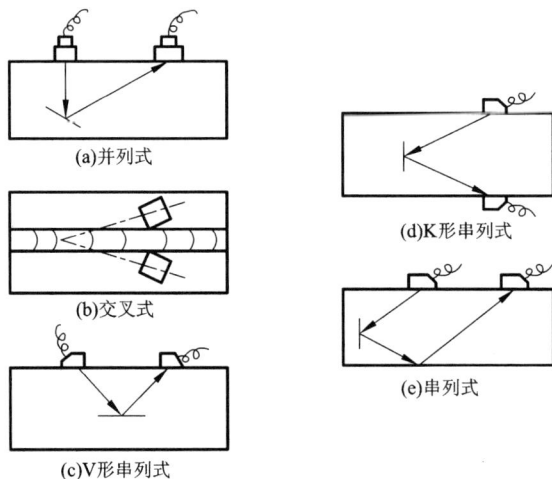

(a)并列式

(b)交叉式

(c)V形串列式

(d)K形串列式

(e)串列式

图2–21　双探头的排列方式

③V型串列式　两探头相对放置在同一面上，一个探头发射的声波被缺陷反射，反射的回波刚好落在另一个探头的入射点上，如图2–21（c）所示。此种探伤方法主要用来发现与探测面平行的片状缺陷。

④K型串列式　两探头以相同的方向分别放置于试件的上下表面上。一个探头发射的声波被缺陷反射，反射的回波进入另一个探头，如图2–21（d）所示。此种探伤方法主要用来发现与探测面垂直的片状缺陷。

⑤串列式　两探头一前一后，以相同方向放置在同一表面上，一个探头发射的声波被缺陷反射，反射的回波经底面反射进入另一个探头，如图2–21（e）所示。此种探伤方法用来发现与探测面垂直的片状缺陷（如厚焊缝的中间未焊透）。两个探头在一个表面上移动，操作比较方便，是一种常用的探测方法。

（3）多探头法　使用两个以上的探头成对地组合在一起进行探伤的方法，称为多探头法。多探头法的应用，主要是通过增加声束来提高探伤速度或发现各种取向的缺陷。通常与多通道仪器和自动扫描装置配合使用，如图 2 – 22 所示。

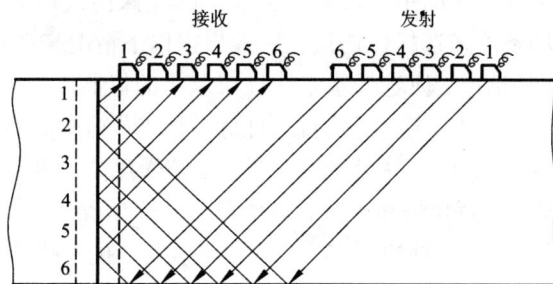

图 2 – 22　多探头法

4. 按探头接触方式分类

依据探伤时探头与试件的接触方式，可以分为接触法与液浸法两种。

（1）直接接触法　探头与试件探测面之间，涂有很薄的耦合剂层，因此可以看作两者直接接触称为直接接触法，其特点如下：

①操作方便，探伤图形较简单，判断容易，检出缺陷灵敏度高，是实际探伤中用得最多的方法。

②直接接触法探伤的试件，要求探测面光洁度较高。

（2）液浸法　将探头和工件浸于液体中以液体作耦合剂进行探伤的方法，称为液浸法，其特点如下：

①耦合剂可以是水，也可以是油。当以水为耦合剂时，称为水浸法。

②液浸法探伤，探头不直接接触试件，所以此方法适用于表面粗糙的试件，探头也不易磨损，耦合稳定，探测结果重复性好，便于实现自动化探伤。

③液浸法按探伤方式不同，又分为全浸没式和局部浸没式。

2.3.2　探伤条件的选择

1. 检测范围

超声检测是指采用 A 型脉冲反射式超声检测仪检测缺陷，并对其进行等级分类的全过程。检测范围包括压力容器原材料、零部件和焊缝的超声检测以及超声测厚。

2. 检测人员

（1）凡从事压力容器及零部件检测的人员，都必须经过技术培训，并按劳动部文件《锅炉压力容器无损检测人员资格鉴定考核规则》及 GB 11345—1989 要求进行考核鉴定。

（2）无损检测人员按技术等级分为高、中、初级。取得不同无损检测方法的各技术等级人员，只能从事与等级相应的无损检测工作，并负相应的技术责任。

（3）凡从事压力容器及零部件检测的人员，除具有良好的身体素质外，视力必须满足下列要求：

①矫正视力不得低于 1.0，并一年检查一次。

②从事磁粉、渗透检测工作的人员，不得有色盲、色弱。

③从事射线评片人员应能辨别距离 400 mm 的一组高为 0.5 mm、间距为 0.5 mm 的印刷字母。

3. 探伤仪的选择

超声波检测仪是超声波检测的主要设备。目前国内外探伤仪种类繁多,性能各异,探伤前应根据探测要求和现场条件来选择探伤仪。一般根据以下情况来选择仪器:

(1)对于定位要求高的情况,应选择水平线性误差小的仪器。

(2)对于定量要求高的情况,应选择垂直线性好,衰减器精度高的仪器。

(3)对于大型零件的探伤,应选择灵敏度余量高、信噪比高、功率大的仪器。

(4)为了有效地发现近表面缺陷和区分相邻缺陷,应选择盲区小、分辨力好的仪器。

(5)对于室外现场探伤,应选择质量轻、荧光屏亮度好、抗干扰能力强的携带式仪器。

(6)要选择性能稳定、重复性好和可靠性好的仪器。

4. 探头的选择

超声波检测中,超声波的发射和接收都是通过探头来实现的。探头的种类很多,结构型式也不一样。探伤前应根据被检对象的形状、衰减和技术要求来选择探头。探头的选择包括探头型式、频率、晶片尺寸和斜探头 K 值的选择等。

(1)探头型式的选择 常用的探头型式有纵波直探头、横波斜探头、表面波探头、双晶探头、聚焦探头等。一般根据工件的形状和可能出现缺陷的部位、方向等条件来选择探头的型式,使声束轴线尽量与缺陷垂直。常用探头的特点如下:

①纵波直探头只能发射和接收纵波,束轴线垂直于探测面,主要用于探测与探测面平行的缺陷,如锻件、钢板中的夹层、折叠等缺陷。

②横波斜探头是通过波形转换来实现横波探伤的,主要用于探测与探测面垂直或成一定角的缺陷,如焊缝中的未焊透、夹渣、未熔合等缺陷。

③表面波探头用于探测工件表面缺陷。

④双晶探头用于探测工件近表面缺陷。

⑤聚焦探头用于水浸探测管材或板材。

(2)探头频率的选择 超声波检测频率在 0.5~10 MHz,选择范围大。因此一般使用的频率范围为 2.0~5.0 MHz,国内多采用 2.5 MHz。一般选择频率时应考虑以下因素:

(a)由于波的绕射,超声波探伤中能探测到的最小缺陷尺寸为 $d_f = \lambda/2$,显然,要想能探测到更小的缺陷,就必须提高超声波的频率。

(b)频率高,脉冲宽度小,分辨率高,有利于区分相邻缺陷。

(c)由 $\sin\theta_0 = 1.22\dfrac{\lambda}{D_s}$ 可知,频率高,波长短,则半扩散角小,声束指向性好,能量集中,有利于发现缺陷并对缺陷定位。

(d)由 $N = \dfrac{D_s^2}{4\lambda}$ 可知,频率高,波长短,近场区长度大,对探伤不利。

(e)由 $\alpha_s = c_2 F d^3 f^4$ 可知,频率增加,衰减急剧增加。

由以上分析可知,频率的高低对探伤有较大的影响。频率高,灵敏度和分辨力高,指向性好,对探伤有利。但频率高,近场区长度大,衰减大,又对探伤不利。实际探伤中要全面分析考虑各方面的因素,合理选择频率。一般在保证探伤灵敏度的前提下尽可能选用较低的频率。

(a)对于晶粒较细的锻件、轧制件和焊接件等,一般选用较高的频率,常用 2.5~

5.0 MHz。

（b）对晶粒较粗大的铸件、奥氏体钢等宜选用较低的频率，常用 0.5~2.5 MHz。如果频率过高，就会引起严重衰减，示波屏上出现林状回波，信噪比下降，甚至无法探伤。

（3）探头晶片尺寸的选择

①探伤面积范围大的工件时，为了提高探伤效率宜选用大晶片探头。

②探伤厚度大的工件时，为了有效地发现远距离的缺陷宜选用大晶片探头。

③探伤小型工件时，为了提高缺陷定位定量精度宜选用小晶片探头。

④探伤表面不太平整、曲率较大的工件时，为了减少耦合损失宜选用小晶片探头。

（4）横波斜探头 K 值的选择

①在横波探伤中，探头的 K 值对探伤灵敏度、声束轴线的方向、一次波的声程（入射点至底面反射点的距离）有较大的影响。

②用有机玻璃斜探头探伤钢制工件，$\beta_s = 40°(K = 0.84)$ 左右时，声压往复透射率最高，即探伤灵敏度最高。

③由 $K = tg\beta_s$ 可知，K 值大，β_s 大，一次波的声程大。在实际探伤中情况不同时，K 值的选择如下：

（a）当工件厚度较小时，应选用较大的 K 值，以便增加一次波的声程，避免近场区探伤。

（b）当工件厚度较大时，应选用较小的 K 值，以减少声程过大引起的衰减，便于发现深度较大处的缺陷。

（c）在焊缝探伤中，还要保证主声束能扫查整个焊缝截面。对于单面焊根部未焊透，还要考虑端角反射问题，应使 $K = 0.7~1.5$，因为 $K < 0.7$ 或 $K > 1.5$，端角反射率很低，容易引起漏检。

5. 耦合剂的选用

耦合剂指为了提高耦合效果，在探头与工件表面之间施加的一层透声介质，其作用是排除探头与工件表面之间的空气，使超声波能有效地传入工件，达到探伤的目的。此外耦合剂还有减少摩擦的作用。

对耦合剂要求如下：

（1）能润湿工件和探头表面，流动性、黏度和附着力适当，不难清洗。

（2）声阻抗高，透声性能好。

（3）来源广，价格便宜。

（4）对工件无腐蚀，对人体无害，不污染环境。

（5）性能稳定，不易变质，能长期保存。

6. 检测等级的选择

焊缝超声检测分为 A、B、C 三个等级（见 GB 11345—1989）。就检测的完善程度而言，A级最低（难度系数 1）；B 级一般（难度系数 5~6）；C 级最高（难度系数 10~12）。设计和工艺技术人员应在充分考虑超声检测可行性的基础上进行结构设计并确定制造工艺，以避免焊件的几何形状限制相应检验等级的可实施性和有效性。

各等级的检验范围如下：

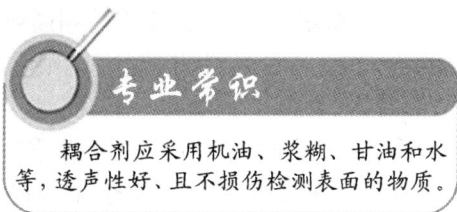

（1）A 级检验　用一种斜探头在被检焊缝的单面双侧（见图 2 – 23）仅对可能扫查到的焊缝截面实施检测。一般情况下不要求检测横向缺陷。当母材厚度大于 50 mm 时，不允许 A 级检验。

（2）B 级检验　原则上用一种斜探头在被检焊缝的单面双侧（见图 2 – 23）对整个焊缝截面实施检测。当母材厚度大于 100 mm 时要求在被检焊缝的双面双侧进行检测。在受几何条件限制的条件下，可以用两种角度的斜探头在被检焊缝的双面单侧实施检测。如果条件允许，应检测横向缺陷。

（3）C 级检验　至少要用两种角度的斜

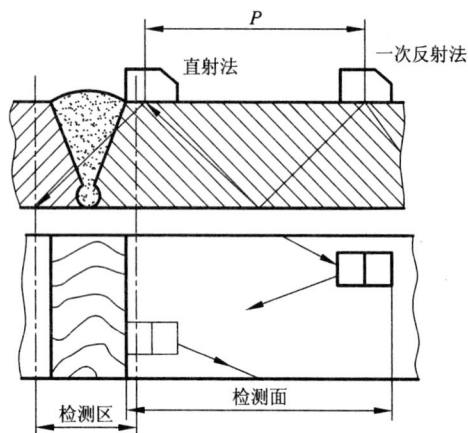

图 2 – 23　检测面与探头移动区

探头在被检焊缝的单面双侧实施检验，同时要求在两个扫查方向上用两种角度的斜探头检测横向缺陷。当母材厚度大于 100 mm 时，应在被检焊缝的双面双侧进行检验。其他的附加要求是：

①磨平焊缝的余高，以便探头能够直接放在焊缝上作平行扫查。

②要用直探头检测被检焊缝两侧斜探头声束扫查经过的那部分母材，以确认母材内是否存在影响斜探头检测结果的分层或其他缺陷。

③当母材厚度大于或等于 100 mm，窄间隙焊缝的母材厚度大于或等于 40 mm 时，一般要求增加串列式扫查。

7. 试块

（1）试块应采用与被检工件相同或近似声学性能的材料制作，该材料用直探头检测时，不得有大于 $\phi2$ 平底孔当量直径的缺陷。

（2）校对用反射体可采用长横孔、短横孔、横通孔、平底孔、线切割槽和 V 型槽等。校准时探头主声束与反射体的反射面相垂直。

（3）试块的外型尺寸应能代表被检工件的特征，试块厚度应与被检工件厚度相对应。如果涉及两种或两种以上不同厚度的部件进行熔焊时，试块的厚度应由其平均厚度来确定。

（4）试块的制造要求应符合 JB/T 10063—1999 的规定。

（5）现场检测时，也可采用其他形式的等效试块。

8. 检测面

（1）检测面和检测范围的确定原则上应保证检查到工件被检部分的整个体积。对于钢板、锻件、钢管、螺栓件，应检查到整个工件；而对熔接焊缝则应检查到整条焊缝。

（2）检测面应经外观检查合格，所有影响超声检测的锈蚀、飞溅和污物都应予以清除，表面粗糙度应符合检测要求。为提高超声波在检测面上的透声性能，检测前应彻底清除探头移动区内的焊接飞溅物、松动的氧化皮或锈蚀层及其他表面附着物，并控制检测表面的粗糙度不超过 6.3 μm，以利于探头的自由移动，提高检测速度，避免探头的过早磨损。

（3）耦合补偿

①表面粗糙度补偿。在检测和缺陷定量时，应对由表面粗糙度引起的能量损耗进行补偿。

②衰减补偿。在检测和缺陷定量时,应对材质衰减引起的检测灵敏度下降和缺陷定量误差进行补偿。

检测的工件与试块表面耦合差补偿是 ΔdB。具体补偿方法如下。

①先用"衰减器"衰减 ΔdB,将探头置于试块上调好探伤灵敏度。然后再用"衰减器"增益 ΔdB(即减少 ΔdB 衰减量),这时耦合损耗恰好得到补偿,试块和工件上相同反射体回波高度相同。

②如果检测面与对比试块之间最大的超声波传输损失差(包括表面耦合损失和材质衰减)超过 2dB,应按 GB 11345—1989 规定的方法测试并在调节灵敏度时予以补偿。

③一般情况下,焊缝表面不必再作修整。但若焊缝的余高形状或咬边给正确评价检测结果造成困难,就要对焊缝的响应部位作适当的修磨以使其圆滑过渡,去除余高的焊缝应尽量磨至与母材平齐。

2.3.3 扫查

在进行超声波探伤时,探伤面上探头与试件的相对运动称为扫查。扫查一般考虑两个原则:一是保证试件的整个检查区有足够的声束覆盖以避免漏检;二是扫查过程中声束入射方向始终符合规定的要求。

1. 扫查速度

为使缺陷回波能充分被探头接受,并在荧光屏上明显显示或在记录装置上能明确记录,扫查速度 V 应当适当。通常,这取决于探头的有效尺寸和仪器重复频率。探头有效 D 愈大,重复频率 f 愈高,扫查速度 V 可以相应高一些。

2. 接触的稳定性

扫查过程中应给探头以适当的一致的压力(指直接接触而言),否则,耦合液厚度会发生变化,使探伤灵敏度不稳定。

3. 方向性

扫查过程中,探头的方向(特别是斜探头)应严格按照扫查方式所规定的进行。因为探头放置方向的改变在单探头探伤时将因入射波的方向不同而使缺陷检出灵敏度变化;在双探头法探伤时,则可使反射或透射波不能被另一探头接收,故保持一定的方向更为重要。

4. 同步和协调

双探头法探伤时两探头的相对位移必须相同或协调,才能使缺陷回波被另一探头接收,纵波、横波均是如此。

由于焊件的材质、板厚及形状不同,选择的焊接方法和工艺就不同,所以产生缺陷的原因、位置、大小和性质也就不相同。因此,探伤工艺规程规定对不同焊缝探头应采用不同的扫查方式。单斜探头的基本扫查方式(见图 2-24)如下:

(1)前后扫查 探头移动方向垂直于焊缝轴线的扫查方式,常用于估计缺陷形状高度。

(2)左右扫查 探头移动方向平行于焊缝轴线的扫查方式。可以用来探测和区分焊缝中纵向的点、条状缺陷。在缺陷定量时,常用来测定缺陷的指示长度。

(3)转角扫查 这是一种以探头的入射点为回转中心的扫查方式,可用来确定缺陷的方向和区分点、条状缺陷。对判断缺陷性质(特别是裂纹)、转角动态波形是很有帮助的。

(4)环绕扫查 又称为对位或摆动扫查,是以缺陷为中心,不断变换探头位置的扫查方式。这种方式常用于估判缺陷的形状,尤其适用于点状缺陷。

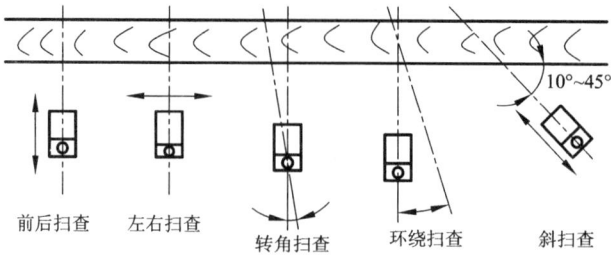

图 2-24 单斜探头的扫查方式

(5)斜扫查 探头沿焊缝轴线平行移动，而声束中心与焊缝轴线保持 10°～45°夹角。借助这种扫查方式发现焊缝和热影响区的横向裂纹及与焊缝轴线成倾斜夹角的缺陷、去电渣焊时比较容易产生的"八"字裂纹。

单探头常用的扫查方式见图 2-25。

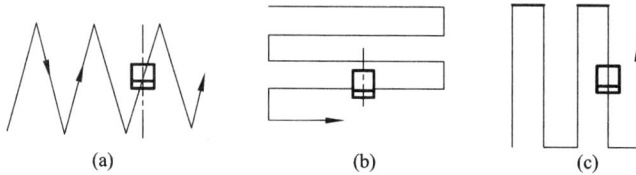

图 2-25 单探头的扫查方式
（a）锯齿形移动；（b）横方形移动；（c）纵方形移动

双探头扫查，根据两个探头相对位置可分为以下几种扫查方式（见图 2-26）。

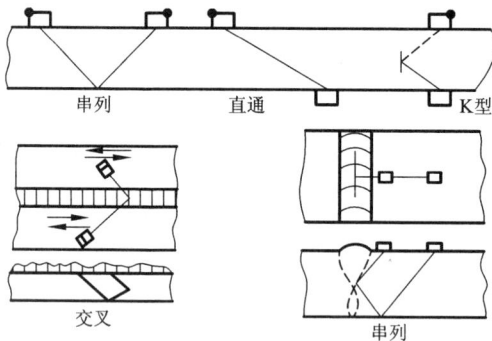

图 2-26 双探头的扫查方式

2.3.4 探伤仪的调节

1. 扫描速度的调节

仪器示波屏上时基扫描线的水平刻度值 τ 与实际声程 χ（单程）的比例关系，即 $\tau:\chi=1:n$ 称为扫描速度或时基扫描线比例。它类似于地图比例尺，如扫描速度 1:2 表示仪器示波屏上水平刻度 1 mm 表示实际声程 2 mm。

扫描速度调节的目的是在规定的范围内发现缺陷并对缺陷定位。

扫描速度调节的方法：根据探测范围利用已知尺寸的试块或工件上的两次不同反射波的前沿分别对准相应的水平刻度值来实现（注意：不能利用一次反射波和始波来调节）。不同波扫描速度调节的方法如下：

（1）纵波扫描速度的调节　纵波探伤一般按纵波声程来调节扫描速度。具体调节方法是：将纵波探头对准厚度适当的平底面或曲底面，使两次不同的底波分别对准相应的水平刻度值。

例如探测厚度为 400 mm 的工件，扫描速度为 1:4，现利用 IIW 试块来调节。将探头对准试块上厚为 100 mm 的底面，调节仪器上"深度微调"、"脉冲移位"等旋钮，使底波 B_2、B_4 分别对准水平刻度 50、100，这时扫描线水平刻度值与实际声程的比例正好为 1:4。

（2）表面波扫描速度的调节　表面波探伤一般也是按声程调节扫描速度，具体调节方法基本上与纵波相同，只是表面波不能在同一反射体上形成多次反射。调节时要利用两个不同的反射体形成的两次反射波分别对准相应的水平刻度值来调节。

（3）横波扫描速度的调节　横波探伤时，缺陷位置可由折射角 β 和声程 x 来确定，也可由缺陷的水平距离 l 和深度 d 来确定。

一般横波扫描速度的调节方法有三种：声程调节法、水平调节法和深度调节法。

①声程调节法　声程调节法是使示波屏上的水平刻度值 τ 与横波声程 x 成比例，即 $\tau:x=l:n$。这时仪器示波屏上直接显示横波声程。

按声程调节横波扫描速度可在 IIW、CSK – IA、IIW2、半圆试块以及其他试块或工件上进行。

②水平调节法　水平调节法是指示波屏上水平刻度值 τ 与反射体的水平距离 l 成比例，即 $\tau:l=1:n$。这时示波屏水平刻度值直接显示反射体的水平投影距离（简称水平距离），多用于薄板工件焊缝横波探伤。

按水平距离调节横波扫描速度可在 CSK – IA 试块、半圆试块、横孔试块上进行。

（a）利用 CSK – IA 试块调节　先计算 R50、R100 对应的水平距离 l_1、l_2：

$$l_1 = \frac{50K}{\sqrt{1+K^2}}$$

$$l_2 = \frac{100K}{\sqrt{1+K^2}} = 2l_1$$

（2.13）

然后将探头对准 R50、R100，调节仪器使 B_1、B_2 分别对准水平刻度 l_1、l_2。当 $K=1.0$ 时，$l_1 = 35$ mm，$l_2 = 70$ mm，若使 $B_1 - 35$，$B_2 - 70$，则水平距离扫描速度为 1:1。

（b）利用横孔试块调节　以 CSK – ⅢA 试块为例说明。

设探头的 $K=1.5$，并计算深度为 20、60 的 $\phi1$ mm $\times6$ mm 的回波对应的水平距离 l_1、l_2：

$$l_1 = Kd_1 = 1.5 \times 20 = 30$$

$$l_2 = Kd_2 = 1.5 \times 60 = 90$$

调节仪器使深度为 20、60 的 $\phi1$ mm $\times6$ mm 的回波 H_1、H_2 分别对准水平刻度 30、90，这时水平距离扫描速度 1:1 就调好了。需要指出的是，这里 H_1、H_2 不是同时出现的，当 H_1 对准 30 时，H_2 不一定也正对准 90，因此往往要反复调试，直至 H_1 对准 30，H_2 正好对准 90。

③深度调节法　深度调节法是使示波屏上的水平刻度值 τ 与反射体深度 d 成比例，即 $\tau:d=1:n$，这时示波屏水平刻度值直接显示深度距离。常用于较厚工件焊缝的横波探伤。

按深度调节横波扫描速度可在 CSK – IA 试块、半圆试块和横孔试块等试块上调节。

（a）利用 CSK – IA 试块调节　先计算 $R50$、$R100$ 圆弧反射波 B1、B2 对应的深 d_1、d_2：

$$d_1 = \frac{50}{\sqrt{1 + K^2}}$$
$$d_2 = \frac{100}{\sqrt{1 + K^2}} = 2d_1$$

(2.14)

然后调节仪器使 B1、B2 分别对准承平刻度值 d_1、d_2。当 $K = 2.0$ 时，$d_1 = 22.4\ \text{mm}$，$d_2 = 44.8\ \text{mm}$，调节仪器使 B1、B2 分别对准水平刻度 22.4、44.8，则深度 1:1 就调好了。

（b）利用横孔试块调节　探头分别对准深度 $d_1 = 40$，$d_2 = 80$ 的 CSK – IA 试块上的 $\phi 1\ \text{mm} \times 6\ \text{mm}$ 横孔，调节仪器使 d_1、d_2 对应的 $\phi 1\ \text{mm} \times 6\ \text{mm}$ 回波 H_1、H_2 分别对准水平刻度 40、80，这时深度 1:1 就调好了。这里同样要注意反复调试，使 H_1 对准 40 时，H_2 正好对准 80。

2. 探伤灵敏度的调节

探伤灵敏度是指在确定的声程范围内发现规定大小缺陷的能力，一般根据产品技术要求或有关标准确定，可通过调节仪器上的"增益"、"衰减器"、"发射强度"等灵敏度旋钮来实现。

调整探伤灵敏度的目的在于发现工件中规定大小的缺陷，并对缺陷定量。探伤灵敏度太高或太低都对探伤不利。灵敏度太高，示波屏上杂波多，判定困难。灵敏度太低，容易引起漏检。

实际探伤中，在粗探时为了提高扫查速度而又不致引起漏检，常常将探伤灵敏度适当提高，这种在探伤灵敏度的基础上适当提高后的灵敏度叫做搜索灵敏度或扫查灵敏度。

常用方法有试块调整法和工件底波调整法两种。

（1）试块调整法　根据工件对灵敏度的要求选择相应的试块，将探头对准试块上的人工缺陷，调整仪器上的有关灵敏度旋钮，使示波屏上人工缺陷的最高反射回波达到基准高，这时灵敏度就调好了。

例如，压力容器用钢板是利用 $\phi 5$ 平底孔来调整灵敏度的。具体方法是：探头对准 $\phi 5$ 平底孔，"衰减器"保留一定的衰减余量，"抑制"至"0"，调"增益"使 $\phi 5$ 平底孔最高回波达示波屏满幅度 80% 或 60%，这时灵敏度就调好了。

又如，超声波检测厚度为 100 mm 的锻件，探伤灵敏度要求是不允许存在 $\phi 2$ 平底孔当量大小的缺陷。探伤灵敏度的调整方法是：先加工一块材质、表面光洁度、声程与工件相同的 $\phi 2$ 平底孔试块，将探头对准 $\phi 2$ 平底孔，仪器保留一定的衰减余量，"抑制"至"0"，调"增益"使 $\phi 2$ 平底孔的最高回波达 80% 或 60% 高，这时探伤灵敏度就调好了。

（2）工件底波调整法　利用试块调整灵敏度，操作简单方便，但需要加工不同声程不同当量尺寸的试块，成本高，携带不便。同时还要考虑工件与试块因耦合和衰减不同进行补偿。如果利用工件底波来调整探伤灵敏度，那么既不要加工任何试块，又不需要进行补偿。

利用工件底波调整探伤灵敏度。工件底面回波与同深度的人工缺陷（如平底孔）回波分贝差为定值，这个定值可以由下述理论公式计算出来。

$$\Delta = 20\lg \frac{P_B}{P_f} = 20\lg \frac{2\lambda x}{\pi D_f^2} \quad (x \geqslant 3\ \text{N})$$

(2.15)

利用底波调整探伤灵敏度时，将深头对准工件底面，仪器保留足够的衰减余量，一般大于 $\Delta + (6 \sim 10)\,\mathrm{dB}$（考虑搜索灵敏度），"抑制"至"0"，调"增益"使底波 B1 最高达基准高（如80%），然后用"衰减器"增益 Δ dB（即衰减余量减少 Δ dB），这时探伤灵敏度就调好了。

由于理论公式只适用于 $x \geqslant 3\,N$ 的情况，因此利用工件底波调灵敏度的方法也只能用于厚度尺寸 $x \geqslant 3\,N$ 的工件，同时要求工件具有平行底面或圆柱曲底面，且底面光洁干净。当底面粗糙或有水油时，将使底面反射率降低，底波下降，这样调整的灵敏度将会偏高。

例如，用 $2.5\mathrm{P}20\mathrm{Z}$（2.5 MHz、$\phi20$ 直探头）探伤厚度 $T = 400\,\mathrm{mm}$ 的饼形钢制工件，钢中 $c_{\mathrm{L}} = 5900\,\mathrm{m/s}$，探伤灵敏度为 $400/\phi2$ 平底孔（在 400 mm 处发现 $\phi2$ 平底孔缺陷）。

利用工件底波调整灵敏度的方法如下：

利用理论计算公式算出 400 mm 处大平底面与 $\phi2$ 平底孔回波的分贝差 Δ 为

$$\Delta = 20\lg\frac{P_{\mathrm{B}}}{P_{\mathrm{f}}} = 20\lg\frac{2\lambda T}{\pi D_{\mathrm{f}}^2} = 20\lg\frac{2 \times 2.36 \times 400}{3.14 \times 2^2} = 43.5 \approx 44\ \mathrm{dB}$$

调整：将探头对准工件大平底面，"衰减器"衰减 50 dB，调"增益"使底波 B1 达 80%，然后使"衰减器"的衰减量减少 44 dB，即"衰减器"保留 6 dB，这时 $\phi2$ 灵敏度就调好了。也就是说这时 400 mm 处的 $\phi2$ 平底孔回波正好达基准高（即 400 mm 处 $\phi2$ 回波高为 6 dB）。如果粗探时为了便于发现缺陷，可采用使"衰减器"再去 6 dB 的搜索灵敏度来进行扫查。但当发现缺陷以后对缺陷定量时，衰减器应打回到 6 dB。

专业常识

可以利用工件某些特殊的固有信号来调整探伤灵敏度，例如在螺栓探伤中常利用螺纹波来调整探伤灵敏度，在汽轮机叶轮键槽径向裂纹探伤中常利用键槽圆角反射的键槽波来调整探伤灵敏度。

利用试块和底波调整探伤灵敏度的方法应用条件不同。利用底波调整灵敏度的方法主要用于具有平底面或曲底面大型工件的探伤，如锻件探伤。利用试块调整灵敏度的方法主要用于无底波和厚度尺寸小于 $3\,N$ 的工件探伤，如焊缝探伤、钢板探伤、钢管探伤等。

2.3.5　缺陷的定位

1. 纵波（直探头）探伤时缺陷定位

仪器按 $l:n$ 调节纵波扫描速度，缺陷波前沿所对的水平刻度值为 τ_{f}，测缺陷至探头的距离 x_{f} 为

$$x_{\mathrm{f}} = n\tau_{\mathrm{f}} \tag{2.16}$$

探头波束轴线不偏离，则缺陷正位于探头中心轴线上。

例如：用纵波直探头探伤某工件，仪器按 $1:2$ 调节纵波扫描速度，探伤中示波屏上水平刻度值 70 处出现一缺陷波，那么此缺陷至探头的距离 x_{f}：

$$x_{\mathrm{f}} = n\tau_{\mathrm{f}} = 2 \times 70 = 140\ \mathrm{mm}$$

2. 表面波探伤时缺陷定位

表面波探伤时，缺陷位置的确定方法基本同纵波。只是缺陷位于工件表面，并正对探头中心轴线。

例如表面波探伤某工件，仪器按 $1:1$ 调节表面波扫描速度。探伤中在示波屏水平刻度 60

处出现一缺陷波，则此缺陷至探头前沿距离 x_f 为

$$x_f = n\tau_f = 1 \times 60 = 60 \text{ mm}$$

3. 横波探伤平面时缺陷定位

横波斜探头探伤平面时，波束轴线在两处发生折射，工件中缺陷的位置由探头的折射角和声程确定或由缺陷的水平和垂直方向的投影来确定。由于横波扫描速度可按声程、水平、深度来调节，因此缺陷定位的方法也不一样。下面分别加以介绍。

（1）按声程调节扫描速度时　仪器按声程 $l:n$ 调节横波扫描速度。缺陷波水平刻度为 τ_f。

一次波探伤时，缺陷至入射点的声程 $x_f = n\tau_f$，如果忽略横线孔直径，则缺陷在工件中的水平距离 l_f 和深度 d_f 为

$$l_f = x_f \sin\beta = n\tau_f \sin\beta$$
$$d_f = x_f \cos\beta = n\tau_f \cos\beta \tag{2.17}$$

二次波探伤时，缺陷至入射点的声程 $x_f = n\tau_f$，则缺陷在工件中的水平距离 l_f 和深度 d_f 为

$$l_f = x_f \sin\beta = n\tau_f \sin\beta$$
$$d_f = 2T - x_f \cos\beta = 2T - n\tau_f \cos\beta \tag{2.18}$$

（2）按水平调节扫描速度时　仪器按水平距离 $l:n$ 调节横波扫描速度，缺陷波的水平刻度值为 τ_f，采用 K 值探头探伤。

一次波探伤时，缺陷在工件中的水平距离 l_f 和深度 d_f 为

$$l_f = n\tau_f$$
$$d_f = \frac{l_f}{K} = \frac{n\tau_f}{K} \tag{2.19}$$

二次波探伤时，缺陷波在工件中的水平距离 l_f 和深度 d_f 为：

$$l_f = n\tau_f$$
$$d_f = 2T - \frac{l_f}{K} = 2T - \frac{n\tau_f}{K} \tag{2.20}$$

例如：用 $K2$ 横波斜探头探伤厚度 $T = 15$ mm 钢板焊缝；仪器按水平 $1:1$ 调节横波扫描速度，探伤中在水平刻度 $\tau_f = 45$ 处出现一缺陷波，求此缺陷的位置。

由于 $K_T = 2 \times 15 = 30$，$2K_T = 60$，$K_T < \tau_f = 45 < 2K_T$，因此可以判定此缺陷是二次波发现的。那么缺陷在工件中的水平距离 l_f 和深度 d_f 为

$$l_f = n\tau_f = 1 \times 45 = 45 \text{ mm}$$

$$d_f = 2T - \frac{l_f}{K} = 2 \times 15 - \frac{45}{2} = 7.5 \text{ mm}$$

（3）按深度调节扫描速度时　仪器按深度 $l:n$ 调节横波扫描速度，缺陷波的水平刻度值为 τ_f，采用 K 值探头探伤。

一次波探伤时，缺陷在工件中的水平距离 l_f 和深度 d_f 为

$$l_f = Kn\tau_f$$
$$d_f = n\tau_f \tag{2.21}$$

二次波探伤时，缺陷在工件中的水平距离 l_f 和深度 d_f 为

$$l_f = Kn\tau_f$$
$$d_f = 2T - n\tau_f \tag{2.22}$$

例如：用 $K1.5$ 横波斜探头探伤厚度 $T = 30$ mm 的钢板焊缝，仪器按深度 $1:1$ 调节横波扫描速度，探伤中水平刻度 $\tau_f = 40$ 处出现一缺陷波，求此缺陷位置。

由于 $T < \tau_f < 2T$，因此可以判定此缺陷是二次波发现的。缺陷在工件中的水平距离 l_f 和深度 d_f 为

$$l_f = Kn\tau_f = 1.5 \times 1 \times 40 = 60 \text{ mm}$$
$$d_f = 2T - n\tau_f = 2 \times 30 - 1 \times 40 = 20 \text{ mm}$$

2.3.6 缺陷的定量

1. 当量法

采用当量法确定的缺陷尺寸是缺陷的当量尺寸。常用的当量法有当量试块比较法、当量计算法和当量 AVG 曲线（又称为距离 – 波幅 – 当量曲线）法。

（1）当量试块比较法 当量试块比较法是将工件中的自然缺陷回波与试块上的人工缺陷回波进行比较，对缺陷定量的方法。

加工制作一系列含有不同声程不同尺寸的人工缺陷（如平底孔）试块，探伤中发现缺陷时，将工件中自然缺陷回波与试块上人工缺陷回波进行比较。当同声程处的自然缺陷回波与某人工缺陷回波高度相等时，该人工缺陷的尺寸就是此自然缺陷的当量大小。

利用试块比较法对缺陷定量要尽量使试块与被探工件的材质、表面光洁度和形状一致，并且其他探测条件不变，如仪器、探头，灵敏度旋钮的位置和探头施加的压力等不变。当量试块比较法是超声波检测中应用最早的一种定量方法，其优点是直观易懂、当量概念明确、定量比较稳妥可靠。但这种方法需要制作大量试块，成本高，同时操作也比较烦琐，现场探伤要携带很多试块，很不方便。因此，当量试块比较法应用不多，仅在 $x < 3N$ 的情况下或特别重要零件的精确定量时应用。

（2）当量计算法 当 $x \geq 3N$ 时，规则反射体的回波声压变化规律基本上符合理论回波声压公式。当量计算法就是根据探伤中测得的缺陷波高的 dB 值，利用各种规则反射体的理论回波声压公式进行计算来确定缺陷当量尺寸的定量方法。应用当量计算法对缺陷定量不需要任何试块，是目前广泛应用的一种当量法。

2. 测长法

根据测定缺陷长度时的灵敏度基准不同将测长法分为相对灵敏度法、绝对灵敏度法和端点峰值法。

（1）相对灵敏度测长法 相对灵敏度测长法是以缺陷最高回波为相对基准，沿缺陷的长度方向移动探头，降低一定的 dB 值来测定缺陷的长度。降低的分贝值有 3 dB、6 dB、10 dB、12 dB、20 dB 等几种。常用的是 6 dB 法和端点 6 dB 法。

① 6 dB 法（半波高度法） 由于波高降低 6 dB 后正好为原来的一半，因此 6 dB 法又称为半波高度法（见图 2 – 27）。

半波高度法具体做法是：移动探头找到缺陷的最大反射波（不能达到饱和）然后沿缺陷方向左右移动探头，当缺陷波高降低一半时，探头中心线之间距离就是缺陷的指示长度。

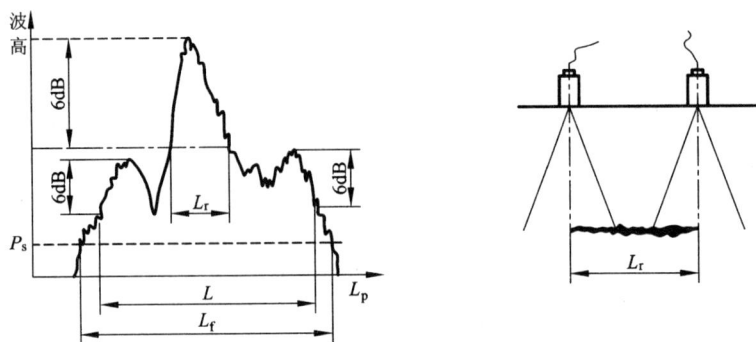

图 2 - 27 半波高度缺陷测长法

6 dB 法的具体做法是：移动探头找到缺陷的最大反射波后，调节衰减器，使缺陷波高降至基准波高。然后用衰减器将仪器灵敏度提高 6 dB，沿缺陷方向移动探头，当缺陷波高降至基准波高时，探头中心线之间距离就是缺陷的指示长度。

半波高度法（6 dB 法）是用来对缺陷测长较常用的一种方法。适用于测长扫查过程中缺陷波只有一个高点的情况。

②端点 6 dB 法（端点半波高度法）　当缺陷各部分反射波高有很大变化时，测长采用端点 6 dB 法（见图 2 - 28）。

端点 6 dB 法测长的具体做法是：当发现缺陷后，探头沿着缺陷方向左右移动，找到缺陷两端的最大发射波，分别以这两个端点反射波高为基准，继续向左、向右移动探头，当端点反射波高降低一半时（或 6 dB 时），探头中心线之间的距离即为缺陷的指示长度。这种方法适用于测长扫查过程中缺陷反射波有多个高点的情况。

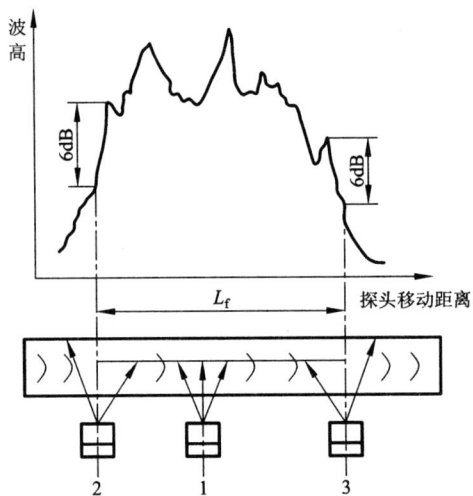

图 2 - 28　端点 6 dB 法示意图

半波高度法和端点 6 dB 法都属于相对灵敏度法，因为它们是以被测缺陷本身的最大反射波或以缺陷本身两端最大反射波为基准来测定缺陷长度的。

（2）绝对灵敏度测长法　在斜探头左右扫查的过程中，以缺陷反射波幅降至规定参考波高为标准缺陷边界的方法称为测定缺陷指示长度的绝对灵敏度法。

如果将 DAC 中评定线规定为参考波高，则缺陷的反射波包络线超过评定线的部分所对应的探头左右移动的间距即为在评定线灵敏度下测得的缺陷指示长度。

当探头在平行缺陷的延伸方向移动时，其缺陷反射波波幅都在某一灵敏度水平之上（如图 2 - 29 所示的 B 线）时，可采用绝对灵敏度法。

具体测法是：探头在平行缺陷延伸方向分别左右移动，当缺陷波高降到某一灵敏度水平时(见图 2 - 29 所示的 B 线),此时探头中心线之间的距离即为缺陷的指示长度。

(3)端点峰值法　探头在测长扫查过程中,如发现缺陷反射波峰值起伏变化,有多个高点时,则可以用缺陷两端反射波极大值之间探头的移动长度来确定缺陷指示长度。这种方法称为端点峰值法。

端点峰值法测得的缺陷长度比端点 6 dB 法测得的指示长度要小一些。端点峰值法也只适用于测长扫查过程中,缺陷反射波有多个高点的情况。

3. 底波高度法

底波高度法是利用缺陷波与底波的相对波高来衡量缺陷的相对大小。

图 2 - 29　绝对灵敏度法示意图

当工件中存在缺陷时,由于缺陷反射,使工件底波下降。缺陷愈大,缺陷波愈高,底波就愈低,缺陷波高与底波高之比就愈大。

底波高度法常用以下几种方法来表示缺陷的相对大小。

(1)F/BF 法　F/BF 法是在一定的灵敏度下,以缺陷波高 F 与缺陷处底波高 BF 之比来衡量缺陷的相对大小。

(2)F/BG 法　F/BG 法是在一定的灵敏度下,以缺陷波高 F 与无缺陷处底波高 BG 之比来衡量缺陷的相对大小。

(3)BG/BF 法　BG/BF 法是在一定的灵敏度下,以无缺陷处底波 BG 与缺陷处底波 BF 之比来衡量缺陷的相对大小。

底波高度法不用试块,可以直接利用底波调节灵敏度和比较缺陷的相对大小,操作方便。但不能给出缺陷的当量尺寸,同样大小的缺陷,距离不同;F/BF 不同,距离小时 F/BF 大,距离大时 F/BF 小。因此 F/BF 相同的缺陷当量尺寸并不一定相同。此外底波高度法只适用于具有平行底面的工件。

最后还要指出:对于较小的缺陷底波 $B1$ 往往饱和,对于密集缺陷往往缺陷波不明显,这时上述底波高度法就不适用了,但这时可借助于底波的次数来判定缺陷的相对大小和缺陷的密集程度,底波次数少,则缺陷尺寸大或密集程度严重。

底波高度法可用于测定缺陷的相对大小、密集程度、材质晶粒度和石墨化程度等。

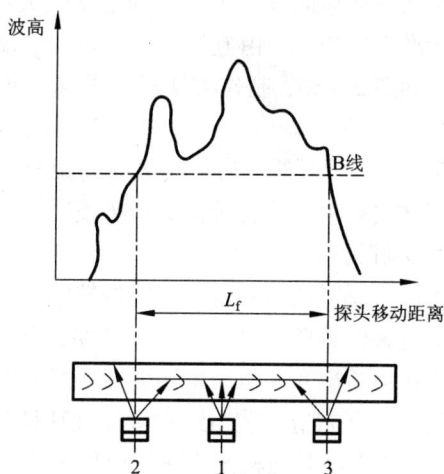

2.3.7　超声检测结果记录、评定和报告

1. 记录

焊缝超声检测应记录的内容及其推荐格式可见表 2 - 6。

2. 评定与检测结果的分级

距离 - 波幅曲线是缺陷评定与检测结果分级(见 JB/T 4730.3—2005)的依据。

(1)距离 - 波幅曲线　描述某规则反射体回波高度与反射体距离之间关系的曲线称为距离 - 波幅曲线,即 DAC 曲线。

距离－波幅曲线主要用于判定缺陷大小，给验收标准提供依据，由判废线、定量线、评定线组成。如图2－30，制作方法见下节超声波检测实训。

定量线、测长线、判废线之间的距离与板厚和所用试块有关，可根据表2－7确定。

（2）缺陷评定

①注意反射波高超过评定线的缺陷是否具有裂纹类危害性缺陷的特征，如有必要，应采取改变探头声束折射角、增加检测面、观察动态波形等措施并结合制造工艺与结构特征就其是否为裂纹类缺陷作出判断。在难以作出这类判断的情况下，应借助其他检测方法就此作出综合判定。

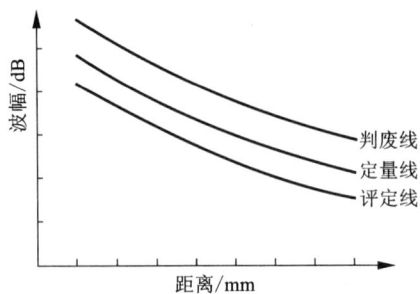

图2－30　距离－波幅曲线

②对于那些最大反射波位于DACⅡ区的缺陷，若其指示长度小于10 mm，则按5 mm计。

③相临两缺陷的各相间距均小于8 mm时，应将其指示长度之和视为单个缺陷的指示长度。

（3）结果的分级　焊缝的超声检测结果分为四级。

表2－6　焊缝超声检测记录

工件名称	工件编号	检测次序：○首次检测		○一次复测		○二次复测			

	检　测　条　件									
	探　头			反射体			基准波高满幅/%	反射体波幅/dB	传输修正/dB	检测灵敏度/dB	测探/mm
序号	角度 β_s 或 K	频率/MHz	尺寸	形状	深度/mm	试块					
1											
2											
3											
4											

焊缝编号	检测区段号	探头序号	缺陷编号	缺陷位置/mm	深度/mm	指示长度/mm	波幅/dB	评定		检测人	备注
								记录	返修		

表 2 -7　距离 - 波幅曲线的灵敏度

试块型式	板厚/mm	测长线	定量线	判废线
CSK - ⅡA	8 ~ 46	$\phi2 \times 40 - 18$ dB	$\phi2 \times 40 - 12$ dB	$\phi2 \times 40 - 4$ dB
	>46 ~ 120	$\phi2 \times 40 - 14$ dB	$\phi2 \times 40 - 8$ dB	$\phi2 \times 40 + 2$ dB
CSK - ⅢA	8 ~ 15	$\phi1 \times 6 - 12$ dB	$\phi1 \times 6 - 6$ dB	$\phi1 \times 6 + 2$ dB
	>15 ~ 46	$\phi1 \times 6 - 9$ dB	$\phi1 \times 6 - 3$ dB	$\phi1 \times 6 + 5$ dB
	>46 ~ 120	$\phi1 \times 6 - 6$ dB	$\phi1 \times 6$ dB	$\phi1 \times 6 + 10$ dB

①最大反射波幅为超过评定线的缺陷均评为Ⅰ级。

②最大反射波幅位于DACⅠ区的非裂纹性缺陷均评为Ⅰ级。

③最大反射波幅超过评定线的缺陷若被检测者判定为裂纹类的危害性缺陷,则无论其波幅和尺寸如何,均评为Ⅳ级。

④最大反射波幅位于DACⅡ区的缺陷按其指示长度值和表 2 -8 的规定评级。反射波位于Ⅱ区的缺陷其指示长度小于 10 mm 时按 5 mm 计。相临两缺陷各项间距小于 8 mm 时,两缺陷指示长度之和作为单个的指示长度。

表 2 -8　缺陷的分级

级别	A	B	C
	8 ~ 50	8 ~ 300	8 ~ 300
Ⅰ	$2/3t$;最小 12	$t/3$;最小 10;最大 30	$t/3$;最小 10;最大 20
Ⅱ	$3/4$ 最小 12	$2/3t$;最小 12;最大 50	$t/2$;最小 10;最大 30
Ⅲ	t;最小 20	$3/4t$;最小 16;最大 75	$2/3t$;最小 12;最大 50
Ⅳ	超过Ⅲ级者		

注:t 为板厚。

⑤最大反射波幅位于DACⅢ区的缺陷均评为Ⅳ级。

⑥不合格的缺陷应予返修。返修后该部位及受补焊影响的区域应按原条件复检。复检出的缺陷亦应按上述规定评级。

3. 焊缝超声检测报告

(1)检测报告至少应包括以下内容:

①委托单位、报告编号;

②工件名称、编号材质、热处理状态、检测表面的粗糙度;

③探伤仪、探头、试块和检测灵敏度;

④超声检测区域应在草图上予以说明,如因几何形状限制而检测不到的部位,也应加以说明;

⑤缺陷的类型、尺寸、位置和分布;

⑥检测结果、缺陷等级评定及检测标准名称;

⑦检测人员和责任人员签字及其技术资格;

⑧检测日期。

表 2-9   焊缝超声检测报告

产品名称：				令号：		
工件名称：		工件编号：		材料：		厚度：
焊缝种类：○平板 ○环缝 ○纵缝 ○T型 ○管座					焊接方法：	
焊缝数量：		检测面：			检测范围：	
检测面状态：○修整 ○轧制 ○机加						
检验规程：		验收标准：			工艺卡编号：	
检测时机：○焊后 ○热处理后 ○水压实验后						
仪器型号：		耦合剂：○机油 ○甘油 ○浆糊 ○水				
检测方式：○垂直 ○斜角 ○单探头 ○双探头 ○串列探头						
扫描调节：○深度 ○水平 ○声称			比例：		试块：	
检测部位示意图：				检测位置：		

	焊缝编号	检验长度	显示情况	一次返修缺陷编号	二次返修缺陷编号	NI：无应记录缺陷
检测结果及返修情况			○NI○RI○UI			
			○NI○RI○UI			RI：有应记录缺陷
			○NI○RI○UI			
			○NI○RI○UI			
			○NI○RI○UI			UI：有应返修缺陷
			○NI○RI○UI			

检验焊缝总长度　　　　mm，一次返修总长　　　　mm，
二次返修总长　　　　mm，同一部位经　　　　次返修后合格，
附：检验及复验检测记录　　　　页

备注：

结论：○合格　　　○不合格
检验：UT　　级　　审核：UT　　级

（2）验收标记　如果检测内容作为压力容器产品验收的项目，则检测合格的所有工件上都作永久性或半永久性的标记，标记应醒目。产品上不适合打印标记时，应采取详细的检测草图或其他有效方式标注，使下道工序或最后的检测人员能够辨明。检测报告应由具有Ⅱ级以上资格的人员签发，其内容和推荐格式可见表2-9。检测记录与报告应具有可追踪性，并至少保存7年以备随时查核。

由于两种方法各有特点，发现缺陷能力各不相同，因而对质量的评定也很难取得完全一致的结果，所以有必要了解这两种方法的特点。表2-10是两种探伤方法对不同形状缺陷探伤探测能力的比较。

焊缝中存在的缺陷有裂纹、未焊透、未熔合、气孔、夹渣等。根据缺陷的形状可大致按

表 2 - 11 的形式分类。

表 2 - 10　两种探伤法探测能力比较

方法＼缺陷形状	平面状	球状	圆柱状
射线照相	○或△	◎	◎
超声检测	◎	○或△	○或△

注：○—适合；△—有附加条件时适合；◎—很适合。

表 2 - 11　缺陷种类和形状

缺陷形状	缺陷种类
平面状缺陷	裂纹、未焊透、未熔合
圆柱状缺陷	夹渣(夹灰)
球状缺陷	气孔

超声波检测不但具有表 2 - 10 中的特点，还有设备简单、探伤速度快等优点，但目前所使用的 A 型脉冲反射式探伤仪由于缺乏自动记录探伤结果的装置，所以不能像射线照相法那样有底片存档。同时还存在着对缺陷性质难以确定等问题。对探伤人员也有一定的要求，否则将会出现漏检等不应出现的状况。

2.4　技能训练

2.4.1　超声波检测的主要性能测试

1. 垂直线性的测试

按 JB/T 10061—1999《A 型脉冲反射式超声波检测仪通用技术条件》规定，垂直线性误差不大于 8%。

(1)将探伤仪"抑制"开关置于"0"或"关"，其他调整取适当值。

(2)将探头压在试块上，中间加适当的耦合剂，以保持稳定的声耦合，并将平底孔的回波调至屏幕上时基线接近中间刻度的位置。

(3)调节"衰减器"或探头位置，使孔的回波高度恰为 100% 满刻度，此时衰减器至少应有 30 dB 的衰减余量。

(4)以每次 2 dB 的增量调节"衰减器"，每次调节后用满刻度的百分值记下回波幅度，一直继续到衰减值为 26 dB，测量精度 0.1%，测试值与波高理论值之差为偏差值，从中取最大正偏差 $d(+)$ 和最大负偏差 $d(-)$ 的绝对值之和为垂直线性误差 Δd(以百分值计)。它由下式给出：

$$\Delta d = |d(+)| + |d(-)|\qquad(2.23)$$

(5)按(4)的方法将衰减值增加到 30 dB，判定这时是否能清楚地确认回波的存在。回波的消失情况代表探伤系统的动态范围。

2. 水平线性测试

水平线性的优劣以水平刻度测量值和实际值的偏差表示。按 JB/T 10061—1999 规定,水平线性误差不大于 2% 。具体测试方法为:

(1)将探伤仪"抑制"开关置于"0"或"关",其他调整取适当值。

(2)将探头压在试块上,中间加适当的耦合剂,以保持稳定的声耦合。调节探伤仪的增益和扫描控制器,使屏幕上显示出第 6 次底波,如图 2 - 31 所示。

(3)当底波 B_1 与 B_6 的幅度分别为 50% 满刻度时,将其前沿分别对准刻度 0 和 100(设水平全刻度为 100 格)。B_1 与 B_6 的前沿位置在调整中如相互影响,则应反复进行调整。

(4)再依次分别将底波 B_2、B_3、B_4、B_5 调到 50% 满刻度,并分别读出底波 B_2、B_3、B_4、B_5 的前沿与刻度 20、40、60、80 的偏差 a_2、a_3、a_4、a_5(以格数计),然后取其中最大的偏差值 a_{max}。图 2 - 31 中的 $B_1 \sim B_6$ 是分别调到同一幅度,而不是同时达到此幅度。

水平线性误差为

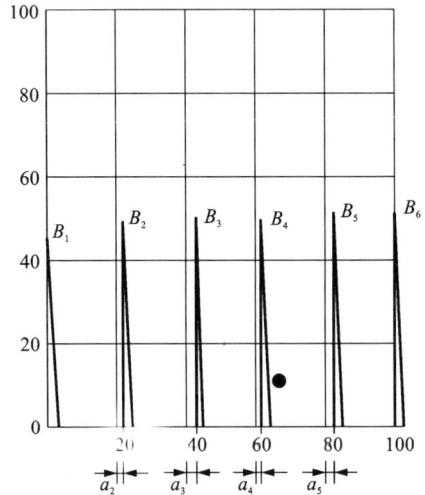

图 2 - 31　水平线性测试偏差

$$\Delta L = | a_{max} | \% \qquad (2.24)$$

3. 动态范围的测试

动态范围是在增益不变时,超声波检测仪示波屏上能分辨的最大反射面积与最小反射面积波高之比,通常以分贝(dB)表示。按 JB/T 10061—1999 规定仪器的动态范围不小于 26 dB。具体测试方法为:

(1)将探伤仪"抑制"开关置于"0"或"关"的位置,其他旋钮适当。

(2)将探头压在试块上,中间加适当的耦合剂,以保持稳定的声耦和。调节"增益"旋钮,试探测面 200 mm、$\phi 2$ mm 平底孔反射回波高度刚好为饱和波高的 80% 处,如图 2 - 32 所示。

(3)用"衰减器"衰减,使波高降至仅剩 1 mm,这时衰减器的变化量即是探伤仪的动态范围。

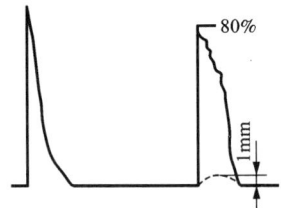

图 2 - 32　动态范围测试波形图

4. 灵敏度余量的测试

灵敏度是超声波检测仪与探头组合后具有的探测最小缺陷的能力。可检出的缺陷愈小或检出同样大小缺陷的可探测距离愈大,表示仪器和探头组合后的灵敏度愈高。本测试是为了检查超声波检测系统灵敏度的变化,用灵敏度余量值表示。探伤仪灵敏度余量的测试规定在电噪声电平不大于 10% 的条件下进行。

(1)将探伤仪"抑制"开关置于"0"或"关",其他调整取适当值,最好选取在随后探伤工作中将使用的调整值。

（2）将探伤仪增益调至最大，但如电噪声较大时，应降低增益（调解"增益控制器"或"衰减器"），使电噪声电平降至满刻度的10%，设此时衰减器的读数为S_0。

（3）将探头压在试块上，中间加适当的耦合剂，以保持稳定的耦合，调节"衰减器"使平底孔回波高度降至满刻度的50%，设此时衰减器的读数为S_1。

（4）超声检测系统的灵敏度余量（以 dB 表示）由下式给出

$$S = S_1 - S_0 \tag{2.25}$$

2.4.2　直探头主要性能的测试

1. 直探头分辨力的测试

分辨力的优劣，以能区分两个缺陷的最小距离表示。本测试是为了检查超声波检测系统的分辨能力，具体步骤如下：

（1）将探伤仪"抑制"开关置于"0"或"关"，其他调整取适当值。

（2）将探头压在 CSK – IA 试块上，如图 2 – 33 所示的位置，中间加适当的耦合剂以保持稳定的声耦合。

（3）调整仪器的"增益"并左右移动探头，使来自 A、B 两个面的回波幅度相等并为满刻度的20% ~30%，如图 2 – 34 中 h_1。

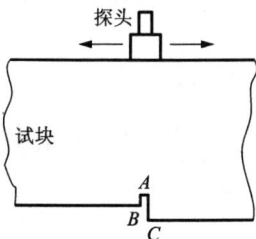

图 2 – 33　探头位置图　　　　图 2 – 34　回波幅度图

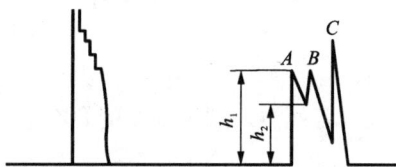

（4）调节"衰减器"旋钮，使 A、B 两波峰之间的波谷上升到原来波峰高度，此时衰减器释放的分贝数（等于用衰减器读出的缺口深度 h_1/h_2）即为以分贝值表示的超声波检测系统的分辨力 X。

2. 直探头盲区的测试

盲区是在正常探伤灵敏度下，从探伤表面到最近可探缺陷的距离。仪器的发射脉冲愈宽，盲区愈大。因此盲区可近似地用显示器显示的发射脉冲所占宽来表示。

本测试是为了测定超声检测系统在规定探伤灵敏度下，从探伤表面至可探测缺陷的最小距离。

探伤仪的"抑制"置于"0"或"关"，除灵敏度调节外，其他调节取适当值。

第一种测试方法：

（1）调节超声波检测仪灵敏度，使其符合探伤规范的要求（可以采用 ϕ20 mm 直探头，并调整仪器灵敏度使试块的平底回波达满刻度的50%）。

（2）将探头压在试块上，中间加适当耦合剂以保持稳定的声耦合。选择能够分辨开的最短探测距离的 ϕ2 mm 横孔，并将孔的回波幅度调至大于满刻度50%，如回波前沿和始波后沿相交的波谷低于满刻度的10%，则此最短距离即为盲区。

第二种探测方法：

（1）将探头置于图2-35所示位置，调节"水平"及"深度范围"和"深度微调"旋钮，使第一次底面回波调至水平刻度"5"，第二次回波调至水平刻度"10"，如图2-36所示。

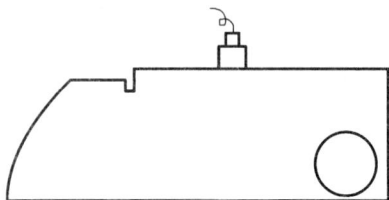

图2-35 探头位置图

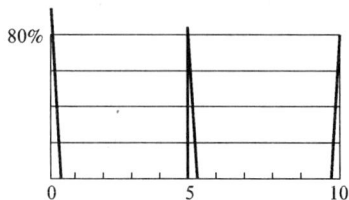

图2-36 回波调至位置图

（2）从试块上拿下探头，擦去油层，置于空气中。

（3）调节仪器灵敏度到该探头的灵敏度（余量），从刻度板零点到始脉冲后沿与20%垂直刻度交点相对应的水平宽度，即为所得的盲区值，如图2-37所示，用钢中纵波传播距离表示。

2.4.3 斜探头主要性能的测试

1. 斜探头入射点及前沿距离的测量

（1）如图2-38所示，在CSK-IA试块上探头作前后移动，指示$R100（R50）$的最大反射波，用衰减器或增益旋钮将该波调到满幅度的80%。

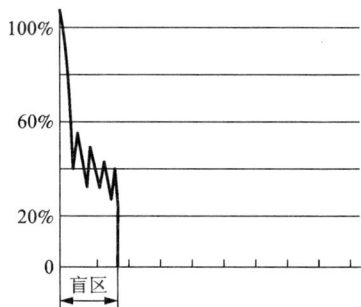

图2-37 盲区值

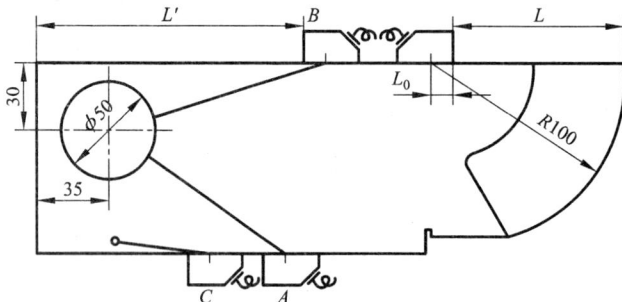

图2-38 入射点 K 值测量示意图

A、B、C—斜探头；L_0—探头前沿长度；L、L'—探头前沿至试块端面的距离

（2）用钢板尺测量出探头前沿到试块边沿的距离 L，则入射点至探头前沿的距离 $L_0 = 100 - L$。

入射点要测量三次，取平均值。

2. 斜探头 K 值的测定

（1）如图2-38所示探伤前必须要实际测得 K 值，在 CSK-IA 试块上探头作前后移动

$\phi50$ 的孔找出最大反射波,用"衰减器"或"增益"旋钮将该波调到满幅度的80%。

(2)用钢板尺测量出探头前沿到试块边沿的距离 L',代入下列公式求出探头的 K 值。

$$K \geqslant \tan\beta = \frac{(L' + L - 35)}{30} \qquad (2.26)$$

以上步骤测量三次,取平均值。

3. 斜探头声程1:1水平定位调节

(1)用已知条件测得斜探头的入射点和 K 值。

(2)用水平旋钮将始波前沿对零。

(3)如图2-39所示,在 CSK-ⅢA 试块上探测孔深为 S_1,找出最高反射波,用"衰减器"旋钮或"增益"旋钮将此波调至满幅度的80%,再用微调旋钮将该波调到荧光屏上与 S_1 等值的刻度线上。

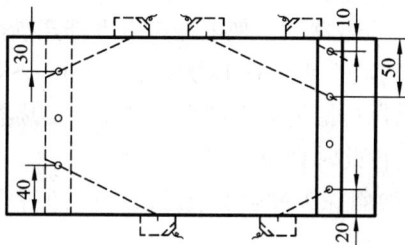

图2-39　查扫一组基准反射体

(4)探测孔深 S_2,找出 S_2 的最高反射波,也将此波调到满幅度的80%,观察荧光屏上此波与波 S_2 等值的差,如这一差值在 S_2 等值刻度线左端,用深度细调按钮将这一差值调到 S_2 等值刻度线的右端,用水平旋钮将此波调到 S_2 等值的刻度线上。

(5)最后检验一次,看声程1:1水平定位调节是否准确。

4. 斜探头分辨力的测试

(1)将探伤仪"抑制"开关置于"0"或"关",其他调整取适当值。

(2)根据斜探头的折射角或 K 值,将探头压在 CSK-IA 型试块上,其位置如图2-40(a)或图2-40(b)所示,中间加适当的耦合剂以保持稳定的声耦合。移动探头位置使来自 $\phi50$ 和 $\phi44$ 两孔的回波 A、B 高度相等,并为满刻度的20%~30%,如图2-41中 h_1 所示。

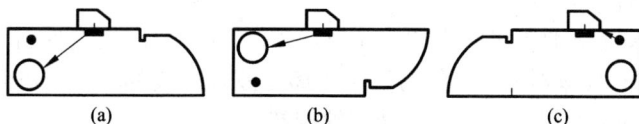

(a)　　　　　　(b)　　　　　　(c)

图2-40　探头探测位置图

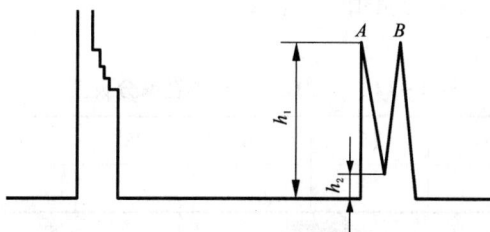

图2-41　回波高度

(3)调节衰减器,使 A、B 两波峰间的波谷上升到原来波峰高度,此时衰减器释放的数值(等于用衰减器读出的缺口深度 h_1/h_2)即为以分贝值表示的超声检测系统(斜探头)分辨力。

我国标准 JB/T 4730.3—2005 规定斜探头分辨力不小于 6 dB。

5. 斜探头灵敏度余量的测试

本测试是为了检查超声检测系统在使用一段时期后的灵敏度变化情况，以及在实际应用中表示不同斜探头灵敏度的相对值。具体步骤如下：

（1）将探伤仪"抑制"开关置于"0"或"关"，其他调整取适当值。

（2）将超声检测仪的增益调至最大；但如电噪声较大时，应降低增益（调节"增益控制器"或"衰减器"），使电噪声电平降至满刻度的 10%，设此时衰减器的读数为 a_0。

（3）将探头压在 1 号标准试块或 CSK – IA 型试块上，如图 2 – 38 所示，中间加适当的耦合剂以保持稳定的声耦合。调节"衰减器"使来自 $R100$ mm 曲面的回波高度降至满刻度的 50%。设此时衰减器的读数为 a_1。

（4）斜探头灵敏度余量（以分贝值表示）由下式给出

$$a = a_1 - a_0 \tag{2.27}$$

2.4.4 焊缝超声波检测距离 – 波幅曲线的制作

1. 制作方法一

（1）把辅助刻度板装在探伤仪上。

（2）仪器"抑制"开关置于"关"，"强弱"开关置于"弱"。

（3）将探头放在 CSK – ⅢA 测试块上，探测距表面 20 mm 深的横孔，调扫描线成 1∶1 水平定位。

（4）辅助刻度板上标定分贝值。

①使主声束对准 20 mm 深的横孔，把孔的反射波高调至刚刚满幅。

②其他旋钮不动，只改变"衰减器"，每衰减 1 dB，在刻度板上画一条横线，直至波高近似消失为止。

③在刻度板左侧标注分贝值。

（5）将探头放在 CSK – ⅢA 试块上探测 10 mm 深横孔，找出最高反射波，调节灵敏度波高为 50%，记下此时的衰减器读数，作为绘制距离 – 波幅曲线的基准。以后探测其他深度孔时，除用衰减器改变回波高度外，不再变动其他旋钮。

（6）再依次探测试块深度 15 ~ 40 mm 的横孔，找出每个深度的最高回波后，用衰减器将波高调至 50%，记下每次的衰减分贝值，见表 2 – 12。

表 2 – 12　焊缝超声波检测孔深分贝值

孔深度/mm	10	15	20	25	30	35	40
分贝值/dB							

（7）将上表各深度的分贝值标在刻度板上。

（8）把各点连接起来成一曲线，作为基准线。

（9）绘出比基准线低 9 dB 的测长线，低 3 dB 的定量线和高 5 dB 的判废线。此曲线簇即为距离 – 波幅曲线，这样便可用于实际探伤判定探测结果。

（10）探伤前要先对曲线进行校验。

①将探头放置在 CSK – ⅡA 试块上，探测两个不同深度的横孔，调节灵敏度使孔的反射波高与测长线一致。

②测出被探工件表面的声能损失差。

③用衰减器提高仪器灵敏度（等于声能损失差）分贝值。

2. 制作方法二

本方法采用的是一线式距离 – 波幅曲线法，也是将曲线直接绘制在荧光屏上，相对比较直观，绘制方法简单，使用方便，定量准确。

（1）仪器"抑制"开关置于"关"，"强弱"开关置于"弱"。

（2）将探头放在 CSK – ⅢA 试块上，探测孔深为 10 mm，$\phi 1$ mm ×6 mm 的短横孔，找出最高反射波，通过衰减器或增益旋钮将反射波调到满幅度的 100%。用彩色笔在回波最高点处予以标记，同时记下此时的灵敏度 x dB。

（3）保持此灵敏度不动，再分别扫查 20 mm、30 mm、40 mm 及 50 mm 深的 $\phi 1$ mm ×6 mm 孔，将各自不同孔深反射的不同波高用彩色笔予以标记。

（4）用彩色笔将 5 点连线，便可绘制出一条曲线，就是一线式距离 – 波幅曲线（也可称为基准线），如图 2 – 42 所示。

在这条曲线的基础上分别采用 JB/T 4730.3—2005 标准规定的灵敏度（例如 CSK – ⅢA），T 为 8 ~ 15 mm，则评定线为 $\phi 1$ mm ×6 mm – 12 dB，定量线为

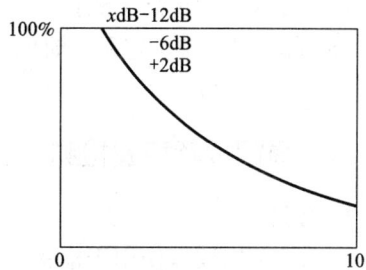

图 2 – 42 一线式距离 – 波幅曲线

$\phi 1$ mm ×6 mm – 6 dB，判废线为 $\phi 1$ mm ×6 mm + 2 dB，则此条曲线就可以分解成三条曲线，包含三种含义（三个区域的分布），如图 2 – 43（a）、（b）及（c）所示。由此可知，一条曲线再加上三种灵敏度，就可以代替三条曲线。

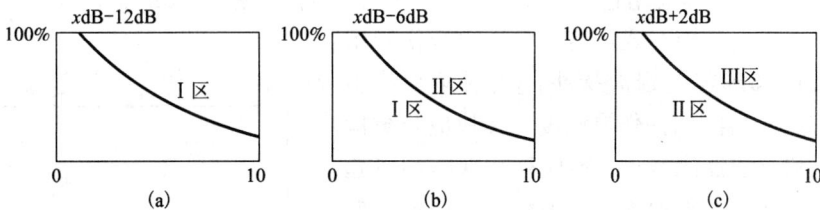

图 2 – 43 一线式距离 – 波幅曲线的分解

较厚焊缝（例如大于 15 ~ 46 mm）探伤，时间轴线采用深度 1:1，1:1.5 或 1:2 等比例调整，在面板上直接绘成一条曲线，不一定能全部覆盖半波程和全波程，因此要采用分段绘制的方法，在面板上绘制二段或多段曲线，如图 2 – 44（a）、（b）所示。

（5）如另绘制坐标纸距离 – 波幅曲线，将所有探测点的波高调到满幅的 80%，分别记下各对应的分贝值作为做基准线的依据。

（6）仪器调回到原来探测孔深 10 mm 时，记下满幅的 x dB，灵敏度。

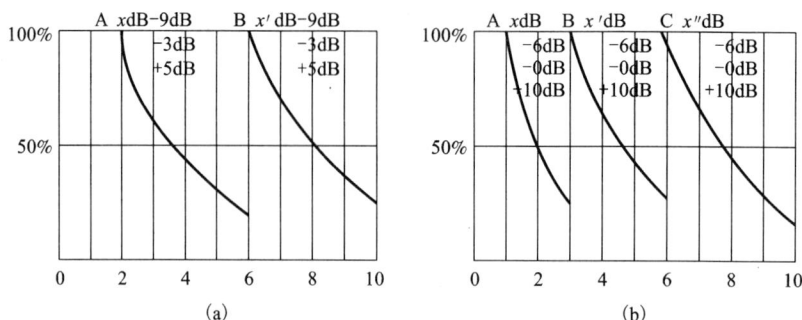

图 2-44 二段或多段曲线

(a) >15~46 mm；(b) >46~120 mm

(7)将仪器 x 分贝值定位测长线时的分贝值进行初探，注意实际探伤时要将工件的表面声能损失计入。发现高于测长线时，在探伤部位记下具体位置。

(8)再将仪器调至定量线时的分贝值进行精探，缺陷波等于或高于此值时，采用 6 dB 法测定曲线指示长度。

2.4.5 薄钢板超声波检测

1. 概述

薄钢板兰姆波探伤用于检验板材内部的金属不连续性，如分层、夹渣、气泡等缺陷。耦合剂可用油或水等。为了保证探伤的可靠性，表面必须平整、清洁、光滑，不应有油污、液点、麻坑、锈蚀和其他污物，也不应有因组织因素造成的杂波。板材温度以 5℃~40℃为宜。在现场使用的 A 型显示超声波检测仪，应避开强电磁场、强振动、腐蚀性气体、严重粉尘和强光照射，以保证其工作性能的稳定可靠和便于探伤人员观测操作。所用探伤仪应具有足够高的发射功率和足够宽的发射脉冲；仪器的频带特性应与探头相匹配；工作频率范围为 0.63~10 MHz；放大器总增益量大于 100 dB；带衰减器(精密度 1 dB)。

探伤时可使用斜探头或可变角探头，探伤所用的标块主要用来确定兰姆波探头的入射角和校验"探伤仪-探头组合"的探伤灵敏度。标块应与被检板材的厚度和声学性能接近，不应存在缺陷和引起杂波的不均匀性。其表面光洁、平整。标块尺寸如图 2-45 所示。图中，ϕ_a 和 ϕ_b 分别表示确定探伤仪的起始灵敏度(见表 2-13)和判废灵敏度的人工通孔直径(由质量验收标准规定)。标块应在成品板材中间部位用剪板机切取，其长边必须垂直于轧制方向，端面不允许机加工。标块厚度应均匀，其厚度差小于厚度的 2%。

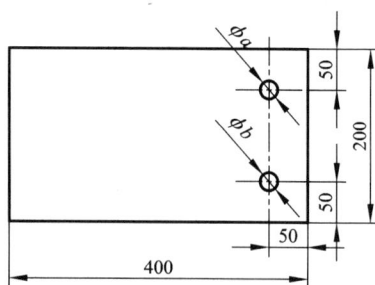

图 2-45 标块尺寸和外形图

表 2 – 13　起始灵敏度人工通孔直径表

厚度/mm	0.5 ~ 1.0	>1.0 ~ 2.0	>2.0 ~ 4.0
ϕ_a/mm	0.8	1.2	2.0

2. 测试步骤

（1）入射角的确定　利用可变角探头作入射角和端面（或人工孔）反射回波振幅（dB）的关系曲线，曲线上极大值对应的角即为在板内激发兰姆波的入射角。

（2）模式的选择

①端面或人工反射回波振幅应强，回波前沿陡峭。

②计算符合①规定模式的水平分量 U 和垂直分量 V，从中两个或两个以上的模式以保证在整个板厚度范围内都有足够的探伤灵敏度。

（3）探头的选择　探头所用压电晶体最好具有足够大的矩形探伤灵敏度，以保证获得足够长的激发长度。探头的频率和入射角均应实测，并定期校验。

（4）起始灵敏度的确定　校验标准块时探伤仪必须能发现所规定的 ϕ_a 人工孔，在无杂波条件下其回波幅度达到满刻度的 80%。

（5）扫查方式　探伤时应使声束垂直板材轧制方向，同时保证声束的覆盖，以消除探头的近盲区。板材边部探伤盲区小于 50 mm，探伤速度应不大于 250 mm/s。

（6）探伤的确定

①探伤时在排除探头固定讯号以及油或水等引起的回波干扰后，凡出现稳定的回波，均视为伤波。

②当底波下降、消失（不是由于耦合不好或声束不垂直端面的原因所引起的）或其位置前（后）移动时，应考虑大分层存在的可能性。

③伤波定量时，探测距离应与检验标块时所用距离相同。

（7）缺陷定位和范围的确定

①利用液滴阻尼法确定回波的位置或其范围大小，并在板面上标记。

②对条状缺陷利用半波高度法确定其长度。

（8）探伤试验记录　探伤工件钢号、规格、厚度和数量、探伤仪型号；探头种类与规格；探伤面状况；标块；耦合剂；探伤标块，灵敏度的确定方法；探伤方法，探伤结果；试验日期，操作人员姓名。

2.4.6　对接焊缝超声波检测

1. 概述

对接焊缝的超声波检测主要用于检测焊缝中的未焊透、未熔合、夹渣、气孔、裂纹等缺陷。因焊缝凸凹不平，故焊缝超声波检测常用斜探头横波探伤。为了保证探伤可靠性，探伤表面应清除探头移动区的飞溅、锈蚀、油垢及其他污物。探头移动区的深坑应补焊，然后打磨平滑，现出金属光泽，以保证良好的声学接触。使用的探伤仪应具有衰减量不少于 50 dB 连续可调的衰减器，其精度为任意相邻 12 dB 的误差小于 ± 1 dB，分辨力应能将 CSK – IA 型试块上 ϕ50 和 ϕ44 两孔分开，当两孔反射波的波幅相同时，其波峰与波谷的差不小于 6 dB。

仪器和探头的组合灵敏度：在达到所探工件最大声程处的探伤灵敏度时，有效灵敏度余量至少为 10 dB，探测频率一般为 2.5 MHz，板厚较薄时，可采用 5 MHz，并跟据实际探伤板厚，合理选择斜探头的 K 值。对于板厚为 1.0 ~ 2.0，耦合方式为接触法，可采用甘油、浆糊、机油等作为耦合剂。探伤所用标准试块为 CSK – IA、CSK – ⅡA、或 CSK – ⅢA 试块。

2. 测试步骤

本测试应在斜探头入射点、K 值测定和距离 – 波幅曲线制作完毕后进行。

（1）探伤灵敏度的确定和调试在 CSK – ⅢA 或 CSK – ⅡA 试块上对距离 – 波幅曲线进行校验、校验不少于两点，探伤灵敏度不应低于测长线。

（2）表面声能损失的补偿。探伤时应对表面声能损失与材质衰减进行修正，修正量计入距离 – 波幅曲线。

（3）扫查方式

①对于厚度为 8 ~ 46 mm 的焊缝，探伤面为筒体外壁或内壁焊缝的两侧，如图 2 – 46 所示。探头移动区为

$$P_1 \geqslant 2TK + 50 \text{ mm} \qquad (2.28)$$

式中：P_1——探头移动区，mm；

T——被探伤件厚度，mm。

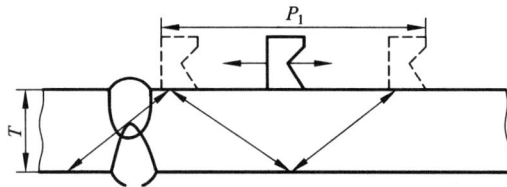

图 2 – 46　8 ~ 46 mm 焊缝的探头移动区

②厚度大于 46 mm 的焊缝，探伤面为筒体内壁焊缝的两侧，如图 2 – 47 所示。探头移动区为

$$P_2 \geqslant 2TK + 50 \text{ mm} \qquad (2.29)$$

式中：P_2——探头移动区，mm；

T——被探伤件厚度，mm。

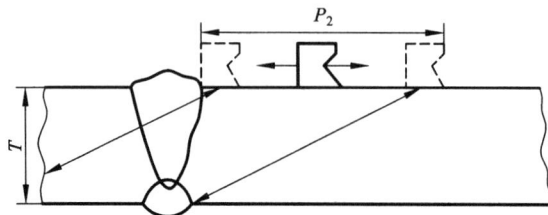

图 2 – 47　大于 46 mm 焊缝的探头移动区

③探头在被探工件上移动，每次前进齿距 d 不得超过探头晶片直径。在保持探头与焊缝中心线垂直的同时作 $10°\sim 15°$ 的摆动，如图 2-48 所示。

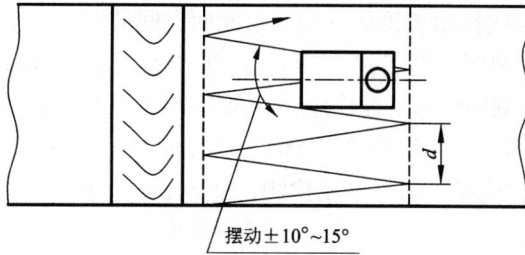

图 2-48　探头移动方式

④为发现焊缝或热影响区的横向缺陷，对磨平的焊缝可将斜探头直接放在焊缝上作平行移动，对于加强层的焊缝可在焊缝两侧边缘，使探头与焊缝成一定的夹角（ $10°\sim 15°$ ）作平行或斜平行移动，如图 2-49 所示。但灵敏度要适当提高。

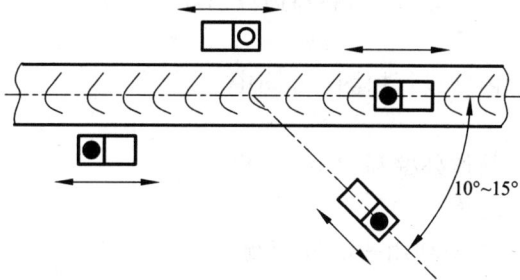

图 2-49　探头平行或斜平行移动

⑤为了确定缺陷的位置、方向或区分缺陷波与假讯号，可采用前后、左右、转角、环绕运动等四种探头移动方式，如图 2-50 所示。

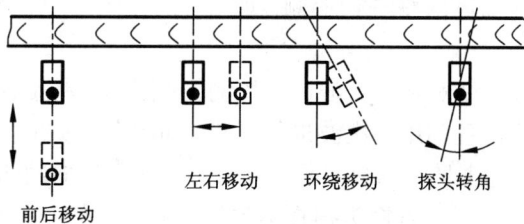

图 2-50　四种探头移动方式

（4）缺陷的定量　对于位于定量线和定量线以上的缺陷应进行幅度和缺陷指示长度的测量。

①缺陷的幅度测定　将探头置于出现最大缺陷反射波的位置，读出该波幅所在的区。

②缺陷指示长度的测定　当缺陷反射波只有一个高点时，用半波高度法（ 6 dB 法）测其

指示长度。

当缺陷反射波有多个高点时，端部反射波高在定量线上及Ⅱ区时，用端点半波高度法测其指示长度，而当缺陷端部反射波高位于Ⅰ区，操作者认为有必要记录时，可将探头左右移动，且移至波幅降到测长线指示长度的一点，以此两点间的距离表示长度。

（5）探伤记录　记录被探工件名称、厚度；探伤方法；所用仪器；探头；试块；探伤标准；探伤比例；部位示意图，缺陷情况，探伤结论；探伤日期；操作人员姓名。

（注：本测试方法依据 JB/T 4730.3—2005 标准，适用于焊接件对接处厚度为 8～120 mm 的锅炉和钢制压力容器对接焊缝的超声波检测，也适用于其他工业类似用途的压力容器对接焊缝的超声波检测。不适用于铸铁、奥氏体不锈耐酸钢及允许根部未焊透的单面焊钢制压力容器对焊缝的超声波检测，也不适用于曲面半径小于 125 mm 和内半径与外半径之比小于 80% 的纵缝探伤。）

2.4.7　管座角焊缝超声波检测

1. 结构特点与探伤方法

管座角焊缝的结构形式有插入和安放式两种。

（1）插入式管座角焊缝是接管插入容器筒件内焊接而成的，如图 2–51 所示，可采用以下几种方式探测。

①采用直探头在接管内壁进行探测，如图中探头位置 1。

②采用斜探头在容器筒体外壁利用一、二次波进行探测，如图中探头位置 2。

③采用斜探头在接管内壁利用一次波探测，如图中探头位置 3，也可在接管外壁利用二次波探测，但后者灵敏度较低。

（2）安放式管座角焊缝是接管安放在容器筒体上焊接而成的，如图 2–52 所示。可采用以下几种方式探测。

①采用直探头在容器筒体内壁进行探测，如图中探头位置 1。

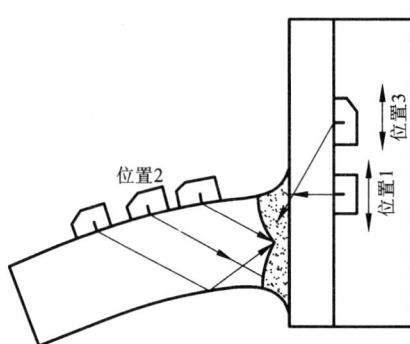

图 2–51　插入式管座角焊缝

②采用斜探头在接管外壁利用二次波进行探测，如图中探头位置 2。

③采用斜探头在试管内壁利用一次波进行探测，如图中探头位置 3。

由于管座角焊缝中，危害最大的缺陷是未熔合和裂纹等纵向缺陷（沿焊缝方向），因此一般以纵波直探头探测为主。对于直探头扫查不到的区域，如安放式焊缝根部，需要另加斜探头进行探测。

此外，凡产品制作技术条件中规定要探测焊缝横向缺陷的插入式管座角焊缝，应将容器筒体内壁加工平，利用大 K 值探头在筒体内壁沿焊缝方向进行正反两个方向的探测，如图 2–53 所示。

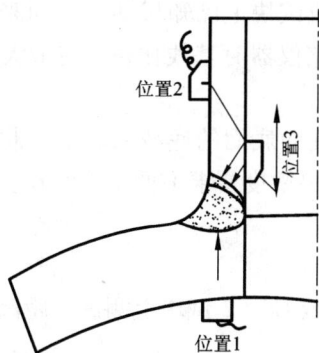

图 2-52 安放式管座角焊缝

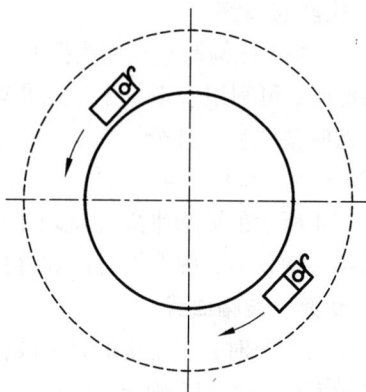

图 2-53 管座角焊缝横向缺陷的探测

2. 探测条件的选择

（1）探头 在管座角焊缝探伤中，探测频率为 2.5~5.0 MHz。采用单晶直探头或双晶直探头探测时，由于容器筒体或接管表面为曲面，探头表面为平面，两者接触面小，耦合不良。为了实现较好的耦合，探头的尺寸不宜过大。一般推荐探头与工件接触面尺寸 $W<2$ mm，其中 R 为探测面曲率半径。

采用斜探头探测时，探头与工件接触面尺寸应满足以下要求：

$$a（或 b）\leqslant 2$$

式中：a——斜探头接触面长度（周向探测），mm；

b——斜探头接触面宽度（轴向探测），mm；

D——探测面曲面直径，mm。

（2）耦合剂 管座角焊缝探伤中，常用的耦合剂有：机油、化学浆糊等。探测面应打磨使之平整光洁，表面粗糙度 $Ra<6.3$ μm。

（3）试块 直探头探伤用试块如图 2-54 所示，试块中 S、b 尺寸见表 2-14。试块材质、曲率半径、表面粗糙度同工件。该试块用于调整探伤灵敏度和对缺陷定量。

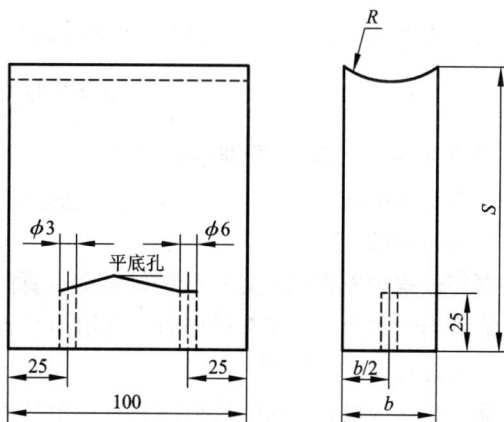

图 2-54 曲面平底孔试块

表 2-14 曲面平底孔试块 S、b 尺寸

S/mm	100	125	150	175
b/mm	50	50	60	60

斜探头探伤用试块同平板对接焊缝探伤。

3. 仪器的调整

(1)时基线比例调整直探头探测时,可利用工件上或试块上已知尺寸的底面来调整。斜探头探测时,可利用CSK - ⅠA或ⅡW2试块按声程调整仪器时基线比例,使最大探测声程位于仪器时基线后半部分。

(2)灵敏度调整,直探头探伤时,常利用工件的圆柱曲底面的底波来调节。此外也可利用图2-54所示的曲面平底孔试块来调整。直探头探伤灵敏度要求不低于平底孔。

斜探头探伤时,按平板对接焊缝探伤中的方法调整。

4. 距离 - 波幅曲线

直探头探伤时,平底孔距离 - 波幅曲线可在 CS - 1 或 CS - 2 试块上测试。距离 - 波幅曲线的灵敏度按表2 - 15 确定。

表 2 - 15 平底孔距离 - 波幅曲线灵敏度表

标准	GB 11345—1989			JB/T 4730.3—2005
	A	B	C	
评定线(EL)	$\phi3$	$\phi2$	$\phi2$	$\phi2 - 6$ dB
定量线(SL)	$\phi4$	$\phi3$	$\phi3$	$\phi3$
判废线(RL)	$\phi6$	$\phi4$	$\phi6$	$\phi6$

由上表可知,JB/T 4730.3—2005 标准的评定线、定量线及判废线灵敏度与 GB 11345—1989 标准 B 级检验相同。

同距离处 $\phi3$ 与 $\phi2$ 平底孔的回波分贝值差为

$$\Delta = 40\lg\frac{3}{2} = 7 \text{ dB}$$

JB/T 4730.3—2005 标准中评定线灵敏度 $\phi2$ 与 $\phi3 - 7$ dB 相当。

采用斜探头探伤时,距离 - 波幅曲线的测试同平板对接焊缝。

5. 缺陷的测定

探伤过程中发现超过定量线的缺陷时,要测定缺陷的位置、当量大小和指示长度。

缺陷当量大小:直探头探伤时,可用当量计算法或试块比较法来确定。斜探头探伤时,按平板对接焊缝方法处理。

缺陷指示长度:当缺陷反射波只有一个高点时,用半波高度法测长。当缺陷反射波有多个高点时,用端点半波高度法或端点峰值法测长。

同深度的两个相邻缺陷间距小于其中较小者时,作为同一缺陷处理,以各缺陷指示长度之和作为该缺陷的指示长度,若间距大于较小者时,则分别计算其长度。

6. 质量验收

(1)不允许存在下列缺陷

①反射当量超过或达到判废灵敏度。

②缺陷反射当量超过或达到定量灵敏度,并且纵向缺陷指示长度 $L_f \geqslant T/3$,且最小可为 10 mm,但最大不超过30 mm。横向缺陷指示长度 $L_f \geqslant 15$ mm。

③危险性缺陷,如未熔合、裂纹等。

(2)以下缺陷不予返修,但应记录

①缺陷反射当量超过定量灵敏度但低于判废灵敏度,且指示长度小于判废长度者(指示长度小于 10 mm 者不计)。

②缺陷反射当量超过测长灵敏度但低于定量灵敏度,而指示长度大于或等于判废长度者。

对可疑信号建议使用其他手段及探伤方法验证,并进行综合分析。

对于不允许存在的缺陷应予返修,返修后复探的部位应为补焊部位向两端各延伸50 mm。

JB 4730—2005,GB 11345—1989 标准规定管座角焊缝质量评定方法同平板对接焊缝。

2.4.8　T 形焊缝超声波检测

1. T 形焊缝结构及探伤方法

T 形焊缝由翼板和腹板焊接而成,坡口开在腹板上,如图 2-55 所示。

(1)对于 T 形焊缝常采用以下方式进行探伤:

①采用直探头在翼板上进行探测,如图中探头位置1,用于探测 T 形焊缝中腹板与翼板间未焊透或翼板侧焊缝下层状撕裂缺陷。

②采用斜探头在腹板上利用一、二次波进行探测,如图中探头位置 2,此方法与平板对接焊缝探伤方法相似。

③采用斜探头在翼板外侧或内侧进行探测,如图中探头位置 3。探头置于外侧时利用一次波探测,探头置于内侧时利用二次波探测。比较而言,外侧一次波探测灵敏度高,定位方便。不但可以检测纵向缺陷,而且可以检测横向缺陷。不足之处在于外侧看不到焊缝,探测前要先测定并标出焊缝的位置。

(2)对于图 2-56 所示的角接接头,探测方法与 T 形接头类似,可采用直探头从端面检测,也可采用斜探头从腹板两面进行探测。

2. 探测条件的选择

(1)探头　采用直探头探伤时,探头的频率为 2.5 MHz,探头的晶片尺寸不宜过大。因为翼板厚度有限,晶片尺寸较小,可以减少近场区长度。常用的直探头有 2.5P10Z、2.5P14Z 等。

采用斜探头探伤时,斜探头的频率为 2.5~5.0 MHz。在腹板上探伤的探头折射角根据腹板厚度来选择,见表 2-16。板厚较小时,选用大 K 值探头探伤,目的在于避免近场区探伤。

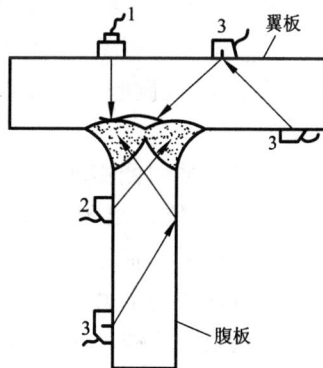

图 2-55　T 形焊缝检测
1—直探头;2、3—斜探头

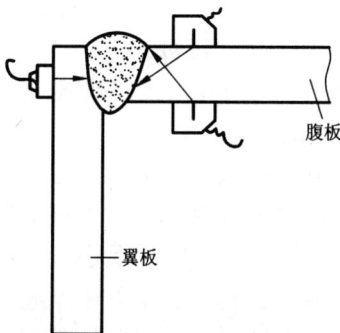

图 2-56　角接接头检测

表 2-16　探头折射角的选择

腹板厚度/mm	< 25	25 ~ 30	> 50
折射角 β/(°)	70(K 2.5)	60(K 2.5, K 2.0)	45(K 1, K 1.5)

翼板外侧探伤，常用斜探头的折射角为 45°。

（2）耦合剂　T 形焊缝探伤中，常用的耦合剂有机油、浆糊等。

3. 仪器的调整

（1）时基线比例调整　直探头探伤时，利用 T 形焊缝的翼板或试块调整。斜探头探伤时，调整方法同平板对接焊缝。

（2）灵敏度调整　直探头探伤时，利用翼板底波或平底孔试块调整灵敏度。灵敏度要求同管座角焊缝。斜探头探伤时，按平板对接焊缝的方法调节。

4. 扫查探测

（1）确定焊缝的位置　在 T 形焊缝外侧探伤时，焊缝位置不可见，探伤前要在翼板外侧测定并标出腹板的中心线及焊缝的位置。方法如下：

斜探头在焊缝两侧移动，使焊角反射波在示波屏上同一位置出现，如图 2-57 所示，同时标记两探头前沿的位置和两者的中点，用同样的方法确定另一中心，则这两个中点的连线就是中心线，然后根据腹板厚度 δ 标出焊缝的位置。

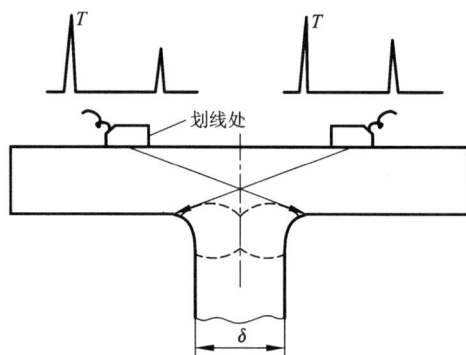

图 2-57　T 形焊缝中心线的确定

此外，也可用直探头来确定腹板中心线和焊缝位置。方法与斜探头类似，不同的地方是探头位置由底波下降一半来确定。

（2）扫查方式　直探头探伤时，探头应在焊缝及热影响区内扫查。斜探头探伤时，探头需在焊缝两侧作垂直于焊缝的锯齿形扫查，每次移动的间距不大于晶片直径，同时在移动过程中作 10° ~ 15°转动。

为探测焊缝中的横向缺陷，探头还应沿焊缝中心线进行正反方向的扫查。

5. 缺陷的判别

采用直探头探伤时，要注意区分底波与焊缝中未焊透和层状撕裂。发现缺陷后确定缺陷的位置、指示长度和当量大小。

斜探头探伤时，探头在焊缝两侧沿垂直于焊缝方向扫查，焊角反射波强烈。当焊缝中存在缺陷时，缺陷波一般出现在焊角反射波前面，如图 2-58 所示。焊缝中缺陷位置、当量大小和指示长度的测定方法同平板对接焊缝。焊缝质量分级和验收可参照平板对接焊缝。

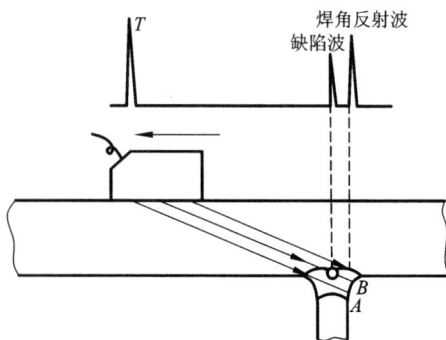

图 2-58　T 形焊缝缺陷波判别

【综合训练】

一、填空题

1. 超声波检测法利用的超声波属于_____波。

2. 在工业超声波检测中最常用的超声波波形有_____波，_____波，_____波，_____波。

3. 在超声检测中，当缺陷的取向与超声波入射方向_____时，能获得最大的超声波反射。

4. 超声波检测法是利用超声波在材料中的_____，_____，_____等传播特性变化来发现缺陷的。

5. 超声波检测中，产生和接收超声波的方法，通常是利用某些晶体的_____。

6. 超过人耳听觉范围的声波称为超声波，它的频率高于_____。

7. 用 CSK‐IA 型试块可测定_____。

8. 同种固体材料中，在给定频率下产生波长最短的波动型式是_____。

9. 粗晶探伤通常选用的超声波频率为_____。

10. 一个垂直线性好的探伤仪，荧光屏上的波幅从 80% 处降至 5% 时，应衰减_____dB。

二、判断题

1. 焊缝的超声波检测一般应在外观检查合格之后进行。（　　）

2. 在一定材料中的纵波波速会随频率不同而变化。（　　）

3. 在异质界面上，当超声波纵波的折射角等于 90℃ 时的纵波入射角称为第一临界角。（　　）

4. 来自缺陷本身而影响缺陷回波高度的因素包括：①缺陷大小；②缺陷位置；③缺陷形状；④缺陷取向；⑤缺陷性质；⑥缺陷表面光滑度(平整度)等。（　　）

5. 超声波探头中的吸收块所起的作用是抑制不需要的振动和吸收杂波，常用环氧树脂粉加钨粉制成。（　　）

6. 超声波检测法适用于任何材料。（　　）

7. 超声波检测法不能用于岩石材料。（　　）

8. 超声波从液体进入固体时也会出现第三临界角。（　　）

9. 超声波检测仪是利用压电效应发射超声波的。（　　）

10. 近场区即为盲区。（　　）

11. JB/T 4730—2005《承压设备无损检测》规定：系统校正应在标准试块上进行，校准中应使探头主声束垂直对准反射体的反射面，以获得稳定和最大的反射信号。（　　）

12. 对 $\phi 114$ mm × 10 mm 高压无缝钢管进行横波检测，检测灵敏度按 JB/T 4730—2005《承压设备无损检测》规定调节，检测中发现一缺陷波高等于人工缺陷的基准回波高度，则该钢管为不合格。（　　）

13. 对 $\phi 159$ mm × 8 mm 管子环向对接焊缝进行超声波检测，焊缝中发现一缺陷，波高位于Ⅱ区，指示长度 4 mm，该焊缝可评为Ⅰ级。（　　）

14. 缺陷波总是位于底波之前。（　　）

15. 当斜探头垂直于焊缝,对整条插入式管座角焊缝进行100%超声检测时,如扫描线比例用 CSK - ⅢA 试块按深度1:1调节,则缺陷回波位置的显示值与实际值之差的最大值位于探头的探测方向与筒体轴线垂直方向处。 (   )

三、思考题

1. 简述 A 型超声波检测仪的工作过程?

2. 在超声波检测中常用的缺陷指示长度测量方法各有什么优缺点?

3. 试述来自缺陷本身而影响缺陷回波高度的因素有哪些?

4. 超声波检测是利用了超声波的哪些特性?

5. 简单解释什么叫压电效应?

四、计算题

1. 用斜探头探测如图 2 - 59 CSK - ⅢA 试块上深度距离 40 mm 的 $\phi1$ mm × 6 mm 横孔,测得探头前沿到试块端面的水平距离为 86 mm,探测深度距离为 80 mm 的 $\phi1$ mm × 6 mm 横孔,测得探头前沿到试块端面的水平距离为 86 mm,求此探头的 $\tan\beta$ 和探头的前沿长度 L。

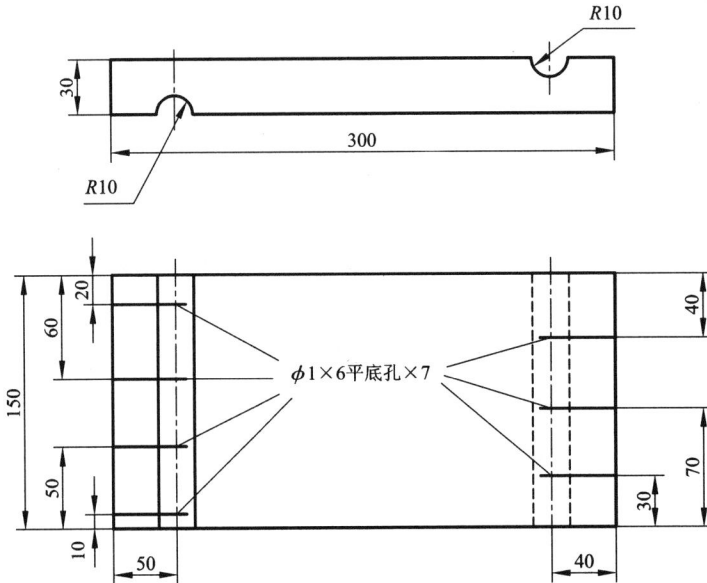

图 2 - 59

2. 铜(Cu)的纵波声速为 4700 m/s,泊松比为 0.35,试求其横波声速?

3. 用 2.5PK2 斜探头探测板厚 40 mm 的在用压力容器钢焊缝。在 20℃时,由 CSK - ⅢA 试块测得探头 K 值为 2.10,并将扫描线比例按深度 1:1 调节。现场探测在用压力容器时壁温 65℃,探头斜锲温度 50℃,探测中发现焊缝中有一缺陷,其回波在扫描线上第 6 个出现,则该缺陷在焊缝中深度为多少?(设探头斜锲内声速变化引起仪器零点偏移不计,在 20℃时,试块中横波声速为 $c_{S_1} = 3230$ m/s,在容器钢中横波声速为 $c_{S_2} = 3180$ m/s,斜探头有机玻璃中声速为 $c_{L_1} = 2670$ m/s,在用容器钢中声速随温度变化系数为 -0.4 m/℃,有机玻璃中声速随温度变化系数为 -4 m/℃)

五、综合题

对某高压换热器管箱进行焊后检测，该产品编号为 RB - 001，属三类高压容器，设计压力为 15 MPa，设计温度470℃，介质为过热蒸汽，材质为20MnMo 锻钢件，管箱结构如图2 - 60所示，其中管板与管箱筒体连接焊缝A 为 T 型角接头对接焊缝，管箱筒体与高劲法兰连接焊缝 B 为对接焊缝，焊接方法为手工焊封底，埋弧自动焊盖面。

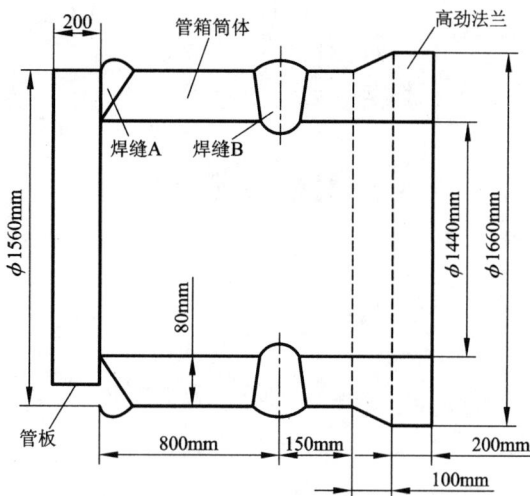

请回答下列问题：

（1）根据法规标准，该管箱制造过程应进行哪些无损检测？并分别说明检测比例、合格级别等要求。

（2）对高劲法兰进行 UT 检测，请填写以下工艺卡：

图 2 - 60

锻件超声波检测工艺卡

工作令号		工件名称	
规　格		厚度/mm	
材　质		检测比例	
检测时机		验收标准	
合格级别		耦合方式	
仪器型号		对比试块	
表面状态		耦合剂	
表面补偿		扫描比例调节	
探　头		检测灵敏度	
灵敏度调节说明			
检测面及探头位置			

编制：	审核：	日期：　　年　　月　　日

（3）对焊缝 A 进行超声检测时，说明检测内容和要求。

（4）对焊缝和锻件检测后发现缺陷经返修补焊后重新检测的要求。

模块三

射线检测

[学习目标]

1. 掌握射线检测的基本原理；
2. 会使用射线检测设备，能对曝光参数进行合理的选择；
3. 能根据工件的要求及特点会选择合理的透照方式及进行相应的操作；
4. 能对射线底片的质量进行评定，并具有出具射线检测报告的能力。

射线检测(Radiographic Testing，RT)是工业无损检测中的一个重要检测手段，在锅炉、压力容器制造、检修行业得到了广泛应用，可检测金属和非金属材料的内部缺陷。这里介绍的射线检测方法是指用 X 射线或 γ 射线穿透试件，以胶片为记录信息载体的无损检测方法，该方法是最基本的、应用最广泛的一种无损检测方法。

3.1 射线检测基本原理

3.1.1 射线的种类

通常所说的射线按其特点可以分为两类：电磁辐射和粒子辐射。

电磁辐射的能量子是光(量)子，其与物质的作用本质是光子与物质的相互作用。

各种粒子射线，如 α 粒子、β 粒子、质子、电子、中子等射线，都属于粒子辐射。粒子辐射与物质的相互作用是粒子与物质的相互作用，不同粒子的特性不同，作用的机制和过程也不同。

用于检测的射线主要是 X 射线、γ 射线和高能 X 射线，它们都是波长很短的电磁波。X 射线的波长为 0.001～0.1 nm，γ 射线的波长为 0.0003～0.1 nm。X 射线和 γ 射线与无线电波、红外线、可见光、紫外线等属于同一范畴，都是电磁波，其区别是波长不同以及产生方法不同。因此，X 射线和 γ 射线具有电磁波的共性，也具有不同于可见光和无线电波等其他电磁辐射的特性。

3.1.2 X射线和γ射线的主要性质

1. X射线和γ射线的基本性质

（1）在真空中以光速直线传播，不受电场和磁场的影响。

（2）与可见光不同，X射线，人眼是不可见的。波长短的X射线称为硬X射线，其光子的能量大，穿透物体的能力强；波长较长的X射线称为软X射线，穿透物体的能力较弱。

> **专业常识**
>
> X射线具有辐射生物效应，能够杀伤生物细胞，损害生物组织，危及生物器官的正常功能。

（3）在穿透物质过程中，会与物质发生复杂的物理和化学作用，例如，电离作用、荧光作用、热作用以及光化学作用等。

2. 射线的衰减

X射线和γ射线通过物质时，由于物质对射线有吸收和散射作用，从而引起射线能量的衰减。

射线在物质中的衰减是按照指数规律变化的。射线衰减的基本规律可以写成：

$$I = I_0 e^{-\mu\delta} \tag{3.1}$$

式中：I_0——入射射线强度；

I——透射射线强度；

e——自然对数的底；

δ——吸收体厚度；

μ——线衰减系数。

衰减系数μ的意义是射线通过单位厚度物质时，与物质相互作用的概率。对于同一种物质，射线能量不同时衰减系数不同。对同样的物质，射线的波长越长，μ值也越大。对于同一能量的射线，通过不同物质时，其衰减系数也不同。物质的原子序数越大，密度越大，则μ值也越大。

3.1.3 射线的产生及特点

1. X射线的产生及特性

高速运动着的电子突然被阻止时，伴随电子动能的消失或转化会产生X射线。现代用来产生X射线的装置是X射线管，由阴极、阳极和真空玻璃（或金属陶瓷）外壳组成，其结构和工作原理如图3－1所示。阴极通以电流（称为管电流）后释放出热电子，经加在阴极和阳极间的高电压（称为管电压）电场作用后，即以高速度向阳极靶撞击。具有极大动能的电子被阳极靶突然阻止后，其绝大部分动能转变为热量被阳极吸收，一小部分转变为X射线。

图3－1 X射线产生示意图
1—高压变压器；2—灯丝变压器；3—X射线；
4—阳极；5—X射线管；6—电子；7—阴极

产生的X射线能量（光子能量）与管电压有关。管电压愈高，电子飞向阳极的速度就愈

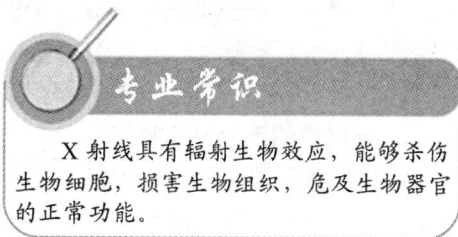

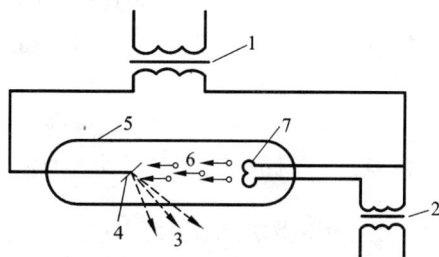

大，产生的射线能量也就愈大。射线能量决定了射线穿透工件厚度的能力，射线能量愈大，其穿透能力愈强。检测时，根据被检测的工件透照厚度来正确选择射线能量有着重要意义。

产生的 X 射线强度与管电流、管电压的平方和靶材原子序数三者之间的乘积成正比。射线检测时，既需要射线具有一定的能量，以保证其穿透力，又需要射线具有一定的强度，使胶片感光。X 射线的能量和强度可通过改变管电压和管电流的大小进行调节。

2. γ 射线的产生及其特点

γ 射线是放射性同位素(Co–60、Ir–192)经过 α 衰变或 β 衰变后，在激发态向稳定态过渡的过程中从原子核内发出的。

γ 射线与 X 射线的性质基本上是一样的，由于其波长比 X 射线短，因而射线能量高，具有更大的穿透力。γ 射线检测不同于 X 射线检测的地方主要有以下几点：

(1)γ 射线源不像 X 射线那样，可以根据不同检测厚度来调节能量(如管电压)，它有自己固定的能量，所以要根据被检测工件的厚度以及检测的精度要求合理地选取 γ 射线源。

专业常识

> γ 射线源随时都在放射，不像 X 射线机那样不工作就没有射线产生，所以应特别注意射线的防护工作。

(2)γ 射线比 X 射线辐射剂量(辐射率)低，所以曝光时间比较长，一般要使用增感屏。

(3)γ 射线比普通 X 射线穿透力强，但灵敏度较 X 射线低，可以用于高空、水下、野外作业。在那些无水无电及其他设备不能接近的部位(如狭小的孔洞、高压线的接头等)，均可使用 γ 射线进行有效的检测。

3. 高能 X 射线的产生及其特点

高能 X 射线是指射线能量在 1 MeV 以上的 X 射线。它主要是通过加速器使灯丝释放的热电子获得高能量后撞击射线靶而产生的。加速器产生的高能 X 射线，其射线束能量、强度和方向均可精确控制，能量可高达 35 MeV，检测厚度达 500 mm(钢铁)。

高能 X 射线具有一般 X 射线的性质，但由于其能量高，因此特性也不同于一般 X 射线，主要表现在：

(1)穿透力　工业检测用的高能 X 射线最大能量一般为 15～30 MeV，可以穿透一般 X 射线及 γ 射线不能穿透的工件，对于解决大厚件的检测问题是很有成效的。

(2)灵敏度　高能 X 射线装置产生的能量有 40%～50% 变成 X 射线，其余的变成热能，不像一般 X 射线设备把 99% 以上的能量变成热能。高能 X 射线检测灵敏度高达 0.5%～1%，而一般 X 射线检测灵敏度只有 1%～2%。

(3)透照幅度　高能 X 射线能量高，同时其装置产生的能量转换成射线的效率高，产生的射线也多，因此比一般 X 射线检测所需用的曝光时间短得多，故散射线少。

3.1.4　射线照相法的原理及特点

按照不同特征(例如，使用的射线种类、记录的器材、工艺和技术特点等)可将射线检测分为多种不同的方法，其中射线照相法检测是实际应用最普遍的一种。

1. 射线照相法的原理

射线在穿透物体过程中会与物质发生相互作用，因吸收和散射而使其强度减弱。强度衰减程度取决于物质的衰减系数和射线在物质中穿越的厚度。如果被透照物体(试件)局部存

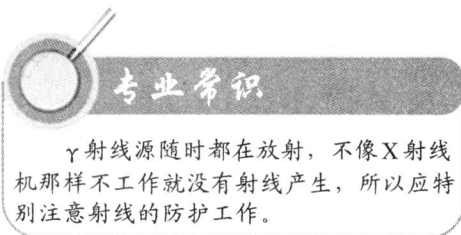

在缺陷，且构成缺陷的物质的衰减系数又不同于试件，该局部区域的透过射线强度就会与周围产生差异（如图 3-2）。把胶片放在适当位置使其在透过射线的作用下感光，经暗室处理后得到底片。底片上各点的黑化程度（简称黑度）取决于射线照射量（又称曝光量，等于射线强度乘以照射时间），由于缺陷部位和完好部位的透射射线强度不同，底片上相应部位就会出现黑度差异。底片上相邻区域的黑度差定义为"对

图 3-2 射线照相法基本原理

比度"。把底片放在观片灯光屏上借助透过的光线观察，可以看到由对比度构成的不同形状的影像，评片人员据此判断缺陷情况并评价试件质量。

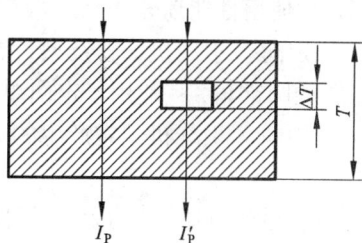

2. 射线照相法的特点

射线照相法的检测对象主要是各种熔焊方法（电弧焊、气体保护焊、电渣焊、气焊等）的对接接头，此外也能检查铸钢件，在特殊情况下也可用于检测角焊缝或其他一些特殊结构件。一般不适宜钢板、钢管、锻件的检测，也较少用于钎焊、摩擦焊等焊接方法接头的检测。

射线照相法用底片作为记录介质，可以直接得到缺陷的直观图像，可以长期保存。通过观察底片能够比较准确地判断出缺陷的性质、数量、尺寸和位置。

射线照相法容易检出那些形成局部厚度差的缺陷。对气孔和夹渣之类缺陷有很高的检出率，对裂纹类缺陷的检出率则受透照角度的影响。它不能检出垂直照射方向的薄层缺陷，例如钢板的分层。

射线照相所能检出的缺陷高度尺寸与透照厚度有关，可以达到透照厚度的 1%，甚至更小。所能检出的长度和宽度尺寸分别为毫米数量级和亚毫米数量级，甚至更小。

射线照相法几乎适用于所有材料，在钢和钛、铜、铝及其合金等金属材料上使用均能得到良好的效果。对试件的形状、表面粗糙度没有严格要求，材料晶粒度对其不产生影响。

射线照相法检测成本较高，检测速度较慢。射线对人体有伤害，需要采取防护措施。

3.2 X 射线检测设备及器材

X 射线检测机是射线检测的主要设备，为了顺利完成射线照相工作，还需要其他一些检测工具与器材。要正确使用和充分发挥检测设备与器材的功能，首先需了解和掌握它们的类型、结构及使用性能。

3.2.1 X 射线检测机的分类和用途

工业检测用 X 射线机，按其结构、使用功能、工作频率及绝缘介质种类等可以分为以下几种。

1. 按结构划分

（1）携带式 X 射线机 体积小、质量轻、便于携带、适用于高空和野外作业的 X 射线机。

（2）移动式 X 射线机 体积和质量都比较大，安装在移动小车上，用于固定或半固定场合使用的 X 射线机。

（3）固定式 X 射线机 体积和质量都大，用于固定场合使用的 X 射线机。

2. 按使用性能划分

(1) 定向 X 射线机　普及型，是使用最多的 X 射线机。其机头产生的 X 射线辐射方向为 40°左右的圆锥角，一般用于定向单张摄片。

(2) 周向 X 射线机　它产生的 X 射线束向 360°方向辐射，主要用于大口径管道和容器环焊缝摄片。

(3) 管道爬行器　为了解决很长的管道环焊缝摄片而设计生产的一种装在爬行装置上的 X 射线机。

3. 按频率划分

按供给 X 射线管高压部分交流电的频率划分，可分为工频(50 ~ 60 Hz)X 射线机、变频(300 ~ 800 Hz)X 射线机以及恒频(约 200 Hz)X 射线机。在同样电流、电压条件下，恒频 X 射线机穿透能力最强、功耗最小、效率最高，变频机次之，工频机较差。

4. 按绝缘介质种类划分

按绝缘介质种类 X 射线检测机可分为绝缘介质为变压器油的油绝缘 X 射线机和绝缘介质为 SF_6 的气绝缘 X 射线机。

3.2.2　X 射线检测机的构造

一般 X 射线机的结构由四部分组成：高压部分、冷却部分、保护部分和控制部分。现以工频 X 射线机为例做简单介绍。

1. 高压部分

X 射线机的高压部分包括 X 射线管、高压发生器(高压变压器、灯丝变压器、高压整流管和高压电容)及高压电缆等。

(1) X 射线管　X 射线机的核心器件是 X 射线管，X 射线管的基本结构如图 3-3 所示，主要由阳极、阴极和管壳构成。

X 射线管的管壳内为一个高真空腔体，并在腔内封装阳极和阴极。管内的真空度应达到 $1.33 \times (10^{-3} \sim 10^{-5})$ Pa。管壳必须具有足够高的机械强度和电绝缘强度。工业射线检测用的 X 射线管的管壳主要采用玻璃与金属或陶瓷与金属制作。

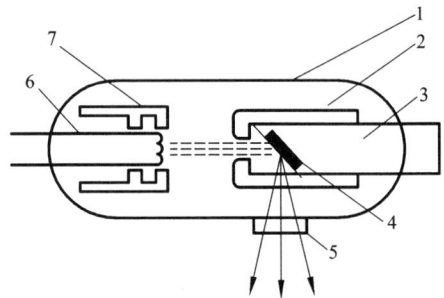

图 3-3　X 射线管结构示意图

1—玻璃外壳；2—阳极罩；3—阳极钵；4—阳极靶；
5—窗口；6—灯丝；7—阴极罩

(2) 高压发生器　高压发生器的作用是将几百伏的低电压通过变压器提升到 X 射线管工作所需的高电压。它的特点是功率不大(约几千伏安)，但输出电压却很高，达几百千伏。这就要求高压发生器的绝缘性能要好，即使温升较高也不会损坏。

(3) 高压电缆　高压电缆是 X 射线机用来连接高压发生器和 X 射线机头的电缆。

2. 冷却部分

X 射线机的冷却方式主要有三种。

(1) 水循环冷却　循环水直接进入 X 射线管的阳极空腔，水流出时带走热量。这种冷却方式只能用于阳极接地电路的情况，主要应用在移动式 X 射线机。

（2）油循环冷却　冷却油从油箱泵进入射线发生器的阳极端，从射线发生器的阴极端离开，带走热量，返回油箱。为了增强冷却效果，常又采用流动水冷却循环油。主要应用在固定式 X 射线机上。

（3）辐射散热冷却　辐射散热冷却主要应用在便携式 X 射线机上。气绝缘的便携式 X 射线机是在射线发生器的阳极端装上散热器，一般还装有风扇，通过散热器辐射和射线发生器外壳散热冷却；油绝缘的便携式 X 射线机是依靠射线发生器内部的温差和搅拌油泵使油产生流动带走热量，通过机壳把热量散出。

3. 保护部分

X 射线机的保护系统主要有：每一个独立电路的短路过流保护；X 射线管阳极冷却的保护；X 射线管的过载保护（过流或过压）；零位保护；接地保护；其他保护。

熔丝是最常用的短路过流保护元件，一般串接在电路末端，当流过熔丝的电流超过其额定值时，由于过热而熔化断开，起到保护作用。X 射线管的过载保护主要指 X 射线管的管电流超过额定值后的自动保护。一般在高压电路内安装有过流继电器，当管电流超过额定值时过流继电器动作，其常闭接点断开，切断回路，保护 X 射线管不受损坏。

接地保护主要是对控制箱的外壳进行可靠接地，防止漏电和高压感应电对人体的伤害。

4. 控制部分

控制系统是指 X 射线管外部工作条件的总控制部分，主要包括管电压的调节、管电流的调节以及各种操作指示等。

3.2.3　典型国产 X 射线检测机技术性能及选择

X 射线检测机的主要技术性能包括 X 射线检测机的电气性能和使用性能。

1. 电气性能

（1）输入电流电压波动不应超过额定值 ±10%，输出电压波动应不大于 ±2%。

（2）计时器误差应在 5% 之内。

（3）温度继电器的整定值为 $(60 \pm 5)℃$。

（4）低压电路绝缘电阻应大于 $2\ M\Omega$。

（5）X 射线机应有保护接地，接地电阻不大于 0.5Ω。

（6）气绝缘机机头内 SF_6 气压低于 $0.34\ MPa(20℃)$ 时高压应断开。

（7）有过压、过流保护装置，超过规定值时，高压应断开。

2. 使用性能

（1）X 射线机穿透能力不低于规定值，见表 3－1。

表 3－1　X 射线机穿透力

管 电 压/ kV		150	200	250	300
管 电 流/mA		5	5	5	5
穿透力（钢）/mm	定向机	≥19	≥29	≥39	≥50
	周向机	≥12（锥靶）	≥27（平靶）	≥37（平靶）	≥47（平靶）
			≥24（锥靶）	≥34（锥靶）	≥40（锥靶）

（2）透照灵敏度应不低于 1.8%（对 Q235 钢）。

（3）产生的 X 射线应在辐射范围内，辐射场不允许有缺圆。周向机辐射场应均匀，中心平面内黑度差小于 0.4，辐射角偏差的规定值为 ±5°。

（4）允许漏射线剂量率见表 3-2。

表 3-2　允许漏射线剂量率

管 电 压 /kV	< 150	150 ~ 200	> 200
距焦点 1m 处泄漏空气比释动能率/(mGy·h⁻¹)	≤1	≤2.5	≤5

几种国产典型 X 射线机的主要性能见表 3-3。

表 3-3　国产典型 X 射线机的主要技术性能

类　型	型　号	管电压 /kV	最大管电流 /mA	焦点尺寸 /mm	最大穿透钢铁厚度 /mm	质量 /kg
携带式 X 射线机	XXH - 1605	70 ~ 160	5	1.0 × 3.5	12	18
	XXH - 2005	120 ~ 200	5	1.0 × 3.5	27	23
	XXQ - 2005	120 ~ 200	5	1.5 × 1.5	29	20
	XXQ - 2505	150 ~ 250	5	2.0 × 2.0	39	34
	XXG - 2505	120 ~ 250	5	2.0 × 2.0	42	31
	XXG - 3005	170 ~ 300	5	2.5 × 2.5	50	40
移动式 X 射线机	XYD - 3010/3	30 ~ 300	10 3	4.0 × 4.0 1.2 × 1.2	70 50	210
	XYD - 4010/3	30 ~ 400	10 3	4.5 × 4.5 1.5 × 1.5	95 70	220

3. X 射线检测机的选择

所有 X 射线机都有自己的应用范围，检测时应根据不同的透照对象、灵敏度要求、工作场地等因素选择适用的 X 射线机。一般选择 X 射线机都要考虑其穿透力、可搬动性、X 射线管焦点大小、管电流大小、X 射线束形状等，根据工作条件、被透工件材料和厚度等。

（1）根据工作条件选择　携带式 X 射线机轻便，易于搬动。移动式 X 射线机比较重，组件多，但管电压、管电流可以制作得较大，其线路结构和安全可靠性也较好。因此，对于零件较小、可以搬至集中地面工作的，宜选用移动式 X 射线机。对于零件较大、需在高空或地下工作的，宜选用携带式 X 射线机。

（2）根据被透工件材料和厚度选择　X 射线检测首先要确保 X 射线能穿透欲检测的材料或焊缝。选择管电压高的 X 射线机可以得到高的穿透能力。

另外，X 射线穿过不同物质时，物质对射线的衰减能力不同。被透照物质原子序数愈大、密度愈大，则对射线衰减能力愈大。因此，透照轻金属或厚度较薄的工件时，宜选用管电压低的 X 射线机，透照重金属或厚度较大的工件时，宜选用管电压高的 X 射线机。

X 射线机适宜透照钢的厚度如表 3-4 所示。

表 3 – 4　不同厚度钢材采用的射线检测设备

工 件 厚 度/mm	射 线 探 伤 设 备
6	100 kV X 射线机
12	150 kV X 射线机
25	250 kV X 射线机
50	300 kV X 射线机
75	400 kV X 射线机
100	Co – 60 射线机
>100	加速器

3.2.4　X 射线检测器材和工具

1. 射线照相胶片

（1）射线胶片的构造及特点　射线胶片不同于一般的感光胶片，在胶片片基的两面均涂有感光乳剂层，目的是增加卤化银含量以吸收较多的穿透能力很强的 X 射线和 γ 射线，从而提高胶片的感光速度，同时增加底片的黑度。射线胶片的结构如图 3 – 4 所示。

①片基　片基是感光乳剂层的支持体，在胶片中起骨架作用，厚度为 0.175 ~ 0.20 mm，大多采用醋酸纤维或聚酯材料（涤纶）制作。

②结合层（又称黏合层或底膜）　结合层的作用是使感光乳剂层和片基牢固地黏结在一起，防止感光乳剂层在冲洗时从片基上脱下来，结合层由明胶、水、表面活性剂（润湿剂）、树脂（防静电剂）组成。

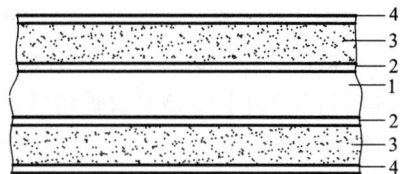

图 3 – 4　工业 X 射线胶片的构造
1—片基；2—结合层；3—乳剂层；4—保护膜

③感光乳剂层（又称感光药膜）　每层厚度为 10 ~ 20 μm，由卤化银（通常以溴化银为主）微粒在明胶中的混合体构成。感光乳剂中卤化银的含量、卤化银颗粒团的大小、形状，决定了胶片的感光速度。

④保护层（又称保护膜）　保护层是一层厚 1 ~ 2 μm，涂在感光乳剂层上的透明胶质，防止感光剂层受到污损和摩擦，其主要成分是明胶、坚膜剂（甲醛及盐酸萘的衍生物）、防腐剂（苯酚）和防静电剂。

（2）射线胶片的特性　射线胶片的感光特性主要有：感光度（S），灰雾度（D_0），梯度（G），宽容度（L），最大密度（D_{max}），这些特性可在胶片特性曲线上定量表示。

①曝光量（H）　曝光量是曝光期间胶片所接收的光能量，$H = It$，其中 I 是光（射线）的强度，t 是曝光时间。实际射线检测中，都采用与射线强度相关的量代替射线强度来表示曝光量，对于 X 射线采用管电流与曝光时间之积表示曝光量，即 $E = it$。

②感光度（S）　使底片产生一定黑度所需的曝光量的倒数为感光度，表示胶片感光的快慢，也称为感光速度。

③梯度（G）　胶片感光特性曲线上任一点的切线的斜率称为梯度，通常所说的梯度指的是胶片特性曲线在规定黑度处的斜率。

④灰雾度（D_0）　在不经曝光的情况下，胶片在显影后也能得到的黑度称为灰雾度。

⑤宽容度（L）　宽容度指胶片有效黑度范围对应的曝光范围。在胶片特性曲线上，用与

黑度为许用下限值和上限值相应的相对曝光量的倍数表示。

⑥粒度 指的是感光乳剂中卤化银颗粒的平均尺寸。

（3）工业射线胶片的分类 胶片分类以感光特性，即胶片粒度和感光速度为依据来划分胶片类别。按粒度将胶片分为微粒、细粒、中粒、粗粒；按感光速度将胶片分为很低、低、中、高速四类。

目前标准规定的各类胶片的类型和特性参数指标见表3-5。

表3-5 射线胶片的分类及性能

胶片类型	粒度/μm	感光度 S		梯度 G	
		要求	相对值	$D = 2.0$	$D = 4.0$
T1	0.1 ~ 0.3	很低	7.0	>4.0	>0.8
T2	0.3 ~ 0.5	低	3.0	>3.7	>7.5
T3	0.5 ~ 0.7	中	1.0	>3.5	>6.8
T4	0.7 ~ 1.1	高	0.5	>3.0	>6.0

2. 黑度计（光学密度计）

黑度计又名光学密度计，简称密度计。射线照相底片的黑度均用透射式黑度计测量。

目前广泛使用的是数字显示黑度计，其结构原理与指针式不同，该类仪器将接收到的模拟光信号转换成数字电信号，进行数据处理后直接在数码显示器显示出底片黑度数值。数显式黑度计有便携式和台式两种，前者比后者体积更小，质量更轻。图3-5所示为一种台式黑度计。

3. 增感屏

目前常用的增感屏有金属增感屏、荧光增感

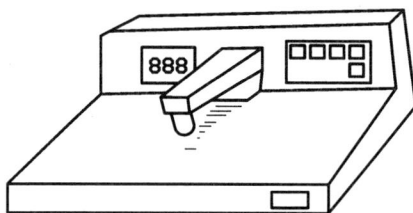

图3-5 数显式黑度计

屏和金属荧光增感屏三种。其中以使用金属增感屏所得底片像质最佳，金属荧光增感屏次之，荧光增感屏最差；但增感系数以荧光增感屏最高，金属增感屏最低。

增感屏的增感性能用增感系数 Q 表示，亦称增感率或增感因子。所谓增感系数是指胶片一定、线质一定、暗室处理条件一定时，得到同一黑度底片，不用增感屏的曝光量 H_0 与使用增感屏时的曝光量 H 之间的比值。使用增感屏可增强射线对胶片的感光作用，从而达到缩短曝光时间，提高工效的目的。

金属增感屏常用的金属箔材质有铅(Pb)、钨(W)、钼(Mo)、铜(Cu)、铁(Fe)等，应用最普遍的是用铅合金(含5%左右的锑和锡)制作的铅箔增感屏。金属增感屏的选用见表3-6。

表3-6 金属增感屏的选用

射线种类	增感屏材料	前屏厚度/mm	后屏厚度/mm
<120 kV	铅箔	—	≥0.10
120 ~ 250 kV	铅箔	0.025 ~ 0.125	≥0.10
>250 ~ 450 kV	铅箔	0.05 ~ 0.16	≥0.10

射线种类	增感屏材料	前屏厚度/mm	后屏厚度/mm
1 ~ 3 MeV	铅箔	1.00 ~ 1.60	1.00 ~ 1.60
>3 ~ 8 MeV	铜箔,铅箔	1.00 ~ 1.60	1.00 ~ 1.60
>8 ~ 35 MeV	钽箔,钨箔,铅箔	1.00 ~ 1.60	—
Ir − 192	铅箔	0.05 ~ 0.16	≥0.16
Co − 60	钽箔,铜箔,铅箔	0.5 ~ 2.0	0.25 ~ 1.00

4. 像质计

像质计是用来检查和定量评价射线底片影像质量的工具。又称为影像质量指示器,或简称 IQI 透度计。

像质计通常用与被检工件材质相同或对射线吸收性能相似的材料制作。

工业射线照相用的像质计有金属丝型、孔型和槽型三种,其中金属丝型应用最广。像质计金属线应相互平行排列,其长度 l 有三种规格,分别为 10 mm、25 mm 和 50 mm。

5. 标记带

标记带示例如图 3 − 6 所示。

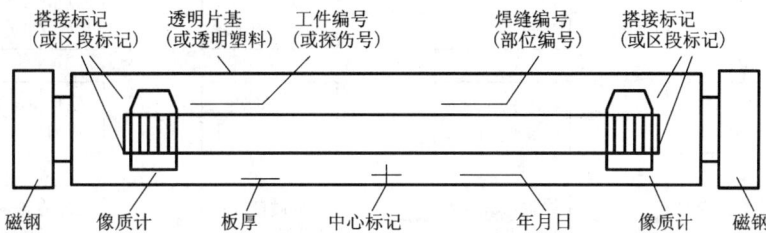

图 3 − 6 标记带的示例

为使每张射线底片与工件部位始终可以对照,在透照过程中应将铅质识别标记和定位标记与被检区域同时透照在底片上。识别标记包括工件编号(或探伤编号)、焊缝编号(纵缝、环缝或封头拼接缝等)、部位编号(或片号)。定位标记包括中心标记"╬"和搭接标记"↑"(如为抽查,则为检查区段标记)。其他还有拍片日期、板厚、返修、扩探等标记。

6. 暗袋(暗盒)

装胶片的暗袋可采用对射线吸收少而遮光性好的黑色塑料膜或合成革制作,要求材料薄、软、滑。暗袋的尺寸,尤其宽度要与增感屏、胶片尺寸相匹配,即能方便地出片、装片,又能使胶片、增感屏与暗袋很好贴合。由于暗袋经常接触工件,极易弄脏,因此,要经常清理暗袋表面,如发现破损,应及时更换。

7. 屏蔽铅板

为屏蔽后方散射线,应制作一些与胶片暗袋尺寸相仿的屏蔽板。屏蔽板由 1 mm 厚的铅板制成。贴片时,将屏蔽铅板紧贴暗袋,以屏蔽后方散射线。

8. 中心指示器

射线机窗口应装设中心指示器。中心指示器上装有约 6 mm 厚的铅光阑,可有效地遮挡非检测区的射线，以减少前方散射线；还装有可以拉伸、收缩的对焦杆，在对焦时，可将拉杆拨向前方，透照时则拨向侧面。利用中心指示器可方便地指示射线方向，使射线束中心对准透照中心。

9. 其他小器件

射线照相辅助器材很多，除上述用品、设备、器材之外，为方便工作，还应备齐一些小器件，如卷尺、钢印、榔头、照明灯、电筒、各种尺寸的铅遮板、补偿泥、贴片磁钢、透明胶带、各式铅字、盛放铅字的字盘、划线尺、石笔、记号笔等。

3.3 X射线照相法检测技术

3.3.1 射线照相检测工艺的基本过程

射线照相法，目前在国内射线检测中应用最为广泛。其检测的基本过程如图3-7所示。

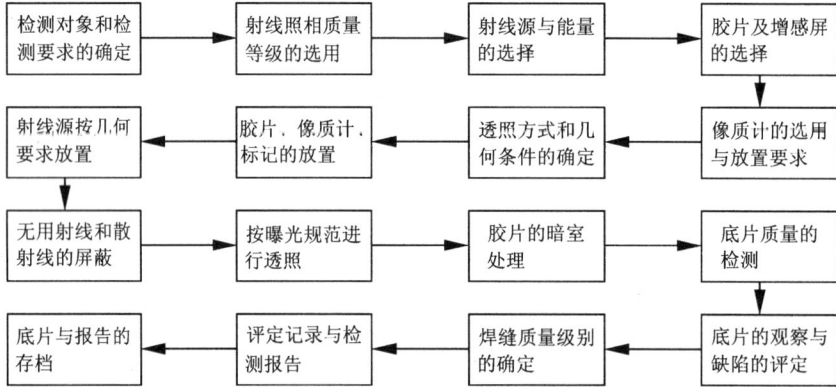

图3-7 射线照相法检测的基本程序

3.3.2 射线照相法检测的基本透照方式

对接焊缝射线照相的常用透照方式（布置）主要有10种，如图3-8所示。这些透照方式分别适用于不同的场合，其中单壁透照是最常用的透照方法，双壁透照一般用在射线源或胶片无法进入内部的小直径容器和管道的焊缝透照，双壁双影法一般只用于直径在100 mm以下管子的环焊缝透照，双壁双影直透法则多用于T（壁厚）>8 mm或g（焊缝宽度）$> D_0/4$（D_0管子外径）的管子环焊缝透照。

选择透照方式时，应综合考虑各方面的因素，权衡择优。有关因素包括：

1. 透照灵敏度

在透照灵敏度存在明显差异的情况下，应选择有利于提高灵敏度的透照方式。例如，单壁透照的灵敏度明显高于双壁透照，两种方式都能选择时优先选择前一种。

2. 缺陷检出特点

有些透照方式特别适合于检出某些种类的缺陷，可根据检出缺陷要求的实际情况选择。例如，源在外的透照方式与源在内的透照方式相比，前者对容器内壁表面裂纹有更高的检出

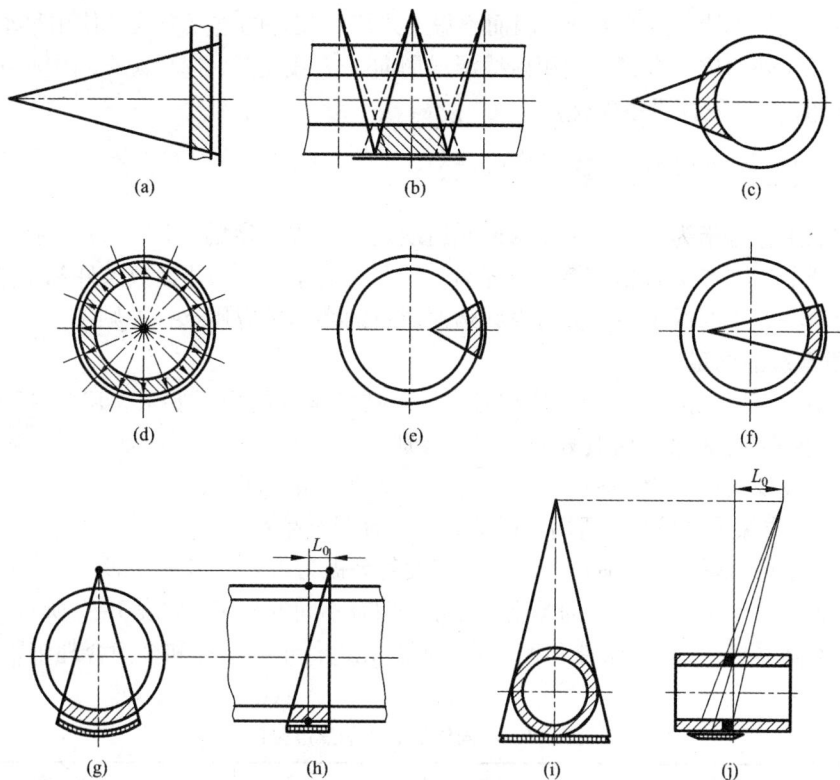

图 3-8 常用对接焊缝透照方式

(a)直缝单壁透；(b)直缝双壁透；(c)环缝外透；(d)环缝内透(中心法)；(e)环缝内透(内偏心法 $F<R$)；

(f)环缝内透(外偏心法 $F>R$)；(g)环缝双壁单影；(h) $L_0=0$ 时为直透法；(i)环缝双壁双影；(j) $L_0=0$ 时为直透法

L_0—射线源距焊缝中心距

率；双壁透照的直透法比斜透法更容易检出未焊透或根部未熔合缺陷。

3. 透照厚度和横向裂纹检出角

较小的透照厚度和横向裂纹检出角有利于提高底片质量和裂纹检出率。环缝透照时，在焦距和一次透照长度相同的情况下，源在内透照法比源在外透照法具有更小的透照厚度差和横裂检出角，从这一点看，前者比后者优越。

4. 一次透照长度

各种透照方式的一次透照长度各不相同，选择一次透照长度较大的透照方式可以提高检测速度和工作效率。

5. 操作方便性

一般说来，对容器透照，源在外的操作更方便一些。而球罐的 X 射线透照，上半球位置源在外透照较方便，下半球位置源在内透照较方便。

6. 试件及检测设备的具体情况

透照方式的选择还与试件及检测设备情况有关。例如，当试件直径较小时，源在内透照

专业常识

在环焊缝的各种透照方式中，以源在内中心透照周向曝光法为最佳，该方法透照厚度均一，横裂检出角为0°，底片黑度、灵敏度俱佳，缺陷检出率高，且一次透照整条环缝，工作效率高，应尽可能选用。

可能不能满足几何不清晰度的要求,因而不得不采用源在外的透照方式。使用移动式 X 射线机只能采用源在外的透照方式。使用射线源或周向 X 射线机时,选择源在内中心透照法对环焊缝周向曝光,更能发挥设备的优点。

3.3.3 透照工艺参数的选择

射线透照工艺是指为达到一定要求而对射线透照过程规定的方法、程序、技术参数和技术措施等。透照工艺参数包括设备器材条件、透照几何条件、工艺参数条件和工艺措施条件等。这里讨论一些主要的工艺参数对射线透照质量的影响及应用选择原则。

1. 像质等级的确定

像质等级(射线照相质量等级)是对射线检测技术本身的质量要求。JB/T 4730.2—2005《承压设备无损检测》标准中将其划分为三个级别:

A 级——成像质量一般,适用于承受负载较小的产品及部件;

AB 级——成像质量较高,适用于锅炉和压力容器产品及部件;

B 级——成像质量最高,适用于航天和核设备等极为重要的产品及部件。

不同的像质等级对射线底片的黑度、灰雾度均有不同的规定,如表 3-7 所示。为达到其要求,需从检测器材、方法、条件和程序等方面预先进行正确选择和全面合理布置。

表 3-7 不同像质等级的黑度范围

射线种类	底片黑度 D		灰雾度 D_0
X 射线	A 级	1.5 ~ 4.0	≤0.3
	AB 级	2.0 ~ 4.0	
	B 级	2.3 ~ 4.0	
γ 射线	1.8 ~ 3.5		

2. 射线源和能量的选择

(1)射线源的选择 选择射线源的首要因素是射线源发出的射线对被检试件有足够的穿透力。根据 X 和 γ 射线机的特点通常在保证能够穿透工件时,较多采用 X 射线检测机。

(2)X 射线能量的选择 X 射线能量可通过调节 X 射线机的管电压实现,选择 X 射线能量首先要保证的是具有足够的穿透力。随着管电压的升高,X 射线的平均波长变短,有效能量增大,线质变硬,在物质中的衰减系数变小,穿透能力增强。但是,随着管电压的升高,衰减系数减小,对比度降低,固有不清晰度增大,底片颗粒度也将增大,其结果是射线照相灵敏度下降。因此,从灵敏度角度考虑 X 射线能量的选择原则是:在保证穿透力的前提下,选择能量较低的 X 射线。表 3-8 为常用 X 射线设备的穿透力数据。

为保证透照质量,对透照不同厚度允许使用的最高管电压都有一定限制,并要求有适当的曝光量。

3. 透照距离的选择

射线源焦点至胶片的距离称为透照距离(又称焦距)。在射线源选定后,增大透照距离可提高底片清晰度,增大每次透照面积。但同时也大大削弱照射面积上单位面积的射线强度,从而使得曝光时间过长。因此，不能为了提高清晰度而无限地加大透照距离。射线检测通常采用的透照距离为 400～700 mm。

表 3-8　工业 X 射线设备可透照钢的最大厚度

射线能量	高灵敏度法可穿透钢的最大厚度/mm	低灵敏度法可穿透钢的最大厚度/mm
100 kV X 射线	10	16
150 kV X 射线	15	24
200 kV X 射线	25	35
300 kV X 射线	40	60
400 kV X 射线	75	100
1 MeV X 射线	125	150
2 MeV X 射线	200	250
8 MeV X 射线	300	350
30 MeV X 射线	325	450

检测时，为了减小几何不清晰度，胶片往往紧贴工件底面，这时的透照距离等于射线源至工件表面距离与透照工件厚度之和。因此，对透照距离的控制实际上就成了对射线源至工件表面距离的控制。JB/T 4730.2 规定，选出的射线源至工件表面距离应满足下列条件：

A 级：　　　　　　　　　　$f \geqslant 7.5bd$　　　　　　　　　　(3.2)

AB 级：　　　　　　　　　$f \geqslant 10bd$　　　　　　　　　　(3.3)

B 级：　　　　　　　　　　$f \geqslant 15bd$　　　　　　　　　　(3.4)

式中：f——工件表面至射线源距离，mm；

b——胶片至工件表面距离，mm；

d——射线源焦点尺寸，mm。

在实际工作中，焦距通常由诺模图查出。

4. 一次透照长度的计算

一次透照长度，即焊缝射线照相一次透照的有效检测长度，对照相质量和工作效率同时产生影响。

实际检测中一次透照长度选取受两个方面因素的限制：一个是射线源的有效照射场的范围，一次透照长度不可能大于有效照射场的尺寸；另一个是射线照相标准的有关透照厚度比 K 值的规定间接限制了一次透照长度的大小。

透照厚度比如图 3-9 所示。

$$K = \frac{T'}{T} = \frac{1}{\cos\theta}, \quad 即 \quad \theta = \cos^{-1}(1/K) \qquad (3.5)$$

$$L_3 = 2f\tan\theta \qquad (3.6)$$

式中：L_3——一次透照长度，mm。

标准规定了透照厚度比 K 值，以现行 JB/T 4730.2《压力容器无损检测》标准为例：纵缝，

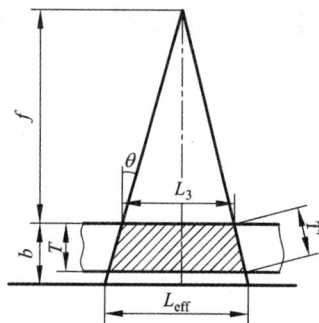

图 3-9　焊缝透照厚度比示意图

f—射线源距工件表面的距离；

b—工件表面至胶片的距离；

T—工件的公称厚度；

T'—边缘射线束穿透工件的厚度；

L_3—一次透照长度；L_{eff}—有效评定长度；

θ—有效射线束边缘与中心轴线的夹角

A 级和 AB 级，K 值不大于 1.03；B 级，K 值不大于 1.01。环缝，A 级和 AB 级，K 值一般不大于 1.1；B 级，K 值不大于 1.06。纵缝则

　　A 级、AB 级：$K \leqslant 1.03$，则 $\theta \leqslant 13.86°$，$L_3 \leqslant 0.5f$

　　B 级：$K \leqslant 1.01$，则 $\theta \leqslant 8.07°$，$L_3 \leqslant 0.3f$

5. 曝光量的选择

曝光量可定义为射线源发出的射线强度与照射时间的乘积。对于 X 射线来说，曝光量 E 是指管电流 i 与照射时间 t 的乘积（$E = it$）。

曝光量是射线透照工艺中的一项重要参数，可以通过改变曝光量来控制底片黑度。为保证射线照相质量，曝光量应不低于某一最小值。推荐使用的曝光量见表 3 - 9。

表 3 - 9　X 射线照相推荐的曝光量

技术等级	胶片类型	曝光量/(mA·min)
高灵敏度	T1 或 T2	30
中等灵敏度	T3	20
一般灵敏度	T4	15

注：推荐值指焦距为 700 mm 时的曝光量。当焦距改变时可按平方反比定律对曝光的推荐值进行换算。

任何条件改变都应对曝光量进行修正。改变透照材料时，可利用射线照相等效系数来修正；改变焦距时，可用下式计算曝光时间

$$t_2 = \left(\frac{f_2}{f_1}\right)^2 t_1 \tag{3.7}$$

3.3.4　胶片的暗室处理技术

暗室处理是射线照相检测的一道重要工序，被射线曝光的带有潜影的胶片经过暗室处理后变为带有可见影像的底片。它包括显影、停影、定影、水洗和干燥等五个程序，各个步骤的操作条件见表 3 - 10。其中显影、停影和定影必须在暗室中进行。

表 3 - 10　胶片处理的标准条件和操作要点

步　骤	温度/℃	时间/min	药　液	操　作　要　点
显影	20 ± 2	4 ~ 6	显影液（标准配方）	预先水浸，过程中适当搅动
停显	16 ~ 24	约 0.5	停显液	充分搅动
定影	16 ~ 24	5 ~ 15	定影液	适当搅动
水洗	16 ~ 22（最佳）	20 ~ 30	水	流动水漂洗
干燥	≤40	—	—	去除表面水滴后干燥

1. 显影

其作用是把胶片中的潜影变成可见像。产生显影作用的液体叫显影液，其基本组成及作用如下。

（1）显影剂　显影剂的作用是将已感光的卤化银还原为金属银，常用的显影剂有米吐尔、菲尼酮、对苯二酚等。

（2）保护剂　保护剂的作用是阻止显影剂与进入显影液的氧发生作用，使其不被氧化。最常用的保护剂是亚硫酸钠。

（3）促进剂　促进剂的作用是增强显影剂的显影能力和速度。通常使用的促进剂是一些强碱弱酸盐，如碳酸钠、硼砂，有时也用一些强碱，如氢氧化钠。

（4）抑制剂　抑制剂的主要作用是抑制底片灰雾度，常用的抑制剂包括溴化钾、苯丙三氮唑等。

2. 停显

从显影液中取出胶片后，显影作用并不立即停止，胶片乳剂层中残留的显影液还在继续显影，因此，显影之后必须进行停显处理，然后再进行定影。

停显液通常为 2%～3% 的醋酸溶液，其他停显剂有柠檬酸、亚硫酸氢钠等。

3. 定影

显影后的胶片，要将卤化银从乳剂层中除去，才能将显影形成的影像固定下来，这一过程称为定影。

产生定影作用的液体叫定影液。定影液包含四种组分：定影剂、保护剂、坚膜剂、酸性剂。

（1）定影剂　常用的定影剂为硫代硫酸钠，分子式为 $Na_2S_2O_3$，通过它将底片上未经显影的溴化银溶解掉。

（2）保护剂　定影剂硫代硫酸钠在酸性溶液中易发生分解析出硫而失效，需要使用保护剂来阻止这种现象发生。常用的保护剂为无水亚硫酸钠。

（3）坚膜剂　在定影过程中，使用坚膜剂防止乳剂层造成划伤和药膜脱落，另外能降低胶片的吸水性。常用的坚膜剂有硫酸铝钾（钾明矾）、硫酸铬钾（钾铬矾）等。

（4）酸性剂　为中和停显阶段未除净的显影液中的碱性物质，通常在定影液中加入酸性剂（醋酸和硼酸等）将其配制成酸性溶液。

4. 水洗和干燥

（1）水洗　胶片在定影后，应在流动的清水中冲洗 20～30 min，冲洗的目的是将胶片表面和乳剂膜内吸附残留物质清除掉。推荐使用的条件是采用 16℃～24℃ 的流动清水冲洗底片。

（2）干燥　干燥的目的是去除膨胀的乳剂层中的水分。干燥的方法有自然干燥和烘箱干燥两种。自然干燥是将胶片悬挂起来，在清洁通风的空间晾干 2～3 h。烘箱干燥是把胶片悬挂在烘箱内，用热风烘干，热风温度一般应不超过40℃。

3.4　射线照相质量的影响因素及焊缝质量等级评定

3.4.1　射线照相灵敏度

灵敏度对评价射线照相影像质量有重要的影响。所谓射线照相灵敏度，从定量方面来说，是指在射线底片上可以观察到的最小缺陷尺寸或最小细节尺寸；从定性方面来说，是指发现和识别细小影像的难易程度。

灵敏度有绝对与相对之分，在射线照相底片上能发现的沿射线穿透方向上的最小缺陷尺寸称为绝对灵敏度。此最小缺陷尺寸与射线透照厚度的百分比称为相对灵敏度。

射线照相灵敏度是射线照相对比度 ΔD、不清晰度 U 和颗粒度 σ_D 三大要素的综合结果，而此三大要素又分别受到不同工艺因素的影响。影响射线照相灵敏度的因素见表 3-11。

表 3-11　影响射线照相灵敏度的因素

射线照相对比度 ΔD $$\Delta D = -0.434\mu G\Delta T/(1+n)$$		射线照相不清晰度 U $$U = \sqrt{U_g^2 - U_i^2}$$		射线照相颗粒度 σ_D $$\sigma_D = \left[\sum_{i=1}^{N}\frac{(D_1-\overline{D})^2}{N-1}\right]^{\frac{1}{2}}$$
主因对比度 $\Delta I/I = \mu\Delta T/(1+n)$	胶片对比度 $G = \Delta D/\Delta\lg E$	几何不清晰度 $U_g = d_f L_2/L_1$	固有不清晰度 U_i $U_i = 0.0013(kV)^{0.79}$	
取决于： (1)缺陷造成的透照厚度差 ΔT(缺陷高度，透照方向) (2)射线的性质 μ(或 λ,kV,MeV) (3)散射比 n(= I_s/I_p)	取决于： (1)胶片类型(或梯度 G) (2)显影条件(配方，时间，活度，温度，搅动) (3)底片黑度 D	取决于： (1)焦点尺寸 (2)焦点至工件表面距离 L_1 (3)工件表面至胶片距离 L_2	取决于： (1)射线的性质 μ(或 λ,kV,MeV) (2)增感屏种类(Pb,Au,Sb) (3)屏-片贴紧程度	取决于： (1)胶片系统(胶片型号，增感屏，冲洗条件) (2)射线的性质 μ(或 λ,kV,MeV) (3)曝光量(It)和底片黑度 D

1. 射线照相对比度

射线照片上两个区域之间的黑度差定义为影像的对比，又叫底片反差，记为 ΔD。

某个缺陷影像的射线照相对比度受到缺陷本身的性质和尺寸、射线照相技术因素、被透照物体本身的性质和尺寸等一系列因素的影响。对于一个特定的缺陷，要得到高的射线照相对比度，可以采取下列措施：

(1)选用可能的较低能量的射线透照，以提高线衰减系数；

(2)选用适宜的透照布置，使得该缺陷在透照方向具有较大的厚度差 ΔT；

(3)采取措施减少到达胶片的散射线强度(降低散射比)；

(4)选用高质量的胶片，采用良好的暗室处理技术(获得较高的梯度)。

2. 射线照相不清晰度

射线底片上黑度变化区域的宽度定义为射线照相不清晰度 U。在实际工业射线照相中，构成射线照相不清晰度的主要因素有两方面，即：由于射线源有一定尺寸，因而引起几何不清晰度 U_g；由于电子在胶片乳剂中散射而引起固有不清晰度 U_i。

底片上总不清晰度 U 是 U_g 和 U_i 的综合结果，其关系式为：

$$U = (U_g^2 + U_i^2)^{1/2} \tag{3.8}$$

(1)几何不清晰度 U_g　由 X 射线管焦点或 γ 射线源都有一定尺寸，所以透照工件时，工件表面轮廓或工件中的缺陷在底片上的影像边缘会产生一定宽度的半影，此半影宽度就是几何不清晰度 U_g，如图 3-10 所示。U_g 值可用下式计算：

$$U_g = \frac{db}{F-b} \qquad\qquad (3.9)$$

式中：d——射线源焦点尺寸；

b——缺陷至胶片距离。

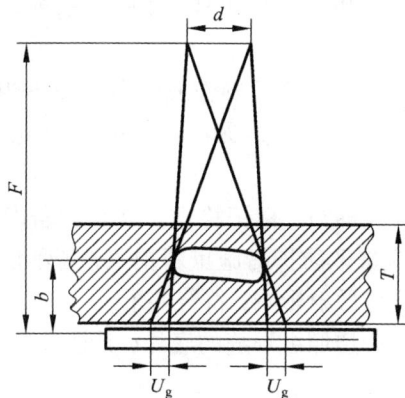

图3-10 工件中缺陷的几何不清晰度

F—焦距；b—缺陷至胶片的距离；T—工件的公称厚度；d—射线源焦点尺寸；U_g—几何不清晰度

(2)固有不清晰度 U_i 固有不清晰度是由照射到胶片上的射线在乳剂层中激发出的电子的散射所产生的。固有不清晰度大小就是散射电子在胶片乳剂层中作用的平均距离，主要取决于射线的能量。U_i 随射线能量的提高而连续递增，在低能区，U_i 增大速率较慢，但在高能区，U_i 增大速率较快。

3. 射线照相颗粒度

颗粒度限制了影像能够记录和显示的缺陷(细节)的最小尺寸。为了检测细小缺陷，应优先选用感光乳剂粒度小的胶片，这是保证检测结果的基本条件。

3.4.2 评片工作的基本要求

缺陷是否能够通过射线照相而被检出，取决于若干环节。首先，必须使缺陷在底片上留下足以识别的影像，这涉及照相质量方面的问题。其次，底片上的影像应在适当条件下得以充分显示，以利于评片人员观察和识别，这与观片设备和环境条件有关。第三，评片人员对观察到的影像应能做出正确的分析与判断，这取决于评片人员的知识、经验、技术水平和责任心。

专业常识

评片工作的基本要求有三个方面，即底片质量要求、设备环境条件要求和人员条件要求。

1. 底片质量的要求

通常对底片的质量要求包括以下六个项目。

(1)灵敏度检查 对底片的灵敏度检查内容包括：底片上是否有像质计影像，像质计型号、规格、摆放位置是否正确，能够观察到的金属丝像质计丝号是多少，是否达到了标准规定的要求等。

（2）黑度检查　JB/T 4730.2 标准规定，底片评定范围内的黑度 D 应符合表 3 – 7 的规定。

（3）标记检查　底片上标记的种类和数量应符合有关标准和工艺规定。常用的标记种类有：工件编号、焊缝编号、部位编号、中心定位标记，搭接标记。此外，有时还需使用返修标记、像质计放在胶片侧的区别标记以及人员代号、透照日期等。标记应放在适当位置，距焊缝边缘应不小于 5 mm。

（4）伪缺陷检查　伪缺陷是指由于透照操作或暗室操作不当，或由于胶片、增感屏质量不好，在底片上留下非缺陷影像。常见的伪缺陷影像包括：划痕、折痕、水迹、静电感光、指纹、霉点、药膜脱落、污染等。

（5）背散射检查　背散射检查即"B"标记检查。观片时若发现在较黑背景上出现"B"字较淡影像，说明背散射严重，应采取防护措施重新拍照；若不出现"B"字或在较淡背景上出现较黑"B"字，则说明底片未受背散射影响，符合要求。

（6）搭接情况检查　双壁单影透照纵焊缝的底片，其搭接标记以外应有附加长度 ΔL，才能保证无漏检区。

2. 环境设备条件的要求

（1）环境　观片室应与其他工作岗位隔离，单独布置，室内光线应柔和偏暗，但不必全黑，一般等于或略低于透过底片光的亮度。室内照明应避免直射人眼或在底片上产生反光。观片灯两侧应有适当台面供放置底片及记录。黑度计、直尺等常用仪器和工具应靠近放置，取用方便。

（2）观片灯　观片灯应有足够的光强度，当底片黑度达到 4.0 时其亮度应达到 10^5 cd/m²，并具有按照相底片的黑度进行亮度选择的装置。透过射线照相底片的亮度，当底片黑度 $D \leqslant 2.5$ 时，应不小于 30 cd/m²；底片黑度 $D > 2.5$ 时，应不小于 10 cd/m²。

（3）各种工具用品　评片需用的工具物品如下。

放大镜：用于观察影像细节，放大倍数一般为 2 ~ 5 倍，最大不超过 10 倍。

遮光板：观察底片局部区域或细节时，遮挡周围区域的透射光，避免多余光线进入评片人眼中。

直尺：最好是透明塑料尺。

记号笔：用于在底片上做标记。

手套：避免评片人手指与底片直接接触，产生污痕。

3. 人员条件要求

担任评片工作的人员应符合以下要求：

（1）应经过系统的专业培训，并通过规定部门考核确认其具有承担此项工作的能力与资格。

（2）应具有一定的评片实际工作经历和经验。

（3）除了系统地掌握射线检测理论知识外，还应具有焊接、材料等相关专业知识。

（4）应熟悉射线检测标准以及被检测试件的设计制造规范和有关管理法规。

（5）应充分了解被检测试件的状况，如材质、焊接和热处理工艺以及表面形态等。

（6）应充分了解所评定的底片的射线照相工艺及工艺执行情况。

（7）应具有良好的职业道德，高度的工作责任心。

（8）应达到规定要求的视力。

3.4.3　评片工作的主要步骤

评定底片的操作可分为通览底片、影像细节观察和缺陷的定性与定量三个阶段。

1. 通览底片

通览底片的目的是获得焊接接头质量的总体印象，找出需要分析研究的可疑影像。通览底片时必须注意，评定区域不仅仅是焊缝，还包括焊缝两侧的热影响区，对这两部分区域都应仔细观察。由于余高的影响，焊缝和热影响区的黑度差异往往较大，有时需要调节观片灯亮度，在不同的光强下分别观察。

2. 影像细节观察

影像细节的尺寸和对比度极小，识别和分辨是比较困难的，为尽可能看清细节，常采用下列方法：

（1）调节观片灯亮度，寻找最适合观察的透过光强。

（2）用纸框等物体遮挡住细节部位邻近区域的透过光线，提高表观对比度。

（3）使用放大镜进行观察。

（4）移动底片，不断改变观察距离和角度。

3. 缺陷的定性与定量

观察底片影像时，一般根据影像的形状、尺寸、黑度、位置、延伸方向、轮廓清晰程度等特征，来判定影像所代表的缺陷种类与性质。通常可从以下三个方面进行综合分析与判断。

（1）缺陷影像的几何形状　影像的几何形状常是判断缺陷性质的最重要依据。分析缺陷影像几何形状时，一是分析单个或局部影像的基本形状；二是分析多个或整体影像的分布形状；三是分析影像轮廓线的特点。

（2）缺陷影像的黑度分布　影像的黑度分布是判断影像性质的另一个重要依据。在缺陷具有相同或相近的几何形状时，影像的黑度分布特点往往成为判断影像缺陷性质的主要依据。不同内在性质的缺陷对射线的吸收不同，从而形成的缺陷影像的黑度分布也就不同。

（3）缺陷影像的位置　缺陷在焊缝中的平面位置及大小可在底片上直接测定，而其埋藏深度却必须采用特殊的透照方法。

确定缺陷埋藏深度可采用双重曝光法，即改变射线源焦点与工件的相互位置，对同一张底片进行两次重复曝光，如图 3–11 所示。当测定缺陷 x 时，先在 A 的位置透照一次，然后工件和暗盒不动，平行移动射线源的焦点至 B，再进行一次曝光，这样在底片上就得到缺陷 x 的两个投影 E_1 和 E_2，从它们的几何关系可以计算出缺陷的埋藏深度 h。

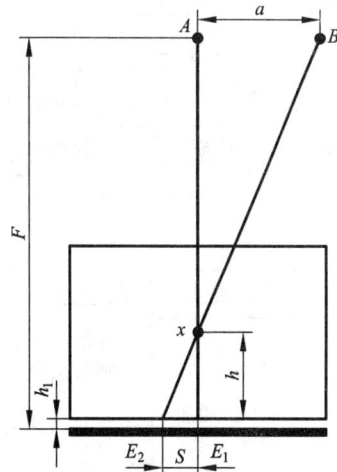

图 3–11　双重曝光法测量缺陷埋藏深度

F—焦距；S—两次曝光时在底片上所得的两缺陷影像 E_1、E_2 之间距离；a—射线源焦点从 A 到 B 的移动距离；h_1—工件与胶片的距离；h—缺陷埋藏的深度；X—缺陷

$$h = \frac{S(F - h_1)}{a + S} \qquad (3.10)$$

式中：S——两次曝光时在底片上所得的两缺陷影像之间距离，mm；

a——射线源焦点从 A 到 B 的移动距离，mm；

h_1——工件与胶片的距离，mm。

如果暗盒很薄且紧贴工件，则可取 $h_1 = 0$ 而得：

$$h = \frac{SF}{a + S} \qquad (3.11)$$

3.4.4 常见焊接缺陷影像及伪缺陷

缺陷的特征很难用文字进行准确描述，而生动明晰的视觉印象只有在实践中才能建立起来。因此，射线检测的评片者不仅要有较好的理论知识，而且还要特别注意在实践中积累经验。

1. 常见焊接缺陷影像显示

各种焊接缺陷在射线底片上的显示特征见表 3 – 12。

表 3 – 12　焊接缺陷影像显示特征

焊接缺陷 种类	焊接缺陷 名称	射线照相法底片	工业 X 射线电视法屏幕
裂纹	横向裂纹	与焊缝方向垂直的黑色条纹	形貌同左的灰白色条纹
	纵向裂纹	与焊缝方向一致的黑色条纹	形貌同左的灰白色条纹
	放射裂纹	由一点辐射出去星形黑色条纹	形貌同左的灰白色条纹
	弧坑裂纹	弧坑中纵、横向及星形黑色条纹	位置与形貌同左的灰白色条纹
未熔合 与未 焊透	未熔合	坡口边缘、焊道之间以及焊缝根部等处的连续或断续黑色影像	分布同左的灰白色图像
	未焊透	焊缝根部钝边未熔化的直线黑色影像	灰白色直线状显示
夹渣	条状夹渣	黑度值较均匀的呈长条黑色不规则影像	亮度较均匀的长条灰白色影像
圆形 缺陷	夹钨	白色块状	黑色块状
	点状夹渣	黑色点状	灰白色点状
	球形气孔	黑度值中心较大，边缘较小，且均匀过渡的圆形黑色影像	黑度值中心较小，边缘较大，且均匀过渡的圆形灰白色显示
	均布及局部密集气孔	均布及局部密集的黑色点状影像	形状同左的灰白色图像
	链状气孔	与焊缝方向平行的成串并呈直线状的黑色影像	方向与形貌同左的灰白色图像
	柱状气孔	黑度极大且均匀的黑色圆形影像	亮度极高的白色圆形显示
	斜针状气孔 （螺孔，虫形孔）	单个或成人字分布的带尾黑色影像	形貌同左的灰白色影像
	表面气孔	黑度值不太高的圆形影像	亮度不太高的圆形影像
	弧坑、缩孔	焊道末端的凹陷，为黑色影像	呈灰白色图像

焊接缺陷		射线照相法底片	工业 X 射线电视法屏幕
种类	名称		
形状缺陷	咬边	位于焊缝边缘与焊缝走向一致的黑色条纹	灰白色条纹
	缩沟	单面焊,背部焊道两侧的黑色影像	灰白色图像
	焊缝超高	焊缝正中的灰白色突起	焊缝正中的黑色突起
	下塌	单面焊,背部焊道两侧的灰白色影像	分布同左的黑色图像
	焊瘤	焊缝边缘的灰白色突起	黑色突起
	错边	焊缝一侧与另一侧的黑色的黑度值不同,有一明显界限	
	下垂	焊缝表面的凹槽,黑度值较高的一个区域	分布同左,但亮度较高
	烧穿	单面焊背部焊道由于熔池塌陷形成孔洞,在底片上为黑色影像	灰白色显示
	缩根	单面焊,背部焊道正中的沟槽,呈黑色影像	灰白色显示
其他缺陷	电弧擦伤	母材上的黑色影像	灰白色显示
	飞溅	灰白色圆点	黑色圆点
	表面撕裂	黑色条纹	灰白色条纹
	磨痕	黑色影像	灰白色显示
	凿痕	黑色影像	灰白色显示

2. 伪缺陷影像显示

伪缺陷是指由于照相材料、工艺或操作不当在底片上留下的影像,应注意区分,避免按焊接缺陷处理而造成误判。常见的伪缺陷影像见表 3 – 13。

表 3 – 13　射线底片上常见的伪缺陷影像显示及其原因

影像特征	可能的原因	影像特征	可能的原因
细小霉斑区域	底片陈旧发霉	密集黑色小点	定影时银粒子流动
底片角上、边缘上有雾	暗盒封闭不严,漏光	黑度较大的点和线	局部受机械压伤或划伤
普遍严重发灰	红灯不安全,显影液失效或胶片存放不当或过期	浅色圆环斑	显影过程中有气泡
暗黑色珠状影像	显影处理前溅上显影液	浅色斑点或区域	增感屏损坏
黑色枝状条纹	静电感光		

3.4.5 焊缝质量分级

不同的射线照相标准，其质量分级的具体规定各不相同，但确定质量等级的原则和依据大体是一致的。缺陷的危害性、焊接接头的强度水平、制造要求的工艺水平是质量分级考虑的主要方面。缺陷的性质、尺寸大小、数量、密集程度是划分质量等级的主要依据。

GB/T 3323—2005 标准中，根据缺陷性质、数量和大小将焊缝质量分为Ⅰ、Ⅱ、Ⅲ、Ⅳ共四级，质量依次降低。

Ⅰ级焊缝内不允许存在裂纹、未熔合、未焊透以及条状缺陷。允许有一定数量和一定尺寸的圆形缺陷存在。

Ⅱ级焊缝内不允许存在裂纹、未熔合、未焊透等三种缺陷，允许有一定数量、一定尺寸的条状夹渣和圆形缺陷存在。

专业常识

缺陷数量包括单个尺寸、总量和密集程度三个方面。定量的依据（包括缺陷长度和宽度尺寸以及间距）是底片上测得的尺寸，不考虑投影放大或畸变造成的影响。

Ⅲ级焊缝内不允许存在裂纹、未熔合以及双面焊和加垫板的单面焊中的未焊透，允许一定数量和一定尺寸的条状夹渣和圆形缺陷及未焊透（指非氩弧焊封底的不加垫板的单面焊）存在。

Ⅳ级焊缝指焊缝缺陷超过Ⅲ级者。

1. 圆形缺陷的评定

圆形缺陷是指长宽比小于或等于3的缺陷。它们可以是圆形、椭圆形、锥形或带有尾巴等不规则的形状，包括气孔、夹渣和夹钨等。圆形缺陷用评定区域进行评定，评定区域的尺寸见表3-14，评定区应选在缺陷最严重的部位。

表3-14　缺陷评定区尺寸 (mm)

母 材 厚 度	≤25	>25～100	>100
评定区尺寸	10×10	10×20	10×30

标准允许圆形缺陷存在，根据母材厚度对缺陷数量加以限制。规定单个缺陷尺寸不得超过母材厚度的1/2；对缺陷总量采用点数换算，其尺寸按表3-15换算成缺陷点数。各质量等级允许的缺陷点数见表3-16的规定。

表3-15　缺陷点数换算表

缺陷长径/mm	≤1	>1～2	>2～3	>3～4	>4～6	>6～8	>8
点　　数	1	2	3	6	10	15	25

表 3 – 16　圆形缺陷的分级

评定区/mm	10 × 10			10 × 20		10 × 30
评定厚度/mm	≤10	>10 ~ 15	>15 ~ 25	>25 ~ 50	>50 ~ 100	>100
质量 等级　Ⅰ	1	2	3	4	5	6
Ⅱ	3	6	9	12	15	18
Ⅲ	6	12	18	24	30	36
Ⅳ	缺欠点数大于Ⅲ级者					

注：标准数字是允许缺陷点数的上限。

2. 条形缺陷的评定

长宽比大于 3 的气孔、夹渣和夹钨定义为条形缺陷。

条状形缺陷的分级见表 3 – 17。

表 3 – 17　条形缺陷的分级　　　　　　　　　　　　　　　（mm）

质量等级	评定厚度 T	单个条形缺陷长度	条 状 缺 陷 总 长
Ⅱ	$T \leqslant 12$ $12 < T < 60$ $T \geqslant 60$	4 $1/3T$ 20	在平行于焊缝轴线的任意直线上，相邻两缺陷间距均不超过 $6L$ 的任何一组缺陷，其累计长度在 $12T$ 焊缝长度内不超过 T
Ⅲ	$T \leqslant 9$ $9 < T < 45$ $T \geqslant 45$	6 $2/3T$ 30	在平行于焊缝轴线的任意直线上，相邻两缺陷间距均不超过 $3L$ 的任何一组缺陷，其累计长度在 $6T$ 焊缝长度内不超过 T
Ⅳ	大于Ⅲ级		

注：1. 表中 L 为该组缺陷中最长者的长度；

　　2. GB/T 3323—2005 对未焊透、根部内凹和根部咬边的分级均做出了相应规定。

此外，如果在圆形缺陷评定区内同时存在圆形缺陷和条形缺陷，则需要进行综合评级。应先各自评级，再将两种缺陷所评级别之和减 1 作为最终级别。

3.4.6　射线检测记录、报告与底片的保存

评片人员应对射线照相检测结果及有关事项进行详细记录并出具报告，其主要内容包括：

（1）产品情况：产品名称、规格尺寸、材质、设计制造规范、检测比例及部位、执行标准和验收等级。

（2）透照工艺条件：射线源种类、胶片型号、增感方式、透照布置、有效透照长度、曝光参数（管电压、管电流、焦距、时间）、显影条件（温度、时间）。

（3）底片评定结果：底片编号、像质情况（黑度、像质计丝号、标记、伪缺陷）、缺陷情况（缺陷性质、尺寸、数量、位置）、焊缝级别、返修情况、最终结论。

（4）有关人员的签字及资格，透照及检测报告日期。

（5）照相位置布片图。

射线底片保存注意事项如下：

（1）胶片不可接近氨气、硫化氢、煤气、乙炔和酸等有害气体，否则会产生灰雾。

（2）裁片时不可把胶片上的衬纸取掉裁切，以防止裁切过程中将胶片划伤。不要多层胶片同时裁切，防止轧刀，擦伤胶片。

> **专业常识**
>
> 底片及有关原始记录与检测报告必须妥善保存，一般保存七年以上。

（3）装片和取片时，胶片与增感屏应避免摩擦，否则会擦伤，显影后底片上会产生黑线。

（4）胶片宜保存在低温低湿度环境中，温度通常以10℃～15℃为好；湿度应保持在55%～65%。湿度高会使胶片与衬纸或增感屏粘在一起，但空气过于干燥，也容易使胶片产生静电感光。

（5）胶片应远离热源和射线的影响，在暗室红灯下操作不宜距离过近，暴露时间不宜过长。

（6）胶片应竖放，避免受压。

3.5　典型焊缝和工件透照方式

进行射线照相法检测时，为了真实、准确地反映工件接头内部缺陷的存在情况，应根据接头形式和工件几何形状合理布置透照方法。

3.5.1　平板对接焊缝透照方式

根据坡口形式确定照射方向。如图3－12所示，平头对接焊缝(a)、(b)或U型坡口对接焊缝(c)、(d)作一次垂直于焊缝透照就可以发现接头中的缺陷。对于V形或X形坡口对接焊缝(e)、(f)，要考虑坡口斜面会出现未熔合现象，因此除了垂直焊缝透照外，还要作沿坡口斜面方向的照射。

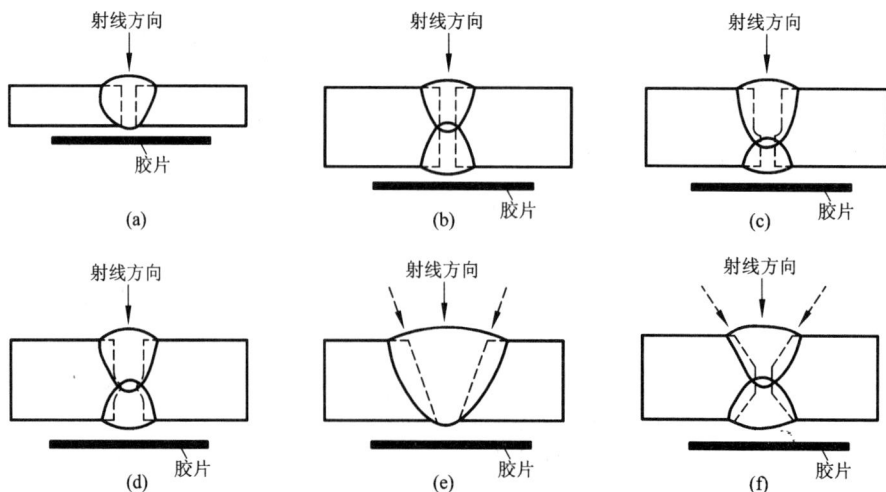

图3－12　平板对接焊缝的透照

3.5.2　角形焊缝透照方式

简单角形焊件的透照如图 3 – 13(a)、(b)所示。对于不开坡口或开单面坡口的平头角焊缝,可沿与垂直板成 10°～15°方向进行透照,见图 3 – 13(c)。双面坡口的角焊缝可沿母材夹角中心线透照,见图 3 – 13(d)。

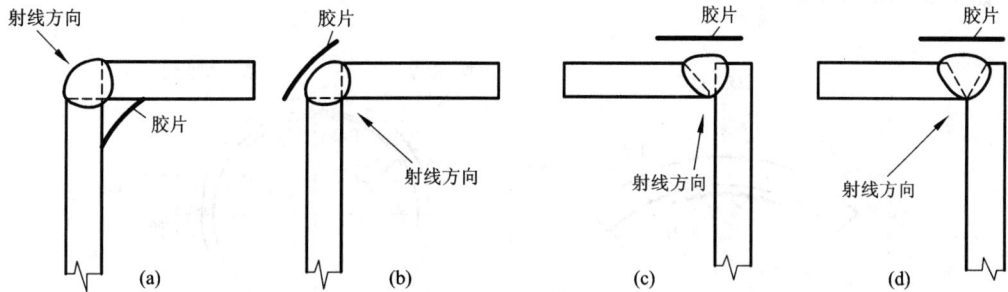

图 3 – 13　角焊缝的透照

丁字角焊缝和十字角焊缝可按图 3 – 14 所示进行透照。图 3 – 14(a)的垂直透照有利于发现沿板面的未焊透或未熔合。为了提高底片的清晰度,必须减少来自各方面的散射线的影响,因此在不需要检查而射线又能照到的部位,应用铅板加以遮盖,如图 3 – 14(b)的方法。

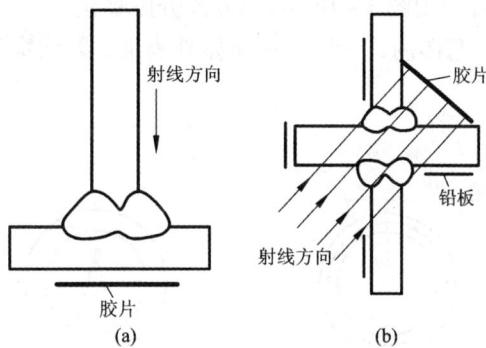

图 3 – 14　丁字和十字角焊缝的透照

(a)垂直透照；(b)加铅板遮盖透照

搭接和卷边接角焊缝的透照方法如图 3 – 15 所示。

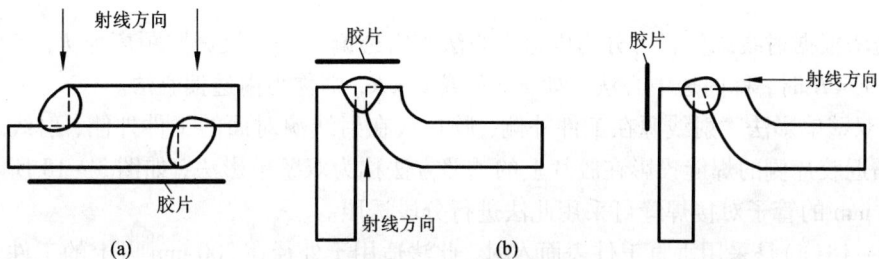

图 3 – 15　搭接和卷边接焊缝的透照

(a)搭接；(b)卷边接

3.5.3 管件对接焊缝透照法

按射线源、工件和胶片之间的相互位置关系，管件对接焊缝的透照方法可采用外透法、内透法、双壁单影法和双壁双影法四种。

（1）外透法　射线源在工件外侧，胶片放在筒体内侧，射线穿过单层壁厚对焊缝进行透照，如图3-16所示。

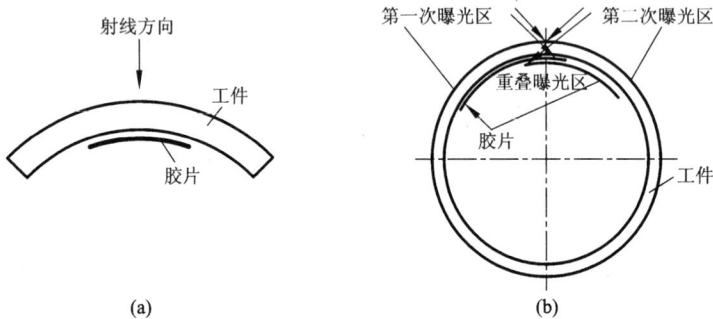

图3-16　环焊缝外透法

对于直径大并能在管内贴胶片的管件对接焊缝如图3-16（a），可采用此法进行透照。如果整圈焊缝都要检查，可采用图3-16（b）的方式分段曝光。

（2）内透法　射线源在筒体内，胶片贴在筒体外表面，射线穿过筒体单层壁厚对焊缝进行透照，如图3-17所示。

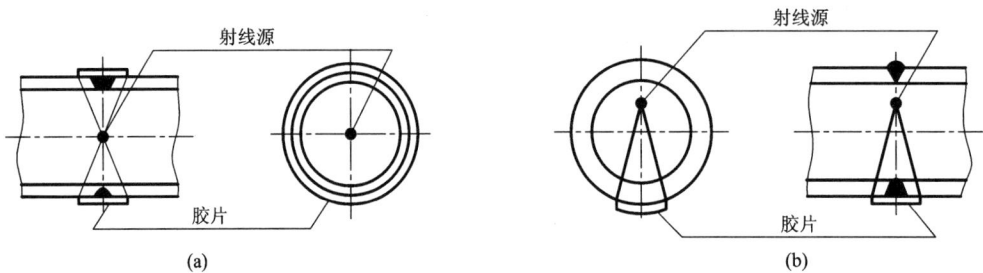

图3-17　环焊缝内透法
（a）内透中心法；（b）内透偏心法

内透法根据射线源位置可分为内透中心法和内透偏心法。设透照距离为F，工件外半径为R，当$F=R$时，称内透中心法。如$F>R$或$F<R$，则称为内透偏心法。

（3）双壁单影法　射线源在工件外侧，胶片放在射线源对面的工件外侧，射线通过双层壁厚把贴近胶片侧的焊缝投影在胶片上的透照方法称为双壁单影法，如图3-18所示。外径大于100 mm的管子对接焊缝可采用此法进行分段透照。

图3-18（a）是采用垂直工件表面入射，此法适用于外径在200 mm以上的工件。对于外径<200 mm的工件，可采用图3-18（b）所示的倾斜入射。

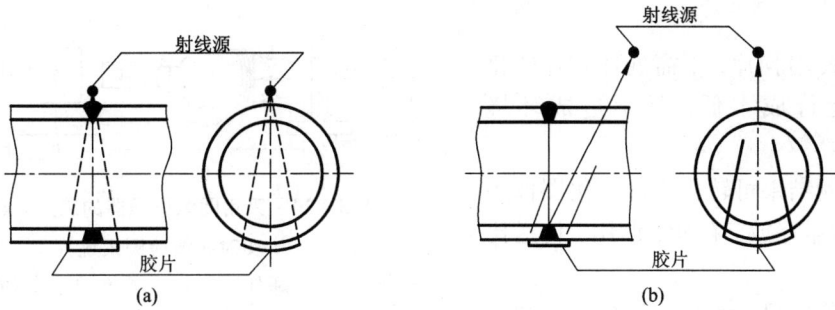

图 3 – 18 双壁单影法透照

（a）垂直入射；（b）倾斜入射

（4）双壁双影法 射线源在工件外侧，胶片放在射线源对面的工件外侧，射线透过双层壁厚把工件两侧都投影到胶片上的透照方法称为双壁双影法。如图 3 – 19 所示。

外径≤100 mm 的管子对接焊缝在满足相应标准中规定的壁厚和焊缝宽度要求时，可采用此法透照。透照时，为了避免上、下层焊缝影像重叠，射线束方向应有适当倾斜。射线束的方向应满足上下焊缝的影像在底片上呈椭圆形显示，并使上下焊缝椭圆开口的宽度等于焊缝的宽度为最佳。

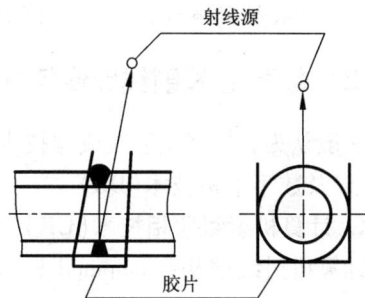

图 3 – 19 双壁双影法透照

3.6 其他射线检测方法与技术

除了以 X 射线和 γ 射线为探测手段、以胶片作为信息载体的常规射线照相方法外，还有许多射线检测方法：例如，利用加速器产生的高能 X 射线进行检测的高能射线照相，利用中子射线进行检测的中子射线照相（见模块七），应用数字化技术的图像增强器射线实时成像，计算机 X 射线照相（CR）、线阵列扫描成像（LDA），数字平板成像（DR）以及层析照相等。此外还有一些特殊照相方法，例如几何放大照相，移动照相，康普顿散射照相等。

3.6.1 射线实时成像检测技术

射线实时成像检测技术，是指在曝光的同时就可观察到产生的图像的检测技术。这就要求图像能随着成像物体的变化迅速改变，一般要求图像的采集速度至少达到 25 帧/s（PAL 制）。

射线实时成像检测灵敏度已基本上能满足工业检测要求，中等厚度范围其灵敏度已接近胶片射线照相的水平。图 3 – 20 所示为目前在工业中应用较广泛的采用图像增强器的工业射线实时成像检测系统。

与常规射线照相相比，图像增强器射线实时成像系统有以下优点和局限性：

（1）工件一送到检测位置就可以立即获得透视图像，检测速度快，工作效率比射线照相高数十倍。

（2）不使用胶片，不需处理胶片的化学药品，运行成本低，且不造成环境污染。

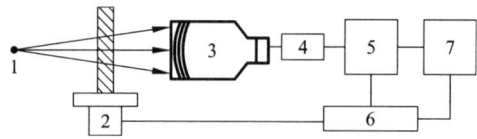

图 3 - 20　采用图像增强器的工业射线实时成像检测系统

1—射线源；2—工件与机械驱动系统；3—图像增强器；4—摄像机；5—图像处理器；6—计算机；7—显示器

（3）检测结果可转化为数字化图像用光盘等存储器存放，存储、调用、传送比底片方便。

（4）图像质量，尤其空间分辨率和清晰度低于胶片射线照相。

（5）图像增强器体积较大，检测系统应用的灵活性和适用性不如普通射线照相装置。

（6）设备一次投资较大。

（7）显示器视域有局限，图像的边沿容易出现扭曲失真。

3.6.2　数字化 X 射线成像技术

一般认为，数字化射线成像技术包括计算机射线照相技术（CR）、线阵列扫描成像技术（LD）以及数字平板技术（DR）。

1. 计算机射线照相技术（CR）

计算机射线照相（Computed Radiography），是指将 X 射线透过工件后的信息记录在成像板（Image Plat，IP）上，经扫描装置读取，再由计算机生成数字化图像的技术。整个系统由成像板、激光扫描读出器、数字图像处理和储存系统组成。如图 3 - 21 所示。

计算机射线照相的工作过程如下：用普通 X 射线机对装于暗盒内的成像板曝光，射线穿过工件到达成像板、成像板上的荧光发射物质具有保

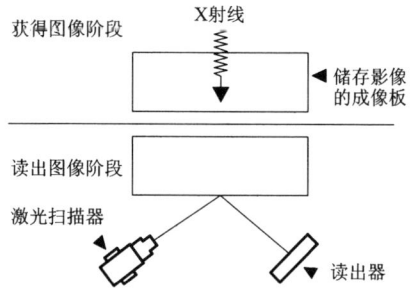

图 3 - 21　计算机射线照相（CR）原理示意图

留潜在图像信息的能力，即形成潜影。用激光扫描仪逐点逐行扫描，将存储在成像板上的射线影像转换为可见光信号，通过具有光电倍增和模数转换功能的读出器将其转换成数字信号存入计算机中。数字信号被计算机重建为可视影像在显示器上显示，根据需要对图像进行数字处理。在完成对影像的读取后，可对成像板上的残留信号进行消影处理，为下次使用做好准备，成像板的寿命可达数千次。

CR 技术的优点和局限性：

（1）原有的 X 射线设备不需要更换或改造，可以直接使用。

（2）宽容度大，曝光条件易选择。对曝光不足或过度的胶片可通过影像处理进行补救。

（3）可减小照相曝光量。CR 技术可对成像板获取的信息进行放大增益，从而可大幅度地减少 X 射线曝光量。

（4）CR 技术产生的数字图像存储、传输、提取、观察方便。

（5）成像板与胶片一样，有不同的规格，能够分割和弯曲。成像板可重复使用几千次，其寿命决定于机械磨损程度。虽然单板的价格昂贵，但实际比胶片更便宜。

(6)CR 成像的空间分辨力可达到 5 线对/mm(即 100 μm)，稍低于胶片水平。

(7)虽然比胶片照相速度快一些，但是不能直接获得图像，必须将 CR 屏放入读取器中才能得到图像。

(8)CR 成像板与胶片一样，对使用条件有一定要求，不能在潮湿环境中和极端的温度条件下使用。

2. 线阵列扫描数字成像技术(LDA)

线阵列扫描数字成像系统工作原理如图 3 – 22 所示。由 X 射线机发出的经准直为扇形的一束 X 射线，穿过被检测工件，被线扫描成像器(LDA 探测器)接收，将 X 射线直接转换成数字信号，然后传送到图像采集控制器和计算机中。每次扫描 LDA 探测器所生成的图像仅仅是很窄的一条线。为了获得完整的图像，就必须使被检测工件作匀速运动，同时反复进行扫描。计算机将多次扫描获得的线形图像进行组合，最后在显示器上显示出完整的图像，从而完成整个成像过程。

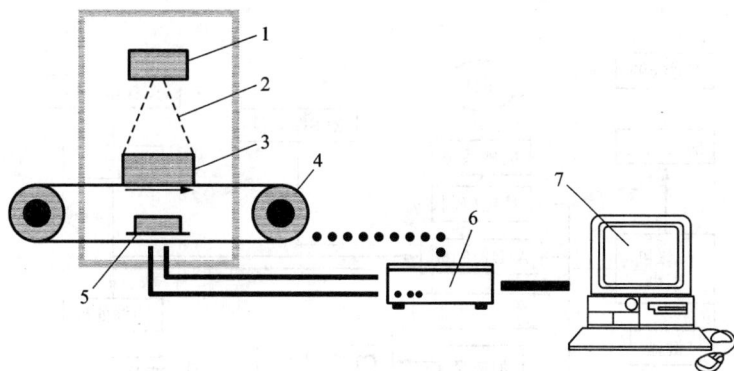

图 3 – 22 线阵列扫描数字成像系统
1—X 射线管；2—准直后的 X 射线束；3—工件；4—传送装置；
5—LDA 探测器；6—数据采集和控制系统；7—显示器

典型的 LDA 成像器由以下几个主要部分组成：闪烁体、光电二极管阵列、探测器前端和数据采集系统、控制单元、机械装置、辅助设备、软件等。

3. 数字平板直接成像技术(DR)

数字平板直接成像(Director Digital Panel Radiography)是近几年才发展起来的全新数字化成像技术。数字平板技术与胶片或 CR 的处理过程不同，在两次照射期间，不必更换胶片和存储荧光板，仅仅需要几秒钟的数据采集，就可以观察到图像，检测速度和效率大大高于胶片和 CR 技术。除了不能进行分割和弯曲外，数字平板与胶片和 CR 具有几乎相同的适应性和应用范围。数字平板的成像质量比图像增强器射线实时成像系统好很多，不仅成像区均匀，没有边缘几何变形，而且空间分辨力和灵敏度要高得多，其图像质量已接近或达到胶片照相水平。与 LDA 线阵列扫描相比，数字平板可做成大面积平板一次曝光形成图像，而不需要通过移动或旋转工件经过多次线扫描才获得图像。

数字平板技术有非晶硅(a – Si)、非晶硒(a – Se)和 CMOS 三种。

3.6.3 X射线层析照相技术(X-CT)

X射线计算机层析(Computed Tomography)是近20年来迅速发展起来的计算机与X射线相结合的检测技术。

工业CT用经过高度准直的窄束X射线对工件分层进行扫描。X射线管与探测器作为同转动的整体,分别位于工件两侧的相对位置。检查中X射线束从各个方向对被探查的断面进行扫描,位于对侧的探测器接收透过断面的X射线,然后将这些X射线信息转变为电信号,再由模拟/数字转换器转换为数字信号输入计算机进行处理,最后由图像显示器用不同的灰度等级显示出来,就成为一幅X-CT图像。

工业CT通常由射线源、机械扫描系统、探测器系统、计算机系统、屏蔽设施等组成。典型的工业CT系统的组成结构示意图见图3-23。

> **专业常识**
>
> X-CT技术最早应用于医学,工业CT检测技术在近年来逐步进入实际应用阶段。

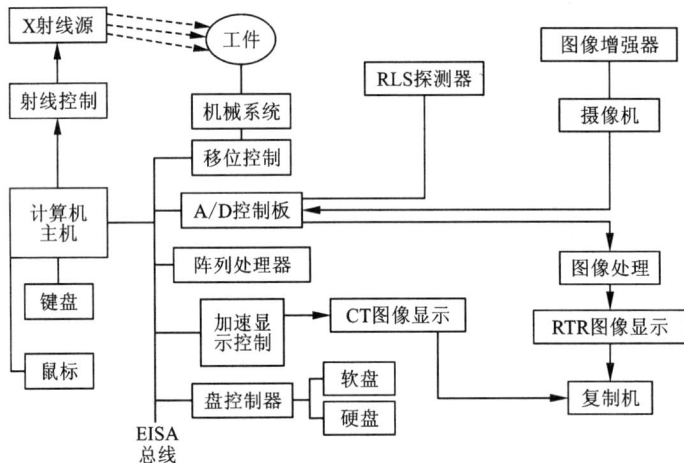

图3-23 典型工业CT系统的组成结构示意图

工业CT得到的是工件的分层断面图像,可给出工件任一平面层的图像,可以发现平面内任何方向分布的缺陷,它具有不重叠、层次分明、对比度高和分辨率高等特点,容易准确地确定缺陷的位置和性质。且工业CT产生的数字化图像信号贮存、转录均十分方便。工业CT技术目前主要应用在以下几个方面:

(1)缺陷检测 主要用于检测小型、复杂、精密的铸件和锻件以及大型固体火箭发动机。

(2)尺寸测量 如精密铸造的飞机发动机叶片的尺寸测量,测量误差不大于0.1 mm。

(3)结构和密度分布检查 在航空工业中CT技术用于检测与评价复合材料和复合结构以及某些复合件的制造过程。CT技术还可用于检查工程陶瓷和粉末冶金产品制造过程中材料或成分变化。

3.7　辐射防护

射线对人体有危害，当人体受大剂量的射线照射或连续超剂量照射时会有相当程度的伤害。因此在射线照相检测技术中，必须采取措施避免射线超剂量照射，减少射线对人体的影响。射线防护就是采取适当措施，减少射线对工作人员和其他人员的照射，从各方面把射线剂量控制在规定范围内。

3.7.1　辐射防护的基本方法

辐射防护的目的在于控制辐射对人体的照射，使之保持在可以做到的最低水平，保证个人所受到的当量剂量不超过规定标准。对于工业射线检测而言，下面的三个因素是射线防护的基本要素：①时间——控制射线对人体的曝光时间；②距离——控制射线源到人体间的距离；③屏蔽——在人体和射线源之间隔一层吸收物质。

1. 时间防护

在具有恒定剂量率的区域里工作的人，其累积剂量正比于在区域内停留的时间。

$$剂量 = 剂量率 \times 时间$$

在照射率不变的情况下，照射时间越长，工作人员接受的剂量越大。如果要保证探伤人员每天实际接受射线剂量 $\leq 17.4 \times 10^{-2}$ mSv（GB 4792），则下式成立：

$$时间 \leq 17.4 \times 10^{-2}/剂量率$$

为了控制剂量，要求操作熟练，动作尽量简单迅速，减少不必要的照射时间。

2. 距离防护

增大与辐射源间的距离可以降低受照剂量。在辐射源一定时，照射剂量或剂量率与离射线源的距离平方成反比。即

$$\frac{D_1}{D_2} = \frac{R_2^2}{R_1^2} \quad 或 \quad D_1 R_1^2 = D_2 R_2^2 \qquad (3.12)$$

式中：D_1——距辐射源 R_1 处的剂量或剂量率；

　　　D_2——距辐射源 R_2 处的剂量或剂量率；

　　　R_1——辐射源到 1 处的距离；

　　　R_2——辐射源到 2 处的距离。

从上式可见，当距离增加一倍时，剂量或剂量率减少到原来的 1/4，依次类推。在实际工作中，为减少工作人员接受的剂量，在条件允许的情况下应尽量增大人与辐射源之间的距离，尤其是在无屏蔽的室外工作，应尽量利用增加连接电缆长度达到距离防护的目的。

3. 屏蔽防护

在实际工作中，当人与辐射源之间的距离无法改变，而时间又受到检测工艺的限制时，欲降低工作人员的受照剂量水平，只有采用屏蔽防护。屏蔽防护就是根据辐射通过物质时强度被减弱的原理，在人与辐射源之间加一层足够厚的屏蔽材料，把照射剂量减少到容许剂量水平以下。

专业常识

在生产中，铅和混凝土是最常用的屏蔽材料。

射线的屏蔽材料是多种多样的，原子序数高的或密度大的防护材料，其防护效果更好。

应该注意，为了更好地进行射线防护，实际探伤中往往是三种防护方法同时使用。

3.7.2 放射防护国家标准简介

与工业射线照相有关的放射防护标准有：

(1) GB 18871—2002《电离辐射防护及辐射源安全基本标准》。

(2) GBZ 117—2006《工业 X 射线检测放射卫生防护标准》。

(3) GB 16357—1996《工业 X 射线探伤放射卫生防护标准》。

(4) GB 18465—2001《工业 γ 射线探伤放射卫生防护要求》。

与工业射线照相有关的放射卫生防护法规有：

(1)《放射性同位素与射线装置放射防护条例》，2005 年 12 月 1 日国务院发布。

(2)《中华人民共和国放射性污染防治法》，自 2003 年 10 月 1 日起施行。

(3)《放射事故管理规定》，2001 年 8 月 26 日卫生部、公安部公布。

(4)《放射工作卫生防护管理办法》，2001 年 10 月 23 日卫生部令第 17 号公布。

(5)《中华人民共和国职业病防治法》，自 2002 年 5 月 1 日起施行。

我国现行放射防护标准 GB 18871—2002《电离辐射防护与辐射源安全基本标准》规定的剂量限值如下：

1)职业照射剂量限值

(1)应对任何工作人员的职业照射水平进行控制，使之不超过下述限值。

①由审管部门决定的连续 5 年的年平均有效剂量(但不可作任何追溯性平均)，20 mSv。

②任何一年中的有效剂量，50 mSv。

③人眼晶体的年当量剂量，150 mSv。

④四肢(手和足)或皮肤的年当量剂量，500 mSv。

(2)对于年龄为 16～18 岁接受涉及辐射照射就业培训的徒工和年龄为 16～18 岁在学习过程中需要使用放射源的学生，应控制不超过下述限值。

①年有效剂量，6 mSv。

②眼晶体的年当量剂量，50 mSv。

③四肢(手和足)或皮肤的年当量剂量，15 mSv。

(3)特殊情况　在特殊情况下，可依据标准中有关"特殊情况的剂量控制"的规定，对剂量限值进行如下临时变更。

①依照审管部门的规定，可将剂量平均期由 5 个连续年延长到 10 个连续年；并且，在此期间内，任何工作人员所接受的平均有效剂量不应超过 20 mSv，任何单一年份不应超过 50 mSv；此外，当任何一个工作人员自此延长平均期开始以来所接受的剂量累计达到 100 mSv 时，应对这种情况进行审查。

②剂量限制的临时变更应遵循审管部门的规定，但任何一年内不得超过 50 mSv，临时变更的期限不得超过 5 年。

2)公众照射剂量限值

公众中有关关键人群组的成员所受到的平均剂量估计值不应超过下述限值。

(1)年有效剂量，1 mSv。

（2）特殊情况下，如果 5 年连续年平均剂量不超过 1 mSv，则某一年份的有效剂量可提高到 5 mSv。

（3）眼晶体的年当量剂量，15 mSv。

（4）皮肤的年当量剂量，50 mSv。

3.8　技能实验训练

3.8.1　射线检测基础实训

1. 训机

训机就是对不是连续使用的 X 射线检测机按要求进行逐步升高电压的训练过程。下面以常用的金属陶瓷管 2505 型 X 射线检测机的训机方法为例进行操作训练，训机规定见表 3 - 18。

表 3 - 18　金属陶瓷管 X 射线检测机训机规定

闲置时间	训　机　方　法
1 天	手动按 2 kV/min 的升压速度升到需要的电压值。
2 ~ 7 天	手动训机，从最低值开始，按 10 kV/min，升到最高值（到 210 kV 时，需 5 min，然后继续训机）
7 ~ 30 天	手动训机，从最低值开始，每 5 min 升电压 10 kV，升至最高值。每训机 10 min，休息 5 min。
30 ~ 60 天	手动训机，从最低值开始，每 5 min 升电压 10 kV，升到最高值。每升 10 kV 电压休息 5 min。
60 天以上	按上述方法进行，但需增加休息时间和训机次数

X 射线机手动训机按如下步骤进行。

①将电缆线一端与控制箱连接，另一端与 X 射线机头连接；将电源线的一端插入控制箱电源线插孔，另一端插入外接电源插座，保证各连接点接触良好，并接好接地线。

②检查所使用的电源电压是否是 220 V，如电压有较大波动，需接一台稳压器。

③接通电源后，打开电源开关，控制箱面板上的电源指示灯亮，表明系统已经准备好，可以进行训机或曝光。

④训机开始

（a）首先调节管电压旋钮，使它指示最低值 150 kV，调整时间指示器为 5 min，按下高压通开关。此时高压指示灯（红灯）亮，表示高压已接通。

（b）在高压通的 5 min 内，以缓慢的速度旋转电压调整旋钮，使旋钮指示在 160 kV，也就是使升压速度为 2 kV/min。

（c）5 min 后，蜂鸣器响起，红灯熄灭，即高压切断。让机器休息 5 min 后，保持时间指示

专业常识

为了保证X射线管的使用寿命，对新出厂的或长时间不使用的X射线检测机应严格训机后才能使用。

器不变,然后按下高压通开关,继续以 2 kV/min 的速度调整电压旋钮,调到 170 kV。

(d)时间到,再休息 5 min,重复以上操作,直到管电压升到额定管电压 250 kV 为止,整个训机过程结束。

2. X 射线检测基本操作

(1)操作步骤

①将电源线、电缆线插头分别和控制箱、机头、高压发生器及冷却系统等牢固连接,保证接触良好。

②检查所使用的电源电压是否为 220 V,并观察其稳定性,如波动较大,波动范围超过 ±10% 额定电压时,需加设一个调压器或稳压器。

③将控制箱上的接地线与外接接地插头连接好,保证可靠接地。

④认真训机,保证 X 射线管良好的使用状态,以便延长射线机的使用寿命。

⑤按要求划线、贴片、调整管电压和曝光时间,准备曝光。

⑥按下高压通开关,高压显示灯和毫安指示灯同时闪亮,开始曝光。曝光时计时器显示倒计时,当计时器显示为 0 时,曝光结束。蜂鸣器响起,红灯熄灭,高压自动切断。

⑦一次曝光时间超过设备最大预置时间 5 min 时,需休息 5 min 后调整计时器为剩余曝光时间,按下高压通开关继续曝光。

(2)注意事项

①通电前应检查电源线、电缆线插头是否接触良好,防止虚接触。

②接通电源后,检查冷却系统是否正常工作,确保整个曝光过程中冷却良好。

③曝光过程中,如发现异常,应按下高压断开关,切断高压,分析原因,排除故障,然后才能继续进行曝光。

④工作结束后拔下电缆线时应手握接头根部,顺着接头方向拔下,不能强行拖拽,防止损坏电缆线。

3. X 射线检测机的维护和保养

为了减少 X 射线机的使用故障,应经常维护和保养工作。

(1)X 射线机应摆放在通风干燥处,切忌置于潮湿、高温及腐蚀性环境中,以免降低绝缘性能。

(2)运输、搬动时要轻拿轻放,并采取防振措施。避免因剧烈振动造成接头松动、高压包移位、X 射线管破损等故障。

(3)保持机器表面清洁,经常擦拭机器,防止尘土、污物造成短路和接触不良。

(4)保持电缆头接触良好,如因使用时间过长,导致磨损松动,接触不良,应及时更换。

(5)经常检查机头是否漏油、漏气。如窗口有气泡产生即证明机头漏油;若压力表指示低于 0.34 MPa,则机头可能漏气。发生上述情况应及时补充油、气,确保绝缘性能良好。

4. 曝光曲线制作

(1)设备和器材

①设备　　XXQ - 2005 型 X 射线机。

②胶片　　天津Ⅲ型胶片。

③增感屏　　铅箔增感屏,前、后屏厚度均为 0.03 mm。

④显影液　　D19b 型显影药液。

⑤试块与垫板　如图 3 - 24 所示的阶梯试块 1 块；与阶梯试块尺寸相同、厚度为 8 mm 的垫板 1 块；试块和垫板材料为普通低合金钢或碳素钢。

⑥TH - 386A 型黑度计。

⑦铅字、尺、瞄准器、坐标纸、薄铅板。

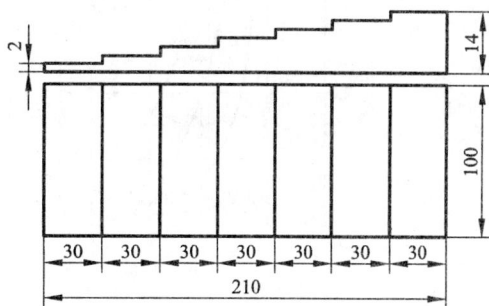

图 3 - 24　曝光用阶梯试块

（2）制作方法

①确定有关数据　焦距 F = 600 mm；暗室显影条件：显影温度 24℃，显影时间 3 min；黑度 D = 2.0。

②曝光准备

（a）将胶片切成长 200 mm、宽 80 mm 的 10 张胶片，每张胶片分别放在两片增感屏中间与增感屏一起装入暗袋。

（b）将 10 个暗袋分成两组：A 组暗袋分别贴上"A_1""A_2""A_3""A_4""A_5"铅字；B 组暗袋分别贴上"B_1""B_2""B_3""B_4""B_5"铅字。

③曝光

（a）在地面上铺一块比阶梯试块大一些的薄铅板，其作用是吸收散射线。将贴有"A_1"标记的暗袋放在铅板中心位置，试块放在暗袋上，注意使试块完全覆盖住胶片。

（b）将机头用支架支起，调整焦距，使射线源到胶片的距离为 600 mm，并用瞄准器调整机头，使主射线束对准试块中心。

（c）以管电压为 100 kV，曝光量为 2 mA·min，即 0.4 min 的曝光时间，对试块进行曝光，摄得小曝光量 100 kV 条件的阶梯试块胶片 1 张。将"A_1"暗袋收起，换成"A_2"暗袋，曝光时间不变，管电压改为 120 kV，进行曝光，摄得小曝光量 120 kV 条件的一张胶片。用同样方法调管电压为 150 kV、170 kV、200 kV 分别对"A_3""A_4""A_5"暗袋进行曝光。

（d）δ = 8 mm 的垫片放在阶梯试块下面，以曝光量为 50 mA·min，也就是曝光时间为 10 min 的条件，分别用 100 kV、120 kV、150 kV、170 kV、200 kV 的管电压用上述方法对"B_1""B_2""B_3""B_4""B_5"胶片进行曝光，摄得 5 张不同电压条件下大曝光量的阶梯试块胶片。

（3）测量黑度

①将摄得的 10 张阶梯试块胶片采用相同的暗室处理条件进行冲洗，显影温度为 24℃，显影时间为 3 min，用机器自动冲洗（也可手洗）。

②用黑度计测量每张底片上每级阶梯影像的黑度，设计一张表格，将数据记录下来。

（4）绘制 D - T 曲线

①以试块的阶梯厚度作为横坐标，单位 mm。

②以黑度值为纵坐标，刻度为 0.5、1.0、1.5、2.0、2.5。

③以管电压 100 kV、120 kV、150 kV、170 kV、200 kV 为变量分别绘制小曝光量 D - T 曲线和大曝光量 D - T 曲线，如图 3 - 25 所示。

（5）绘制 E - T 曲线

①横坐标仍为试块的阶梯厚度，纵坐标为曝光量的对数，建立 E - T 坐标。

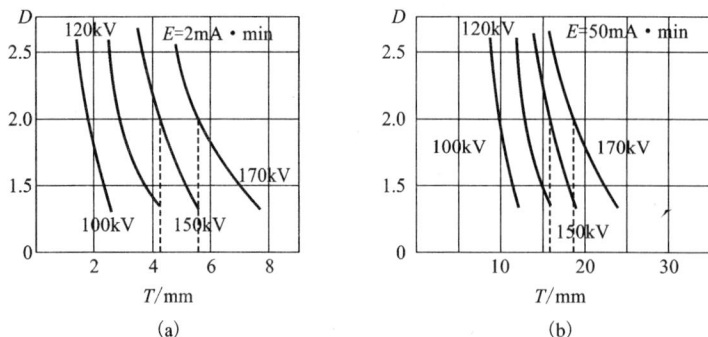

图 3 – 25　D – T 曲线

(a)小曝光量 D – T 曲线；(b)大曝光量 D – T 曲线

②选定基准黑度 $D = 2.0$。从小曝光量 $D - T$ 曲线图 3 – 25(a)上查出 150 kV 管电压在 $D = 2.0$ 时对应的厚度值为 4.2 mm。即 $E_1 = 2$ mA·min，$T_1 = 4.2$ mm。

③查大曝光量 $D - T$ 曲线图 3 – 25(b)得 150 kV 管电压，$D = 2.0$ 时对应的厚度值为 16 mm。即 $E_2 = 50$ mA·min，$T_2 = 16$ mm。

④将上述两点在图 3 – 26 的 $E - T$ 坐标上标出，用直线连接起来，并延长，在直线的附近标出"150 kV"字样，则得到 150 kV 的曝光曲线。

⑤用同样方法绘制 170 kV 管电压的曝光

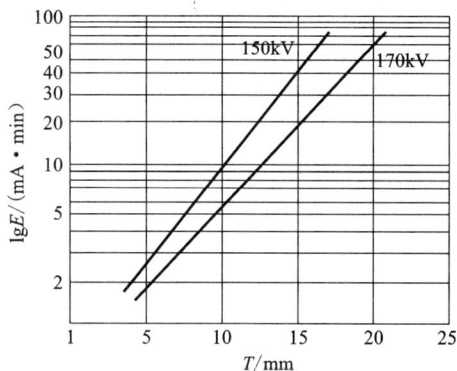

图 3 – 26　E – T 曝光曲线

曲线：查图 3 – 25(a)，$D = 2.0$ 与 170 kV 曲线相交点的横坐标数值为 5.6 m，即 $E_1 = 2$ mA·min，$T_1 = 5.6$ mm。再查图 3 – 25(b)，当 $D = 2.0$ 时，170 kV 曲线对应的横坐标数值为 18 mm，即 $E_2 = 50$ mA·min，$T_2 = 18$ mm。将上述 (T_1, E_1) 和 (T_2, E_2) 两点在图 3 – 26 坐标中标出，连接两点并适当延长，在直线附近标出"170 kV"字样，则 170 kV 的曝光曲线也得到了。

⑥采用上述相同的方法逐一绘制出其他管电压下的曝光曲线，整个 $E - T$ 曲线就画好了。

⑦在所绘制的曝光曲线图下面标明固定条件：使用的设备；焦距；胶片；增感方式；冲洗条件；基准黑度。

(6)注意事项　由于每一曝光曲线只适用于一组特定的条件，做实验时应保证这一组特定条件始终不变。

①阶梯试块的加工要保证精度，阶梯厚度不得有较大的厚度偏差。

②摄得的两组胶片要以相同的显影条件进行冲洗，不同的显影温度和显影时间会使底片黑度产生很大的差异，以致影响曝光曲线的准确性。

专业常识

由于射线辐射强度与距离的平方成反比，焦距的很小变化，将会引起到达胶片的射线强度的较大变化。所以为保证实验的准确性，射线源至胶片的距离要准确量出，并在整个曝光过程中保持不变。

3.8.2 典型位置的透照实训

训练使用设备及器材：

（1）设备 XXQ - 2005 型 X 射线机，设备焦点为 1.5 mm × 1.5 mm；XXH - 2505 型平靶 X 射线机，设备焦点为 3 mm × 3 mm。

（2）胶片 天津Ⅲ型胶片，规格为 360 mm × 80 mm。

（3）增感屏 使用铅箔增感屏，前、后屏厚度均为 0.03 mm。

（4）显影液 胶片厂家推荐的显影液。

（5）黑度计 TH - 386A 型黑度计。

（6）像质计 R10 系列，FeⅡ型（6/12）、FeⅢ型（10/16）像质计和Ⅰ型（等径丝型）专用像质计。

（7）铅字 与识别标记、定位标记相关的各种铅字。

（8）辅助器材 瞄准器、卷尺或钢板尺、薄铅板、胶带、石笔、记号笔等。

1. 纵缝单壁透照

（1）试件状况和检测要求

①试件规格：焊缝长度 $H = 1800$ mm，纵缝，母材厚度 $\delta = 8$ mm。

②试件材料：Q235 - A。

③焊接方法：手工电弧焊双面焊。

④检测比例：对焊缝进行 100 % 射线检测。

⑤像质等级：AB 级。

⑥验收标准：符合 JB/T 4730.2—2005 Ⅱ级合格。

（2）透照工艺条件的选择

①管电压的选择 射线能量的选择取决于透照工件厚度及材料种类，有时也根据设备类型和条件而定。通常在曝光时间许可的情况下，应尽量采用较低的射线能量。图 3 - 27 是透照不同厚度材料时允许使用的最高透照管电压。

透照工件材料为 R235 - A，属钢铁类，选择图 3 - 27 中的曲线 2 来限定最高管电压。

选择管电压之前应首先计算工件透照厚度 W。单层透照双面焊接焊缝的透照厚度按下列公式计算：

$$W = T + 4 \tag{3.13}$$

式中：$T = 8$ mm，则 $W = 12$ mm。

根据 $W = 12$ mm 查图 3 - 27 得到最高管电压为 190 kV。为避免短时曝光对灵敏度的影响，标准推荐曝光量不低于 15 mA·min。对照图 3 - 28 曝光曲线，选 150 kV 作为该工件的透照管电压比较合适。

②焦距的选择 焦距对射线照相灵敏度的影响主要表现在几何不清晰度（U_g）上。在 JB/T 4730.2—2005，规定像质等级为 AB 级，透照距离 f 与焦点尺寸 d 和透照厚度 b 应满足以下关系：

$$f \geqslant 10db^{2/3} \tag{3.14}$$

式中：f——射线源至工件表面的距离，mm；

$\quad\quad d$——有效焦点尺寸，mm；

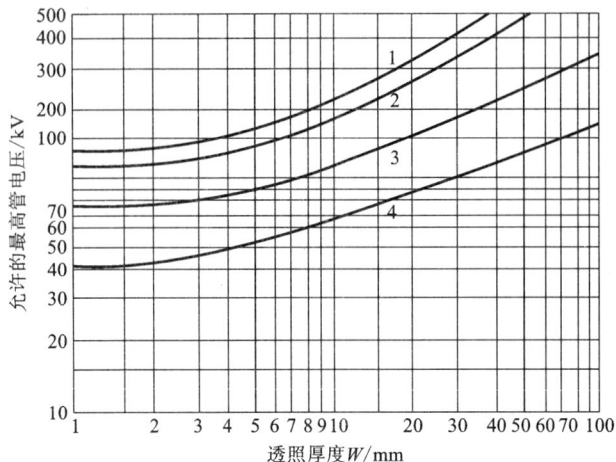

图3-27 不同透照厚度允许的最高透照管电压

1—铜及铜合金；2—钢；3—钛及钛合金；4—铝及铝合金

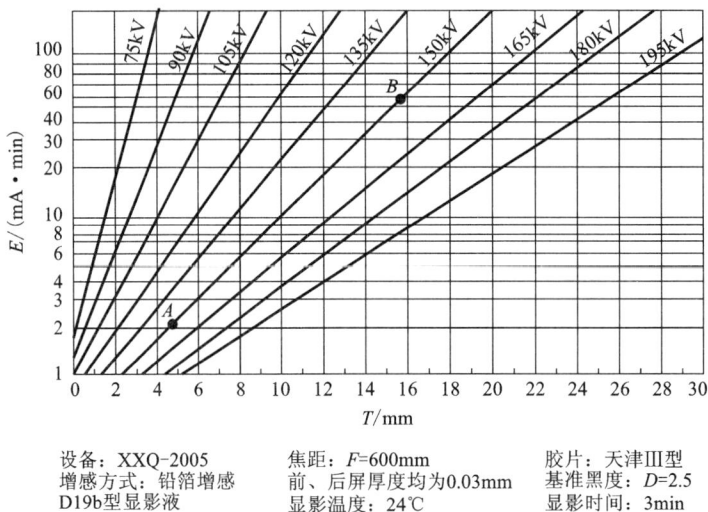

设备：XXQ-2005	焦距：F=600mm	胶片：天津Ⅲ型
增感方式：铅箔增感	前、后屏厚度均为0.03mm	基准黑度：D=2.5
D19b型显影液	显影温度：24℃	显影时间：3min

图3-28 曝光曲线

b——工件表面至胶片距离，mm 。

这里 $d=1.5$ mm，$b=12$ mm，则 $f\geqslant 10\times 1.5\times 12^{2/3}\approx 80$ mm

因此最小焦距 $f_{min}=f+b=80+12=92$ mm。

单纯为满足几何不清晰度要求，焦距只要不小于 92 mm 即可，但是实际透照时一般并不采用最小焦距值，所用的焦距比最小焦距要大得多。焦距增大后，可以得到较大的有效透照长度，同时影像清晰度也进一步提高。一般选择焦距为 600~700 mm。现选择焦距 $F=600$ mm。

③曝光时间的选择 曝光时间可通过查曝光曲线获得，曝光曲线可以选用射线机厂家推荐的曝光曲线。现以图3-28的曝光曲线为例来阐述曝光量的确定方法。

工件透照厚度 $W=12$ mm，管电压选用 150 kV，在曝光曲线上找出该点，该点的纵坐标即是曝光量（18 mA·min）。由曝光量可以确定曝光时间：

$$t = \frac{曝光量}{管电流} = \frac{18}{5} = 3.6 \text{ min}$$

所选焦距 $F = 600$ mm，与使用的曝光曲线焦距相同，因此曝光量无需修正。

④一次透照长度和最少透照次数的计算

（a）一次透照长度　JB/T 4730.2—2005 标准规定，纵缝透照满足像质等级 A 级和 AB 级的透照厚度比 $K \leqslant 1.03$。

由公式（3.5）得：$K = \dfrac{T'}{T} = \dfrac{1}{\cos\theta}$

因 $K \leqslant 1.03$，则 $\theta \leqslant 13.86°$，根据式 3.6

$$L_3 = 2f\tan\theta \approx 0.5f$$

$f \approx F = 600$ mm，则 $L_3 = 0.5 \times 600 = 300$ mm。

（b）最少透照次数　最少透照次数也就是满足透照厚度比的焊缝最少曝光次数，用 N 表示。

$$N = \frac{焊缝长度}{一次透照长度} = \frac{1800}{300} = 6 \tag{3.15}$$

也就是说该筒节纵缝需曝光 6 次。

⑤搭接长度与胶片长度、规格的选用　搭接长度是指一张底片与相邻底片重叠部分的长度。搭接长度 ΔL 为：

$$\Delta L = \frac{bL_3}{f}$$

当 $L_3 = 0.5f$ 时，$\Delta L = 0.5b$。

如果考虑暗盒与工件贴合时的空隙，一般取 $b = T + 2 = 8 + 2 = 10$ mm，则搭接长度 $\Delta L = 5$ mm。

胶片规格选用一般根据工作习惯和工件厚度、焊缝宽度以及评定长度 L_{eff} 而定。有效评定长度是指一次透照检测长度在底片上的投影长度。根据定义可以知道有效评定长度

$$L_{\text{eff}} = L_3 + 2\Delta L = 310 \text{ mm}$$

满足有效评定长度并保证两胶片有可靠的搭接，胶片长度可选择 360 mm。胶片宽度应能覆盖焊缝，并保证射线倾斜透照时，焊缝在底片上的成像不超过胶片宽度范围。这里选择宽度为 80 mm 即能满足要求。

（3）现场操作

①划线　工件进行曝光之前，应在工件表面划分透照区域（或段落），这一步骤称为划线。检测人员根据一次透照长度和最少透照次数将焊缝分成 6 段，每段长度均为 300 mm。采用单壁透照应在工件两侧（射线源侧和胶片侧）同时划线，并要求两侧所划的线段尽可能对准。然后标出每个线段的中心位置并写好底片编号。

专业常识

工件在射线透照之前，焊缝和表面质量应经外观检查合格。表面合格后进入透照程序。

②像质计和各种标记的摆放

（a）像质计　透照焊缝时，线型像质计应放在射线源一侧的工件表面上被检面区域的一端（被检区长度的 1/4 部位）。并使金属线横贯焊缝并与焊缝方向垂直，像质计上直径小的金属线应在被检区外侧。

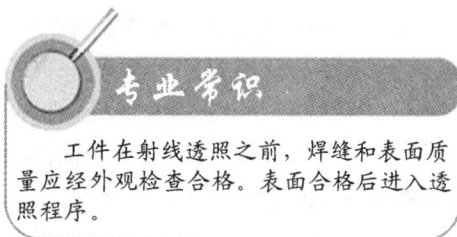

像质计选用 Fe Ⅲ 型(10/16),底片上应清晰显示像质指数为 13 的钢丝影像。

(b)定位标记　定位标记包括搭接标记(↑)和中心标记(十)。

可将标记带两端粘上两块磁钢,这样可方便地将标记带贴在工件上。也可利用带磁钢的像质计上的磁钢将标记带贴在工件上。对于一些要经常更换的标记(如片号、日期)的部位,如果粘贴一些塑料插口,使用起来更方便。在制作标记带时,应使像质计粘贴在标记带的反面,这样可使其较紧密地贴合在工件表面上,以免影响灵敏度显示。所有标记应摆放整齐,其在底片上的影像不得相互重叠,并离被检焊缝边缘 5 mm 以上。

搭接标记放在射线源侧工件表面划线线段的两端,左右两搭接标记之间的部位是射线检测的有效部位,左面的标记应与上一张底片右标记重合。

中心标记放在被检区域的中心,可以插在暗袋中心的插孔上。水平方向箭头指示出焊缝编号(或底片编号)顺序方向,垂直箭头指向焊缝边缘。

(c)识别标记　识别标记包括产品编号、焊缝编号、部位编号和透照日期。返修透照部位,在底片编号后还应有返修标记 R_1, R_2, …(其数码1, 2, …指返修次数)。上述各种标记摆放要规则、齐全,并离焊缝边缘至少 5 mm。

③贴片　按透照技术要求把射线胶片固定在工件相应的位置上,使射线透过工件后能到达胶片,这一过程称为贴片。在贴片时应注意以下几个方面的要求:

(a)胶片必须与工件紧密贴合,尽量不留空隙,以便提高底片清晰度。

(b)应采取相应措施屏蔽散射线。此训练中可以用薄铅板固定在胶片背面,以减少背散射的影响。

(c)采用可靠的方法(磁铁、皮筋带等)将胶片稳定固定,保证整个曝光过程胶片不移动。

④对焦　将射线机安放在适当位置,调整射线源与工件表面的距离,用卷尺或钢板尺测量焦距尺寸为 600 mm。一般 X 射线机的光阑罩均带有中心指示指针,指针所指示的方向是 X 射线机所发射的 X 射线束的中心轴线方向,所以对焦时应使指针垂直指向工件表面,并对准每一透照区域的中心。

⑤曝光　曝光就是开启射线机,使射线按预定的条件对工件进行透照,在胶片上形成潜影。设备电源连接好后处于准备状态,按前面选择的曝光条件,调节管电压为 150 kV,计时器为 3.6 min,对工件进行曝光。一处曝光结束后,移动射线机,重新贴片、对焦,进行第二个被检区域的曝光。经过 6 次曝光后,该工件的透照工作完成。曝光后的胶片应及时进行暗室处理,防止潜影衰退。

⑥记录与报告　记录与报告的内容包括工件编号、底片编号、摄片部位(可用简图表示)及摄片条件等,见相应产品标准。

专业常识

记录时应按记录表格内容逐项如实填写,详细记录检测中发生的异常情况,注意要用通用术语和标准语言。

(4)注意事项

①选用工艺条件时,防止短焦距、高电压带来的灵敏度损失。

②划线时,内外中心位置应尽可能对准,最大误差不能超过 10 mm。

③透照区段的划分应同时考虑一次透照长度、搭接长度与胶片规格。如果一次透照长度与搭接长度的和超过胶片的长度,则划线应该以胶片长度为准。

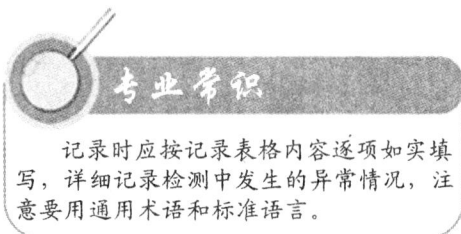

④纵缝透照每张底片上都应放置一个像质计。

⑤为延长设备使用寿命，两次曝光之间应有与曝光时间相同的休息时间。

2. 环焊缝单壁外透法

（1）试件状况和检测要求

①试件规格：一条 ϕ1500 mm×12 mm 的环焊缝，有 2 处交叉焊缝。

②试件材料：Q235。

③焊接方法：手工电弧焊＋埋弧自动焊。

④检测比例：对焊缝进行不少于 20% 的射线检测。

⑤像质等级：AB 级。

⑥验收标准：符合 JB/T 4730.2—2005 Ⅲ级为合格。

（2）透照工艺条件的选择

①管电压的选择　工件材料为 Q235，属于钢铁及其合金类，选择图 3－27 中钢铁及其合金曲线来限定最高管电压。如前所述按其透照厚度、曝光量等确定工件的透照管电压为 180kV。

②焦距的选择　焦距的选择首先要满足几何不清晰度的要求。JB/T 4730.2 标准的诺模图见图 3－29 所示，查诺模图可以获得最小焦距值。

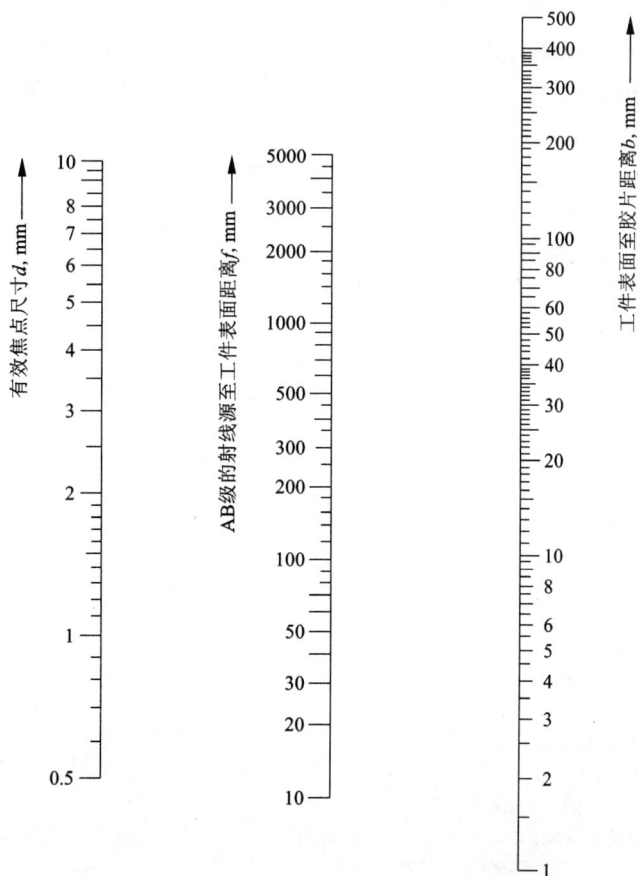

图 3－29　**AB 级确定焦点至工件表面距离的诺模图**

在诺模图中左侧的刻度尺上找到 $d = 1.5$ mm 的点；在右侧的刻度尺上找到 $b = 12 + 2 = 14$ mm 的点，将两点连线，与中间刻度尺相交一点，此点的刻度值 90 即是 f 的最小值。最小焦距 $F_{min} = f_{min} + b = 90 + 14 = 104$ mm。选 $F = 700$ mm 完全满足要求。

③曝光时间的确定　根据式(3.13)工件透照厚度 $W = T + 4 = 16$ mm，管电压 180 kV，查图 3 - 28 曝光曲线可得到曝光量为 15 mA·min。

由于选择的焦距 $F = 700$ mm 与曝光曲线焦距不同，需要进行修正。根据平方反比定律：

$$\frac{i_1 t_1}{F_1^2} = \frac{i_2 t_2}{F_2^2}$$

因 $i_1 t_1 = 15$ mA·min，$i_1 = i_2 = 5$ mA，则

$$t_2 = \frac{F_2^2 i_1 t_1}{F_1^2 i_2} = \frac{700^2 \times 15}{600^2 \times 5} = 4 \text{ min}$$

故曝光时间需 4 min。

④一次透照长度和最少透照次数的计算

（a）最少透照次数　JB/T 4730.2 标准规定，对环焊缝进行透照，要求质量等级为 AB 级的透照厚度比 $K \le 1.1$。

采用单壁外透法 100% 检测环焊缝时，满足一定厚度宽容度的最少曝光次数 N 可由下式确定(参照图 3 - 30)。

$$N = \frac{180°}{\alpha} \qquad (3.16)$$

$$\alpha = \theta - \eta$$

$$\theta = \arccos \frac{1 + \frac{(K^2 - 1) T}{D_0}}{K}$$

$$\eta = \arcsin \left(\frac{D_0}{D_0 + 2f} \sin\theta \right)$$

当 $D_0 \gg T$ 时，$\theta = \arccos K^{-1}$

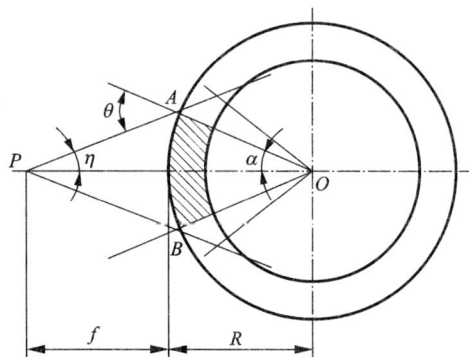

图 3 - 30　环缝单壁外透法

式中：α——与 $\dfrac{\overset{\frown}{AB}}{2}$ 对应的圆心角，(°)；

　　　θ——影像最大失真角，(°)；

　　　η——有效半辐射角，(°)；

　　　K——透照厚度比；

　　　T——工件厚度，mm；

　　　D_0——容器外直径，mm。

将 $K = 1.1$ 代入 $\theta = \arccos \dfrac{1 + \frac{(K^2 - 1) T}{D_0}}{K}$ 导出

$$\theta = \arccos \left(\frac{0.21 T + D_0}{1.1 D_0} \right)$$

当 $D_0 \gg T$ 时

$$\theta = \arccos K^{-1} = \arccos \frac{1}{1.1} = 24.62°$$

$$\eta = \arcsin\left(\frac{D_0}{D_0 + 2f}\sin\theta\right)$$

$$D_0 = 1500 + 12 \times 2 = 1524 \text{ mm}$$

$$f = F - b = 700 - 14 = 686 \text{ mm}$$

则

$$\eta = \arcsin\left(\frac{1524}{1524 + 2 \times 686}\sin 24.62°\right) = 12.66°$$

$$\alpha = \theta - \eta = 24.62° - 12.66° = 11.96°$$

$$N = \frac{180°}{\alpha} = \frac{180°}{11.96°} = 15 \text{ 次}$$

本工件要求 20% 抽检，所以每条环焊缝最少曝光次数：

$$N' = 15 \times 20\% = 3 \text{ 次}$$

（b）一次透照长度　射线源侧焊缝的一次透照长度：

$$L_3 = \frac{\pi D_0}{N} = \frac{3.14 \times 1524}{15} = 319 \text{ mm} \tag{3.17}$$

胶片侧焊缝的等分长度：

$$L_3' = \frac{\pi D_i}{N}$$

式中：D_i——容器内直径，mm。

$$L_3' = \frac{\pi D_i}{N} = \frac{3.14 \times 1500}{15} = 314 \text{ mm}$$

⑤搭接长度与胶片规格的选用　相邻两片的搭接长度 ΔL 可用下式计算：

$$\Delta L = 2T\tan\theta = 2 \times 12 \times \tan 24.62° = 11 \text{ mm} \tag{3.18}$$

底片上有效评定长度 L_{eff}：

$$L_{eff} = \frac{\Delta L}{2} + L_3' + \frac{\Delta L}{2} = \Delta L + L_3' = 11 + 314 = 325 \text{ mm} \tag{3.19}$$

选择胶片规格为 360 mm × 80 mm 较合适。

（4）现场操作

①划线　根据《压力容器安全技术监察规程》第 87 条规定：所有的焊缝交叉部位必须进行射线检测。所以此环缝要求按 20% 比例应抽检 3 处，2 处为交叉焊缝，另一处由检测员指定。抽检部位确定后，在工件外表面交叉缝两侧对称划线，线段长度为 319 mm；非交叉缝处也画好 319 mm 的线段，标好中心位置，写上底片编号。然后在容器内壁相应位置划长度为 314 mm 的三个线段，内外线段的中心尽可能对准。

②像质计和各种标记的摆放

（a）像质计的摆放　对公称厚度 $T = 12$ mm 的焊缝进行射线检测，要求底片上像质指数至少达到 12。可选用 FeⅡ（6/12）型像质计。对于环缝单壁外透法，标准要求每张底片均应放置一个像质计，放在容器外表面（射源侧）被检区长度的 1/4 处，金属丝横跨焊缝并与焊缝方向垂直，细丝置于外侧。

（b）定位标记的摆放　环缝单壁外透法搭接标记放在射线源侧工件表面检测区域的两端，底片上搭接标记之间的长度范围即是有效评定长度 L_{eff}。

中心标记和识别标记的摆放同纵缝单壁透照法。

（c）每张底片均应有产品编号、焊缝编号、底片编号、拍片日期等识别标记影像。为方便工作，把识别标记和定位标记用透明胶带粘在中间挖空（长、宽约等于胶片的长、宽）的长条形透明片基或购买的专用塑料标记带上。同时将像质计贴在标记带反面，这样可使像质计较紧密地贴合在工件表面上，以免影响灵敏度显示。

所有标记应摆放整齐，其在底片上的影像不得相互重叠，并离焊缝边缘至少 5 mm 以上，贴放标记带时，使中心标记对准被检区域的中心。

做好标记带后，每透照一次，只需要更换少数几个铅字，使用方便。

③贴片　操作方法与纵缝单壁透照相同。

④对焦　将射线机安放在合适位置，调节设备和工件的相对位置，使射线机中心指示器对准透照中心，并与透照中心的切面垂直，同时调整设备与工件之间的距离，使 $F = 700$ mm。

⑤曝光　打开射线机，预热 2 min，调节管电压为 180 kV，调计时器为 4 min，按下高压通开关对一工件进行曝光。取下已曝光的胶片，换上新胶片，重新摆放相关标记贴片、对焦，进行第二个被检区域的曝光。3 个被检区域透照完后，将曝光后的胶片送暗室冲洗。

⑥记录　记录工件编号、底片编号、绘布片图，并详细记录摄片条件。

（5）注意事项　同纵缝单壁透照法。

3. 环缝双壁双影法

（1）试件状况和检测要求

①试件规格：$\phi 76$ mm $\times 3$ mm 的试管一个。

②试件材料：Q235。

③焊接方法：钨极氩弧焊。

④检测比例：对焊缝进行 100% 射线检测。

⑤像质等级：AB 级。

⑥验收标准：JB/T 4730.2 2005 Ⅱ级为合格。

（2）透照工艺条件的选择

①射线能量的选择　外径小于或等于 76 mm 的钢管焊缝，采用双壁双影法一次成像透照时，等效透照厚度按下式计算。

$$W = 2T\left(1 + \frac{d}{D_0}\right) \tag{3.20}$$

式中：T——钢管壁厚，mm；

$\quad\quad d$——钢管内径，mm；

$\quad\quad D_0$——钢管外径，mm。

试件 $W = 2 \times 3 \times \left(1 + \dfrac{76 - 2 \times 3}{76}\right) \approx 11.5$ mm

工件材料为 Q235，当透照厚度 $W = 11.5$ mm 时，可查到最高管电压为 180 kV。由于小径管透照截面厚度变化很大，薄壁管焊缝余高与母材之比也较大，透照时应充分考虑工件的厚度宽容度，适合选用较高管电压。我们取最高管电压 180 kV 作为试管的透照管电压。

②焦距的选择　X 射线机焦点尺寸 $d = 1.5$ mm；工件上表面至胶片距离：

$$b = D_0 + 2 \times \Delta h \qquad (3.21)$$

式中：D_0——钢管外径，mm；

　　　Δh——焊缝余高，mm。

取余高 $\Delta h = 2$ mm，则 $b = 76 + 2 \times 2 = 80$ mm

在确定焦点至工件距离的诺模图上，$d = 1.5$ mm，$b = 80$ mm 的连线与 f 刻度尺交点数值是 270 mm，即 $f_{min} = 270$ mm，则 $F_{min} = f_{min} + b = 270 + 80 = 350$ mm。选 $F = 600$ mm 作为此工件的透照焦距。

③曝光时间的确定　根据管电压为 180 kV，透照厚度为 11.5 mm，得到曝光量为 8 mA·min，曝光时间则为 1.6 min。

④最少透照次数的确定　JB 4730.2—2005 规定，采用倾斜透照椭圆成像时，当 $T/D_0 \leqslant 0.12$ 时，相隔 90°透照 2 次。当 $T/D_0 > 0.12$ 时，相隔 120°或 60°透照 3 次。

试管 $\dfrac{T}{D_0} = \dfrac{3}{76} = 0.04 < 0.12$，应相隔 90°透照 2 次。

⑤胶片规格的选用　试管直径为 $\phi 76$ mm，选择 150 mm × 100 mm 的胶片可以满足工件透照需要。

(3)现场操作

①像质计和各种标记的摆放

(a)像质计的摆放　我们采用 I 型专用像质计，对透照厚度 $W = 11.5$ mm 的钢管进行射线检测，要求底片上至少清晰显示 2 根。应将像质计置于射线源侧管子表面，丝的长度方向与焊缝走向相垂直。

(b)标记的摆放　小径管双壁双影透照法，在射线源侧焊缝附近必须放置中心定位标记，短矢指向焊缝。评片时，通常以短矢所指的位置作为"12点"，以钟点定位法标定缺陷位置。在放置中心定位标记的同时要在管子表面

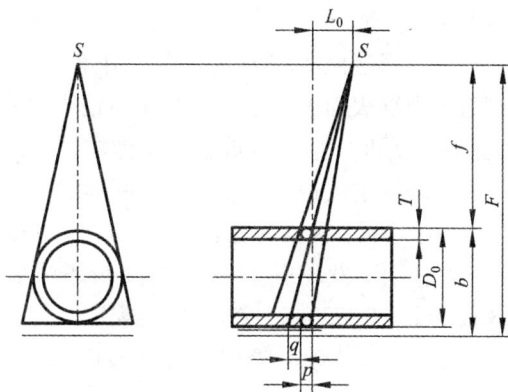

图 3-31　小径管椭圆透照布置

L_0—偏心距；F—焦距；f—射线源距工件表面的距离；T—工件的公称厚度；D_0—钢管外径；b—工件表面至胶片的距离；p—焊缝宽度；q—椭圆开口宽度；S—射线源点

清晰划上中心定位标记的位置和所指示的方向，以便于将来返修和返修后作为复透的定位依据。

②贴片　将薄铅板铺在地上，放好胶片，再把试管顺着胶片长度方向放好。按要求将像质计和各种标记摆放好。

③对焦　要使管子影像在底片上呈椭圆形显示，射源焦点需偏离焊缝中心平面一定距离（称为偏心距 L_0）。偏心距应适当，使管子上下焊缝椭圆开口大约等于焊缝宽度为最佳。偏心距太大，椭圆开口大，影像畸变严重，窄小的根部缺陷(如裂纹、未焊透等)有可能漏检；偏心距太小，又会使源侧焊缝与片侧焊缝根部缺陷不易分开。

偏心距 L_0 的计算（参照图 3-31，小径管椭圆透照布置）：

$$L_0 = (p+q)\frac{f}{b} = \frac{F - (D_0 + \Delta h)}{D_0 + \Delta h}(p+q) \tag{3.22}$$

式中：F——焦距，mm；

D_0——钢管外径，mm；

Δh——焊缝余高，mm；

p——焊缝宽度，mm；

q——椭圆开口宽度，mm；

f——射线源至工件表面的距离，mm；

b——工件表面至胶片的距离，mm。

设 $\Delta h = 2$ mm；$p = 10$ mm；$q = 10$ mm。已知 $F = 600$ mm，$D_0 = 76$ mm，则

$$L_0 = \frac{600 - (76+2)}{76+2} \times (10+10) \approx 134 \text{ mm}$$

确定偏心距后，将设备用支架支好，调好焦点至胶片距离为 600 mm，并使射线源焦点至焊缝中心平面偏离 134 mm，用设备中心指针瞄准管子上中心定位标记，即可准备曝光。

④曝光　将射线机管电压调为 180 kV，曝光时间调为 1.6 min，进行曝光。

⑤记录　记录产品编号、底片编号、拍片条件等，记录要详细、全面。

（4）注意事项

①双壁双影透照法应采用Ⅰ型专用像质计，像质计由 5 根直径相同的钢丝组成，需放在射源侧管子焊缝表面。要求底片上至少清晰显示 2 根金属丝影像。对于数根管接头要在一张底片上同时显示时，应至少放置一个像质计，放在最边缘的那根钢管上。

②钢管环缝射线透照时，当上下两焊缝椭圆显示有困难时，可做垂直透照。垂直透照操作简单，易于掌握，无需考虑偏心距，对焊缝根部裂纹未焊透检出率高。但垂直透照管子上下焊缝影像重合，发现不合格缺陷后，分不清缺陷具体位置，只能做整圈返修。

③根据 JB/T 4730.2—2005 标准规定，小径管对接接头透照次数按下列要求确定。

（a）双壁双影法倾斜透照，当 $U_g \leq 0.12$ 时，相隔 90° 透照 2 次；当 $b + D_e + 2\Delta h > 0.12$ 时，相隔 120° 或 60° 透照 3 次。

（b）垂直透照重叠成像时，一般应相隔 120° 或 60° 透照 3 次。

④双壁双影法透照小径管，偏心距与几何不清晰度 u_g 的计算都需要工件表面至胶片的距离，但两者取值不同。

（a）计算几何不清晰度 U_g 时，工件表面至胶片距离 $b = D_0 + 2\Delta h$，是管子上焊缝表面至胶片的距离。

（b）计算偏心距 L_0 所使用的工件表面至胶片距离 $b' = D_0 + \Delta h$，是管子上表面（母材表面）至胶片的距离。

⑤为检测焊缝的未焊透和内凹缺陷的深度，应采用专用对比块进行黑度比较。对比块应平行放置在距焊缝边缘 5 mm 处。对比块材料应与被检工件材料相同。

4. 环缝内透中心法

（1）试件状况和检测要求

①试件规格：一条 $\phi 2400$ mm × 18 mm 的容器环焊缝。

②试件材料：Q235。

③焊接方法：手工电弧焊 + 埋弧自动焊。

④检测比例：对焊缝进行 100% 射线检测。

⑤像质等级：AB 级。

⑥验收标准：符合 JB/T 4730 2—2005 Ⅱ级为合格。

（2）透照工艺条件的选择

①管电压的选择 工件材料为 Q235，透照厚度 $W = T + 4 = 18 + 4 = 22$ mm，选择 180 kV 作为透照管电压。

②焦距的选择 焦距的选择首先要满足几何不清晰度的要求。采用公式计算最小焦距值，其中 $d = 3$ mm，$b = 18 + 2 = 20$ mm，则 $f \geqslant 10 \times 3 \times 20^{2/3} = 221$ mm。

最小焦距 $F_{min} = f + b = 221 + 20 = 241$ mm。

采用内透中心法对环焊缝进行透照，焦距就是筒体半径，$F = \dfrac{2400}{2} = 1200$ mm（对于大直径环焊缝，$D_0 \gg T$，计算焦距时，壁厚可以忽略不计）满足 U_g 的要求。

③曝光时间 查图 3 - 28 曝光曲线，工件透照厚度 $W = 22$ mm，选管电压 $= 180$ kV，对应的曝光量是 15 mA·min。因为实际焦距 $F_2 = 1200$ mm，曝光曲线的焦距 $F_1 = 600$ mm，如前所述根据平方反比定律进行修正的曝光时间为 12 min。

④一次透照长度和最少透照次数的计算 采用内透中心法时，射线源位于容器圆筒或管道中心，胶片逐张连接覆盖在整圈环焊缝的外壁上，射线对焊缝作一次性的周向曝光，如图 3 - 32 所示。这种透照方法透照厚度比 $K = 1$，横向裂纹检出角 $\theta = 0°$，一次透照长度为整条环缝长度。

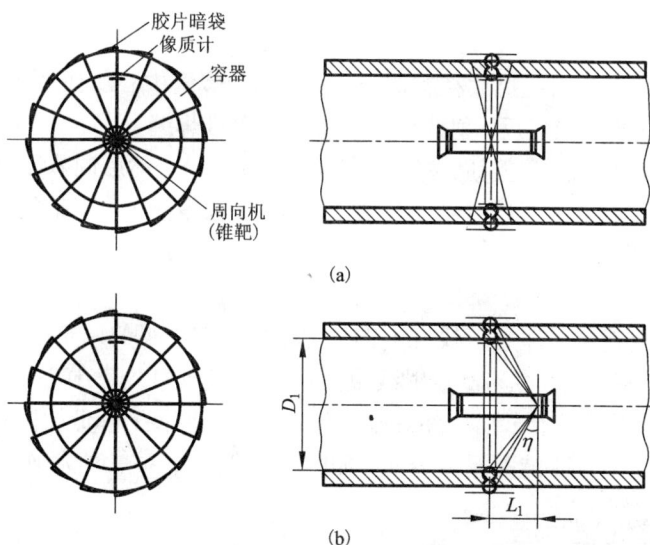

图 3 - 32 内透中心法
（a）锥靶周向（垂直周向）；（b）平靶周向（倾斜周向）

⑤搭接长度与胶片规格 中心法只需一次曝光即 $N = 1$。选择胶片时，保证各胶片有足够的搭接即可，如选择胶片规格为 360 mm × 80 mm，胶片两端各留 20 mm 左右搭接长度，则

所需胶片数：

$$N' = \frac{\pi D_0}{360 - 2 \times 20} = \frac{3.14 \times (2400 + 36)}{320} = 24 \text{ 张}$$

（3）现场操作

①划线　内透中心法一次透照长度为整条环焊缝，所以划线时只需将每张胶片的中心位置在容器外壁上标出即可。对焊缝分段时以长度 320 mm 为一段，标出中心位置，写上底片编号。

②像质计和各种标记的摆放

（a）像质计的摆放　根据标准 JB/T 4730.2 的规定，选用 Fe Ⅱ（6/12）型像质计，像质计应在内壁每隔 120° 放置一个，共放 3 个像质计。像质计的金属丝横跨焊缝并与焊缝方向垂直，可以放在距胶片边缘 1/4 处或任何合适位置。

（b）定位标记的摆放　内透中心法搭接标记，显示相邻胶片搭在一起，保证整圈焊缝全覆盖即可，可用数字顺序号代替。用数字顺序号作为搭接标记，可不放置中心标记。

（c）识别标记的摆放和贴片操作同纵缝单壁透照法。

（d）对焦　XXH—2505 型平靶周向 X 射线机，对焦时要考虑射线束发射的倾斜角度，如图 3 - 32（b）所示。

将射线机安放在支架上，调整支架高度，使设备焦点位于容器筒体中心，根据倾角计算射线机相对焊缝中心偏移距离 L_1：

$$L_1 = \frac{D_0}{2} \tan \eta \qquad (3.23)$$

一般平靶周向 X 射线机射线束中心的倾角为 12.5°，则

$$L_1 = \frac{2400}{2} \tan 12.5° = 266 \text{ mm}$$

将调好支架高度的 X 射线机放在容器内，使射源与焊缝中心所在平面的距离为 266 mm。对焦时还应注意射线机不能放反，射线束发生方向要对准焊缝。

（e）曝光　旋转射线机电压旋钮，将电压值调节为 180 kV；然后调节计时器，将曝光时间调为 12 min，按下高压通开关，开始曝光。曝光结束后，按顺序依次取下暗袋，送暗室进行处理。

（f）记录要求同前所述。

（4）注意事项

①平靶 X 射线机对焦时注意射线发生带与焊缝中心偏心距的调整（也可以用带角度的专用瞄准器对焦）。相差太大，容易产生射线束照不到焊缝或射线束中心偏离焊缝的现象。前者焊缝不能在底片上形成影像；后者使焊缝影像发生很大畸变，降低缺陷检出率。

②锥靶 X 射线机对环焊缝是垂直透照，如图 3 - 32（a），对焦时无须考虑偏心距问题。

3.8.3　胶片暗室处理方法

1. 设备和器材

（1）安全灯　经测试合格的暗红色或暗橙色安全灯。

（2）温度计　能够测量药液温度的温度计。

（3）洗片槽　可制作长、宽、深均为 500 mm 左右的不锈钢或塑料槽。

（4）烘片箱　满足本企业使用的烘片箱。

2. 显影

显影时要密切注意显影温度、显影时间、显影液活性和显影时的搅拌对显影的影响。

（1）显影温度的控制　显影配方推荐的显影温度一般为18℃～20℃，温度高时显影速度快，温度低时显影速度慢。但显影温度过高，底片灰雾增大，颗粒变粗，药膜容易划伤，脱落。一般要求显影温度控制在(20±2)℃以内。

（2）显影时的搅拌　在显影过程中要求不断地搅拌显影液，其目的是将新鲜、效能良好的显影液不断输送到胶片附近，并去除附在胶片表面上的气泡、溴化物及显影剂的氧化物，提高显影速度和效率。

显影的最初30s内要不停地搅动，以后每隔30s搅动一次，同时不断翻动胶片，确保每张胶片都接触到新鲜显影液，防止显影不均匀的现象。

（3）显影时间的控制　合适的显影时间与配方有关，手工处理，大多规定显影时间为4～6 min。显影时间延长，虽然黑度和反差会增加，但影像颗粒和灰雾也将增大；而显影时间过短，将导致黑度和反差不足。

3. 停显

从显影液中取出胶片后，显影作用并不立即停止，胶片乳剂层中残留的显影液还在继续起作用，此时将胶片直接放入定影液中，容易产生不均匀的条纹和双色性雾翳，双色性雾翳是极细的银粒沉淀，在反射光下呈蓝绿色，在透射光下呈粉红色。另一方面，胶片上残留的碱性显影液如果带入酸性定影液中，会污染定影液，并使 pH 值升高，将大大缩短定影液寿命。因此，显影之后进行停显处理很重要。

停显液常用弱酸配制而成，作用是中和残留的碱性显影液。操作时，将显影后的胶片放入停显液中不间断地摆动，使酸碱中和产生的气泡从表面排出。停显时间大约30 s 即可。

4. 定影

影响定影的因素有定影温度，定影时的搅动，定影时间和定影液效能等。

（1）定影温度的控制　定影操作时应将温度控制在16℃～24℃。如果温度过高，会加速定影的化学反应过程，使定影过程产生的络合物析出而残留在乳剂层中，并使乳剂层膨胀，容易划伤甚至脱落。定影温度过低，定影作用慢，定影时间延长。

（2）搅拌　在整个定影过程中要不断搅动定影液，并经常翻动胶片，这样既可以提高定影速度又可使定影均匀。一般在最初1 min 要不停地搅拌，以后每1～2 min 搅动一次，搅拌要充分。

（3）定影时间的控制　定影过程中，胶片乳剂膜的乳黄色消失，变为透明的现象称为"通透"。从胶片放入定影液直至通透的这段时间称为"通透时间"。

一般定影时间为 5～15 min。具体操作时根据定影速度而定，掌握在通透时间的 2 倍即可。

5. 水洗

水洗时最好用流动的清水，控制温度在16℃～22℃，水洗时间不少于20 min。

6. 干燥

干燥的目的是去除膨胀的乳剂层中的水分，以便评定和保存底片。为防止底片产生水迹，干燥前要进行润湿处理。润湿液可用0.3%的洗涤灵水溶液。将胶片放入润湿液浸润约1 min 拿出进行干燥，即可有效防止底片产生水迹。但干燥温度不宜超过40℃。

7. 注意事项

（1）在整个暗室处理过程中，一方面要防止胶片受折，出现折痕影像；另一方面在整个洗片过程中，由于胶片乳剂层处于膨胀易划伤和剥落的状态，操作过程中一定要轻柔并防止指甲划伤胶片。

（2）洗片过程中要充分搅动，尽量使每张胶片都充盈在新鲜显影和定影液中，防止产生显影和定影不均匀的现象。

（3）要注意显影液、定影液的老化情况，老化的药液要及时更换。

3.8.4　焊缝射线底片的评定

1. 设备和器材

（1）观片灯　亮度应满足被评片对观片灯的光强要求，且观察的漫射光亮度应可调。

（2）黑度计　应读数准确、稳定性好，能测量 4.5 以内底片的黑度，并经校验合格，具有法定有效性。

（3）放大镜　放大镜倍数可选 3～5 倍。

（4）其他器具　遮光板、评片尺、记号笔、手套等。

2. 底片质量的评定

将观片灯打开，调到适宜亮度，放好遮光板，将底片放在观片灯上进行观察。

（1）灵敏度的检查　评价底片灵敏度的指标是像质指数，像质指数根据工件公称厚度或透照厚度，按相关标准的质量等级确定。表 3-19 至表 3-21 是 JB/T 4730.2—2005 中不同的透照方法、不同的公称厚度和透照厚度的像质计灵敏度要求。

表 3-19　像质计灵敏度（单壁透照、像质计置于射线源侧）

应识别丝号丝径/mm	公称厚度（T）范围/mm		
	A 级	AB 级	B 级
18（0.063）	—	—	≤2.5
17（0.080）	—	≤2.0	>2.5～4.0
16（0.0100）	≤2.0	>2.0～3.5	>4～6
15（0.125）	>2.0～3.5	>3.5～5.0	>6～8
14（0.160）	>3.5～5.0	>5.0～7	>8～12
13（0.20）	>5.0～7	>7～10	>12～20
12（0.25）	>7～10	>10～15	>20～30
11（0.32）	>10～15	>15～25	>30～35
10（0.40）	>15～25	>25～32	>35～45
9（0.50）	>25～32	>32～40	>45～65
8（0.63）	>32～40	>40～55	>65～120
7（0.80）	>40～55	>55～85	>120～200
6（1.00）	>55～85	>85～150	>200～350
5（1.25）	>85～150	>150～250	>350
4（1.60）	>150～250	>250～350	—
3（2.00）	>250～350	>350	—
2（2.50）	>350	—	—

表 3－20　像质计灵敏度(双壁单影或双壁双影透照、像质计置于胶片侧)

应识别丝号丝径/mm	透照厚度(W)范围/mm		
	A 级	AB 级	B 级
18(0.063)	—	—	≤2.5
17(0.080)	—	≤2.0	>2.5～4.0
16(0.0100)	≤2.0	>2.0～3.5	>4～6
15(0.125)	>2.0～3.5	>3.5～5.0	>6～12
14(0.160)	>3.5～5.0	>5.0～10	>12～18
13(0.20)	>5.0～10	>10～15	>18～30
12(0.25)	>10～15	>15～22	>30～45
11(0.32)	>15～22	>22～38	>45～55
10(0.40)	>22～38	>38～48	>55～70
9(0.50)	>38～48	>48～60	>70～100
8(0.63)	>48～60	>60～85	>100～180
7(0.80)	>60～85	>85～125	>180～300
6(1.00)	>85～125	>125～225	>300
5(1.25)	>125～255	>225～375	—
4(1.60)	>255～375	>375	—
3(2.00)	>375	—	—

表 3－21　像质计灵敏度(双壁双影透照、像质计置于射线源侧)

应识别丝号丝径/mm	透照厚度(W)范围/mm		
	A 级	AB 级	B 级
18(0.063)	—	—	≤2.5
17(0.080)	—	≤2.0	>2.5～4.0
16(0.0100)	≤2.0	>2.0～3.5	>4～6
15(0.125)	>2.0～3.5	>3.5～5.0	>6～8
14(0.160)	>3.5～5.0	>5.0～7	>8～15
13(0.20)	>5.0～7	>7～12	>15～25
12(0.25)	>7～12	>12～18	>25～38
11(0.32)	>12～18	>18～30	>38～45
10(0.40)	>18～30	>30～40	>45～55
9(0.50)	>30～40	>40～50	>55～70
8(0.63)	>40～50	>50～60	>70～100
7(0.80)	>50～60	>60～85	—
6(1.00),5(1.25)	>60～85 >85～120	>85～120	—

对底片灵敏度检查首先应检查像质计型号、规格是否符合要求,位置摆放是否正确,数量是否满足要求;再观察可识别的最细金属丝的编号是否大于等于要求的像质指数。

在焊缝影像上,如能清晰地看到长度不小于 10 mm 的像质计金属丝影像,就认为是可识别的。像质计所代表的像质质量应是整个底片中最差的区域,这样才能证明底片其他区域灵敏度的可靠性。

(2)黑度的检查 黑度是射线照相底片质量的另一重要指标,不同检测标准对底片的黑度有不同的规定。测量黑度时,要选择有代表性的几点来测量。一般最大黑度在底片中部焊接接头热影响区附近;最小黑度在底片两端焊缝余高中心位置。只有当有效评定区内各点的黑度均在规定范围内,才能认为该底片黑度符合要求。测量后记录下最大和最小黑度值。

JB/T 4730.2—2005 标准规定,底片评定区内的黑度 D 应符合下列规定:

A 级:$1.5 \leqslant D \leqslant 4.0$

AB 级:$2.0 \leqslant D \leqslant 4.0$

B 级:$2.3 \leqslant D \leqslant 4.0$

(3)标记的检查 底片上标记要齐全,摆放要整齐。主要包括:工件编号、焊缝编号、底片号、中心定位标记、搭接标记、像质计放在胶片侧的区别标记以及人员代号透照日期等。有时还需使用返修标记。

采用不同透照方式时,搭接标记的摆放应不同。根据搭接标记确定底片上的有效评定区,并检查有无漏检的情况。

(4)背散射的检查 背散射检查("B"标记检查)。照相时,在暗盒背面贴附一个"B"铅字标记,观片时若发现在较黑背景上出现较淡的"B"字影像,说明背散射严重,应采取防护措施重新拍照;若不出现"B"字或在较淡背景上出现较黑"B"字,则底片可以接受。

(5)伪缺陷的检查 在底片评定区域内不允许存在妨碍底片评定的伪缺陷。伪缺陷是由于透照操作、暗室处理不当,或由于胶片、增感屏质量不好,在底片上留下的非缺陷影像。常见的伪缺陷有:划痕、水迹、折痕、静电感光、指纹、霉点、药膜脱落、辊印等。

在伪缺陷中,一种是底片表面机械损伤和表面附着污物,如划伤、指纹、折痕、压痕、水迹等,特征是底片表面有明显的印痕,可借助底片反射光观察。方法是:手持底片,使观片灯灯光照射到底片上,通过反射光观察底片表面,可以清晰地看到药膜的损伤和污物的痕迹。

另一种伪缺陷是化学作用引起的,如漏光、静电感光、药物沾污、银粒子流动、霉点等,特征是底片上的显示分布与缺陷有明显的不同。

各种的伪缺陷的影像特点如下:

①划痕是胶片被尖锐物体(指甲、器具尖角、胶片尖角、砂粒等)划过,在底片上留下的黑线。划痕细而光滑,十分清晰,底片表面开口痕迹明显。

②压痕是胶片受压引起的局部感光。压痕影像是黑度很大的黑点或不规则黑色影像,借助反射光,底片表面黑影处局部变形明显。

③折痕是胶片受折产生的底片上呈现指甲弧状的白色影像或黑色影像,表面有明显可见的挤压痕迹,很容易鉴别。

④水迹和辊印。由于水质不好或底片干燥处理不当,会在底片上出现水迹。有的水迹如同水滴,轮廓模糊,边界黑度淡而可见。有的呈现水滴流过的痕迹,流过的区域是一条黑线或黑带,最终停留的痕迹是黑色的点或弧线。

辊印是自动洗片机送片辊上沾染的被空气氧化的显影液和定影液粘在底片上,在底片表面清晰可见。

⑤静电感光　切装胶片时，因摩擦产生的静电发生放电现象使胶片感光。静电感光影像以树枝状最常见。在干燥的北方地区较易发生。

⑥显影斑纹　显影不均匀产生的呈黑色条状或宽带状影像，轮廓模糊，一般是搅动不及时造成的。

⑦显影液飞溅斑　显影之前胶片沾染了显影液，沾上显影液的部位提前显影，黑度比其他部位大，主要特点是圆形黑斑，黑点外侧有一个黑度偏淡的圈。

⑧定影液飞溅斑　显影之前胶片沾染了定影液，沾上定影液的部位发生定影作用，黑度比周围低，表现为白点。

⑨增感屏损坏造成的伪缺陷　增感屏折裂起皱在底片上多形成宽窄变化较大的黑色线纹，多数出现在底片的端部和边缘，重现性大，可能在数张底片上出现同一形态影像。

增感屏断裂，在底片上呈现白色影像，与增感屏上损坏的形态完全一致。增感屏沾染污物，也会在底片上造成白色影像。

⑩银粒子流动和霉点　银粒子流动在底片上呈现为弥散状的细小而均匀的黑点，分布面广，并出现在多张底片上。

霉点影像呈分散分布的黑点，黑度均匀，底片表面有霉烂开花现象。

（6）注意事项

①要区分缺陷与伪缺陷，先看影像形态、影像所在部位，再看黑度，结合底片表面的观察，综合分析判断。一般在焊缝和母材部位都存在的相同形态的影像是伪像。有些伪像形态与缺陷影像明显不同。

②当底片上出现黑色圆形影像时，可考虑是否为显影液飞溅斑、压痕、水迹、银粒子流动、霉点等伪像。排除以上可能后再分析影像是弧坑、气孔或点状夹渣的可能性。

> **专业常识**
>
> 当无法确定是缺陷还是非缺陷影像时，应补拍。重拍后，非缺陷影像一般即可消失。如果用同一增感屏进行重拍，增感屏损坏产生的伪像可能再现，所以当怀疑为增感屏伪像时，应换一对增感屏重拍。

③当底片上出现黑线的影像，可考虑是否为擦伤、划痕、金属增感屏折裂等伪缺陷。排除以上可能后再分析错边、咬边、未焊透、未熔合、裂纹、条孔的可能性。

3. 底片上缺陷影像的识别

（1）常见焊接缺陷影像特点

常见的焊接缺陷有气孔、夹渣、未焊透、未熔合、裂纹和形状缺陷。它们在底面上出现的位置、表现的影像有一定特点。

①气孔　在焊缝中常见的气孔分为球状气孔、条状气孔和缩孔，还有一种条虫状气孔。

球形气孔在底片上多呈现为黑色圆点，轮廓又圆又滑，中心黑度较大，沿边缘渐淡。有的单个分散出现，有的密集成群，还有的平行于焊缝轴线呈链状分布。

条状气孔分为沿焊缝方向的条形气孔和沿结晶方向的斜针状气孔：前者多平行于焊缝轴线，黑度均匀较淡，轮廓清晰，起点多呈圆形（胎生圆），并沿焊缝方向逐渐均匀变细，终端呈尖形；后者有时单个出现，有时呈礼花状弥散分布。其影像特点是一端保持着气孔的半圆形，一端呈尖细状，其宽度逐渐变窄，黑度淡而均匀，多沿结晶方向斜向分布，有时呈"八"

字形分布的特点。

缩孔按其成因分为晶间缩孔和弧坑缩孔。晶间缩孔是焊缝冷却过程中残留气体在枝晶间形成的长条形缩孔，这种气孔垂直焊缝表面，在底片上多呈现为较大黑度的圆点或长圆形影像，又叫针孔。针孔危害性较大，容易导致渗漏。弧坑缩孔又称火口缩孔。主要因焊缝的末端未填满，而在后续的焊接操作中未消除而形成的缩孔。在底片上表现为影像中有一黑度明显大于周围黑度的块状影像。黑度均匀，轮廓不很清晰，外形不规则有收缩的线纹。

②夹渣　按其形状分为点状、块状和条状，按其成分可分为金属夹渣和非金属夹渣。

点状和块状夹渣都作为圆形缺陷来评定。在底片上呈现为轮廓清晰、有棱角、黑度淡而均匀的不规则形状。有的单个出现，有的密集分布。

条状夹渣在底片上呈现出不规则的、两端有棱角、宽窄不一的黑色长条状影像，黑度不均匀，轮廓较清晰。这种夹渣有时伴随未熔合同时存在。

③未焊透　按焊接方式不同可将未焊透分为单面焊根部未焊透，双面焊根部未焊透以及带衬垫的焊根未焊透。

单面焊根部未焊透在底片上多呈现为规则的、轮廓清晰、黑度均匀的直线状黑线条。有连续的，也有断续的。多位于焊缝影像的中心轴线上，线条两侧有时可见钝边加工痕迹。影像宽度大致与焊根间隙相同，常伴随根部内凹、错边影像产生。

双面焊根部未焊透一般为较细的黑色直线，多处于焊缝中心，如果透照射线非垂直照射焊缝，影像可能偏移一边。影像轮廓清晰，黑度均匀，有断续和连续之分，有时能贯穿整张底片。

带垫板的焊根未焊透常出现在钝边的一侧或两侧，外形较规则，靠钝边一侧保留钝边加工痕迹，呈直线状，靠焊缝中心一侧多呈曲齿状。影像黑度均匀，轮廓清晰。

如果焊缝坡口为气割坡口，这种坡口产生的未焊透边缘呈现不规则的锯齿状，总体仍是直线状。

④未熔合　未熔合按产生的部位分为坡口未熔合，层间未熔合和单面焊根部未熔合。

坡口未熔合常出现在焊缝两侧边缘区域，呈黑色条云状，靠母材侧呈直线状，黑度较大，靠焊缝中心侧多为曲齿状，有时是一弯弧状。黑度较淡，轮廓欠清晰，一般伴随夹渣同生。

层间未熔合典型影像是黑度不大的块状阴影，形状不规则，如伴有夹渣，夹渣部位黑度较大。

单面焊根部未熔合在焊缝根部焊趾线上呈现出直线形的黑色细线，一侧轮廓较齐，黑度较大；另一侧轮廓不规则，黑度较淡。影像沿焊缝纵向分布，大多与根部焊瘤同生。

⑤裂纹　在底片上裂纹的典型影像是轮廓分明的黑线或黑丝，有的裂纹影像略带锯齿状，轮廓清晰，两端有分叉。有的裂纹呈细直线状，两端尖细，黑度均匀，影像清晰。有的裂纹呈龟裂状，表现为黑度较淡的网纹影像。

裂纹按延伸方向分为纵向裂纹、横向裂纹和弧坑裂纹，纵向裂纹平行于焊缝轴线，有时出现在焊缝中心，有时出现在焊缝边缘（焊趾线上）。多为中间稍宽，两端尖细的直线，有时略带弯曲。有一些裂纹，时常出现被撕开仍有丝缕牵连的丝形影像。对于冲压封头，强力冲压时会出现两端尖细，长度很短（5～15 mm）的细小裂纹，轮廓清晰，黑度较大，很像两端磨细的大头针。

横向裂纹垂直于焊缝轴线方向，呈现微细黑色线纹，它两端尖细，略有弯曲，有分枝，一般均不太长，很少穿过焊缝。

弧坑裂纹是在焊缝最后的收弧弧坑内产生的"星"形裂纹影像，黑度较淡，轮廓清晰，多有弯曲。由于与弧坑影像同时存在，比较容易判断。

⑥焊接形状缺陷　焊接形状缺陷属于焊缝金属表面缺陷或接头几何尺寸的缺陷，如咬边、凹坑、烧穿、焊瘤、错边等。咬边在底片焊缝影像的焊趾线上即为焊缝边缘，靠母材侧呈现粗短的黑色条纹影像。黑度不均匀，轮廓不清晰，形状不规则，与焊缝波纹的起伏走向一致。

凹坑是焊接过程中在焊缝表面形成的低于母材的局部低洼部分。在底片上的影像呈现为不规则的圆形黑化区域，黑度由边缘向中心逐渐增大，轮廓不清晰。

烧穿又称焊穿，在底片上多为不规则的圆形，由于多伴有夹渣和焊瘤，所以影像黑白混杂，黑度很不均匀。

焊瘤是熔敷金属在焊接时流到焊缝之外的母材表面而未与母材熔合在一起所形成的金属球状物。在底片上多出现在焊趾线外侧，呈现为光滑完整的半圆形白色影像，焊瘤中常伴有密集气孔。

错边影像表现为一直线形较强的黑线，黑度不均匀。仔细观察可以发现它不是一道黑线而是一道不同黑度区域的分界线。

（2）注意事项

①为判定缺陷性质，要注意缺陷影像的黑度、形状、尺寸，还要观察影像位置、影像延伸方向、影像轮廓清晰程度以及影像的细节特征等，要综合各方面因素进行分析。

②评片时要先通览底片，然后再着重观察评定区内每一影像细节。当不能直观地判断出缺陷种类时，应采用排除法进行判断。逐一列出可疑影像可能是什么，再根据每一类影像特点，逐个鉴别、排除与影像不符的假设，最后正确地判定缺陷性质。

区别出缺陷与伪缺陷的影像，并对缺陷影像定性后，即可根据有关标准评定底片所代表的焊接接头的质量等级，做出接受或拒收的结论。

【综合训练】

一、填空题

1. 射线检测中应用的射线主要是 ＿＿＿＿＿、＿＿＿＿＿ 和 ＿＿＿＿＿，它们都是波长很短的电磁波。

2. X射线不带电，不受 ＿＿＿＿＿ 和 ＿＿＿＿＿ 的影响。

3. X射线能量与管电压有关，管电压越大，产生的X射线能量 ＿＿＿＿＿。

4. 射线通过物质时，由于物质对射线有 ＿＿＿＿＿ 和 ＿＿＿＿＿ 作用，从而引起射线能量的衰减。

5. X射线机可按射线束的辐射方向分为 ＿＿＿＿＿ 和 ＿＿＿＿＿ 两种。

6. 透照轻金属或厚度较薄的工件时，宜选用管电压 ＿＿＿＿＿ 的X射线机；透照重金属或厚度较大的工件时，宜选用管电压 ＿＿＿＿＿ 的X射线机。

7. JB/T 4730.2标准将射线照相的像质等级分为 ＿＿＿＿＿ 级、＿＿＿＿＿ 级和 ＿＿＿＿＿ 级，其中 ＿＿＿＿＿ 级成像质量最高。

8. 焊缝检测位置的标记主要有 ＿＿＿＿＿、＿＿＿＿＿ 和 ＿＿＿＿＿。

9. 射线胶片可按检测的质量和像质等级要求选用，检测质量和像质等级要求高的应选用颗粒 _____ ，感光速度 _____ 的胶片。

10. 绝对灵敏度是指在射线底片上所能发现的 _____ ；相对灵敏度则是 _____ 。

11. 射线检测时，所采用的像质计必须与被测工件 _____ 相同，安放在焊缝被检区长度 _____ 处，钢丝横跨焊缝并与焊缝轴线 _____ ，且 _____ 朝外。

12. JB/T 4730.2 标准规定，射线照相灵敏度以 _____ 表示，它等于底片上能识别出的 _____ 的线编号。

13. 射线检测时，为了减少影像的几何不清晰度，应当减小 _____ 尺寸。

14. _____ 称为焦距，增大焦距可提高底片 _____ ，也增大每次 _____ 。

15. JB/T 4730.2 标准中规定：环缝 A 级、AB 级透照厚度比不大于 _____ ，B 级透照厚度比不大于 _____ 。

16. 对透照厚度比的控制，实际体现为对每次 _____ 的控制。

17. X 射线检测的曝光规范包括 _____ 、 _____ 、 _____ 及 _____ 四个参数。

18. GB/T 3323 标准中，根据缺陷性质、数量和大小将焊缝质量分为 _____ 、 _____ 、 _____ 、 _____ 共四级，质量依次 _____ 。

19. 对工业检测用 X 射线的防护方法有三种，即 _____ 、 _____ 和 _____ 。

20. 胶片的暗室处理包括 _____ 、 _____ 、 _____ 、 _____ 和 _____ 等五个程序。

二、判断题

1. X 射线、γ 射线、中子射线都是电磁辐射。　　　　　　　　　　　　　（　　）

2. 波长相同的 X 射线和 γ 射线具有相同的性质。　　　　　　　　　　　（　　）

3. X 射线的波长愈长，μ 愈大；穿透物质的原子序数愈大，μ 愈大；穿透物质的密度愈高，μ 愈大。　　　　　　　　　　　　　　　　　　　　　　　　　　　　（　　）

4. Ⅰ级片和Ⅱ级片中不允许存在条状夹渣。　　　　　　　　　　　　　（　　）

5. X 射线照相时，通过物体的厚度越大，胶片的感光度越强，显影后得到的黑度越深。　　　　　　　　　　　　　　　　　　　　　　　　　　　　　　　　（　　）

6. 利用照相法进行射线检测时，底片上缺陷的形状和大小与真实缺陷是完全一样的。　　　　　　　　　　　　　　　　　　　　　　　　　　　　　　　　（　　）

7. 如果焊缝表面余高为零，则可大大提高射线检测的灵敏度。　　　　　（　　）

8. 焊接裂纹在照相底片上常是一条中部稍宽、两端尖细的直线。　　　　（　　）

9. 射线照相底片上的白色宽带表示焊缝，白色宽带中的黑色斑点或条纹表示焊接缺陷。　　　　　　　　　　　　　　　　　　　　　　　　　　　　　　　　（　　）

10. γ 射线可以用来探测比 X 射线更厚的金属。　　　　　　　　　　　　（　　）

11. 只要焊缝中存在裂纹，焊缝经过射线检测后的底片就属于Ⅳ级。　　（　　）

12. GB 18871 标准规定，职业探伤人员年最高允许有效剂量为 50 mSv。　（　　）

三、思考题

1. 射线具有哪些基本性质？

2. 选择 X 射线机应考虑哪些因素？

3. 射线照相法检测的原理是什么？

4. 射线检测中使用增感屏具有什么作用？什么是增感屏的增感系数？

5. 射线检测中，射线能量如何选择？

6. 射线检测时，如何控制和减少影像的几何不清晰度？

7. 射线检测的透照方式有哪些类型？分别适用于什么条件？

8. 什么是透照厚度比？如何控制透照厚度比？

9. 什么是底片黑度？它对底片质量有何影响？

10. 已知射线穿过 20 mm 的钢后，强度减弱到原来的 20%，求该射线在钢中的衰减系数。

11. 用某一 X 射线机透照某一试件，原透照管电压为 200 kV，管电流为 5 mA，曝光时间为 4 min，焦距为 600 mm，现透照时管电压不变，而将焦距变为 900 mm，如欲保持底片黑度不变，问如何选择管电流和时间？

12. 距离一个特定的 γ 源 2 m 处的剂量率是 40 mrem/h，在距离多远处的剂量率为 2.5 mrem/h？

13. 气孔和夹渣在射线底片上显示的影像有何特征？

模块四

液体渗透检测

[学习目标]

1. 掌握渗透检测的基本原理；

2. 熟悉渗透检测剂的分类及适用场合，根据不同的工作条件选择合适的渗透检测剂，并掌握其主要成分的作用，有配制能力；

3. 熟练掌握渗透检测操作；

4. 掌握渗透检测缺陷评定的方法、原则及检测报告的编制方法，初步具有出具检测报告的能力。

液体渗透检测（Penetrant Testing，PT）是一种以毛细作用原理为基础的检查工件表面开口缺陷的无损检测方法，是应用较多的常规无损检测方法中的一种。

同其他无损检测方法一样，液体渗透检测也是以不损坏被检测对象的使用性能为前提，应用物理、化学、材料科学及工程学理论，对各种工程材料、零部件和产品进行有效的检测，借以评价它们的完整性、连续性及安全可靠性。

着色液体渗透检测在特种设备行业及机械行业应用广泛。特种设备行业包括锅炉、压力容器、压力管道等承压设备，以及电梯、起重机械、客运索道、大型游乐设施等机电设备。荧光液体渗透检测在航空、航天、兵器、舰艇、原子能等国防工业领域中应用特别广泛。

4.1 液体渗透检测原理

4.1.1 液体渗透检测的物化基础

1. 润湿现象

润湿作用是固体表面的气体被液体取代，或固体表面的液体被另一液体取代的现象。水或水溶液是常见的能取代气体的液体，一般把能取代固体表面空气的物质称为润湿剂。

液体渗透检测中，渗透剂对被检工件表面的良好润湿是进行液体渗透检测的先决条件。只有当渗透剂充分润湿被检工件表面时，才能渗入狭窄的缝隙；此外，还要求渗透剂能润湿显像剂，以便显示缺陷。

2. 毛细现象

润湿液体在毛细管中表面呈凹面并且沿管壁上升，不润湿液体在毛细管中表面呈凸面，液体的这种性质称为毛细现象。能够发生毛细现象的管子叫做毛细管。

（1）渗透与毛细作用 液体渗透检测中，渗透剂对受检工件表面开口缺陷的渗透，实质是渗透剂的毛细作用。例如，渗透剂对表面点状缺陷（如气孔、砂眼等）的渗透，就类似于渗透剂在毛细管内的毛细作用。毛细作用使渗透剂渗透到细小而清洁的裂纹中的速度比它渗透到宽裂纹中速度更快。

（2）显像与毛细作用 显像是利用显像剂吸附从缺陷中回渗到受检工件表面的渗透剂，形成缺陷显示。渗透剂能润湿白色粉末，因此，缺陷中渗透剂容易在上述毛细管中上升，且在受检表面铺展，使缺陷的痕迹得到放大而显示出来，如图 4 - 1 所示。

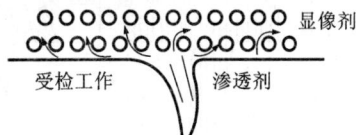

图 4 - 1 显像示意图

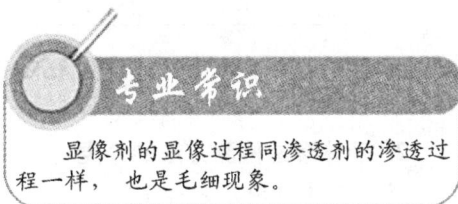

专业常识

显像剂的显像过程同渗透剂的渗透过程一样，也是毛细现象。

3. 吸附现象

本节中有色物质被工件缺陷富集的现象即为吸附现象。显像过程中，显像剂粉末能吸附从缺陷中回渗的渗透剂，从而形成缺陷显示。渗透剂在渗透过程中，受检工件及其中的缺陷（固体）与渗透剂接触时，也有吸附现象发生。渗透过程中，提高缺陷表面对渗透剂的吸附，有利于提高检测灵敏度。

4. 溶解现象

一种物质（溶质）均匀地分散于另一物质（溶剂）中的过程叫溶解。所组成的均匀物质叫做溶液（此处指液态溶液，也有固态溶液，如合金）。通常把量较多的一种物质称为溶剂，较少的一种物质称为溶质。

大部分渗透剂是溶液，其中着色（荧光）染料是溶质，煤油、苯、二甲苯等是溶剂。溶剂的溶解作用与下列因素有关：化学结构相似的物质彼此容易相互溶解；极性相似的物质彼此容易相互溶解。

5. 乳化现象

由于表面活性剂的作用使本来不能混合的两种液体能够混合的现象称为乳化现象。具有乳化作用的表面活性剂称乳化剂。

4.1.2 液体渗透检测的一般知识

1. 液体渗透检测的基本原理

工件表面被施涂含有荧光染料或着色染料的渗透剂后，在毛细作用下，经过一定时间，渗透剂可以渗入表面开口缺陷中；去除工件表面多余的渗透剂，经干燥后，再在工件表面施涂吸附介质（显像剂）；同样在毛细作用下，显像剂将吸引缺陷中的渗透剂，即渗透剂回渗到显像剂中；在一定的光源（黑光或白光）作用下，缺陷处的渗透剂痕迹被显示（黄绿色荧光或鲜艳红色）；从而检测出缺陷的形貌及分布状态。

液体渗透检测操作的基本步骤见图 4 - 2。

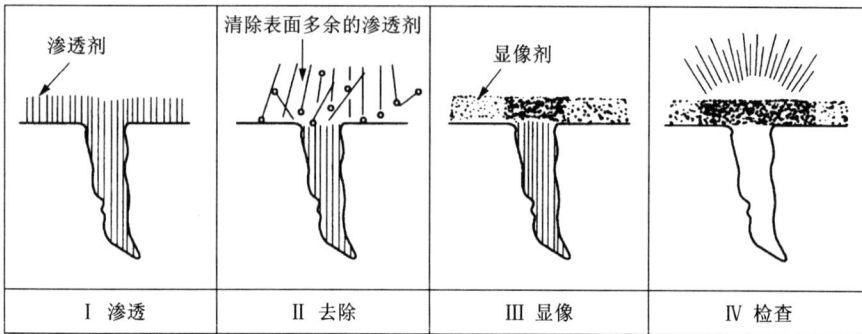

图 4 - 2　渗透检测操作步骤

2. 液体渗透检测方法的分类

液体渗透检测方法的分类见表 4 - 1。

表 4 - 1　液体渗透检测方法分类

渗透剂		渗透剂的去除		显像剂	
名称	方法	名称	分类	名称	
Ⅰ	荧光液体渗透检测	A	水洗型液体渗透检测	a	干粉显像剂
Ⅱ	着色液体渗透检测	B	亲油型后乳化液体渗透检测	b	水溶解显像剂
Ⅲ	荧光着色液体渗透检测	C	亲水型后乳化液体渗透检测	c	水悬浮显像剂
		D	溶剂去除型液体渗透检测	d	溶剂悬浮显像剂
				e	自显像

注：液体渗透检测方法代号示例，ⅡCd 为溶剂去除型着色液体渗透检测（溶剂悬浮显像剂）。

3. 液体渗透检测的基本操作步骤

（1）前处理　前处理是渗透处理之前的准备工作，主要是彻底清理工件表面影响渗透液渗入缺陷的杂物，如油污、铁锈、氧化皮、焊渣及污物等附着物。

清理的方法很多，如化学清理法、机械清理法，应根据不同材料的性质采用适当的方法。铝、铜及其合金一般用化学清理法，清理后要干燥工件，防止残余的清洗液影响渗透液性能；不锈钢等材料一般用机械清理法，应避免工件表面有划痕造成伪显示。注意绝对不允许采用喷砂或喷丸等可能堵塞缺陷开口的方法处理。

对焊缝进行前处理时，应清理焊缝及两侧至少 25 mm 的区域，一般采用砂轮打磨的方法。

（2）渗透处理　渗透处理是在工件表面施加渗透液的过程。应根据工件的数量、尺寸、形状及渗透剂的种类等采用不同的渗透方法和渗透时间。在整个渗透过程中要保证渗透液能充分覆盖工件表面，否则会影响渗透效果。

①渗透方法

（a）浸渍法是将工件直接放在盛有渗透液的容器中。这种方法渗透速度快、效果好，适合于小型工件的批量检验。在渗透过程中要求工件被完全淹没，需要渗透液的量大，而实际消耗并不多，所以易造成渗透液浪费，尤其是在被检工件批量较小时，浪费更严重。

（b）刷涂法是用软毛刷蘸上渗透液对探伤部位进行刷涂的方法。刷涂法方法简单、操作方便，不受工件大小、形状的限制，同时节省渗透液，成本低，应用比较广泛，特别适合于焊缝或大型工件的局部检验。

（c）喷涂法是用压缩空气将喷罐内的渗透液直接喷洒在工件表面的方法。刷涂法的生产率较低，当检验工件较多时，宜采用喷涂法。和刷涂法相比，喷涂法渗透液能均匀地附着在工件上，渗透效果好。但喷涂法容易污染工作环境，有机溶剂对工作人员身体也有害，因此使用时要注意通风。

②渗透时间　渗透是一个扩散过程，需要一定的时间，一般渗透时间为 10～20 min。渗透时间太短，渗透剂不能充分渗透到缺陷中；但渗透时间过长，一是降低了生产率，二是渗透液易挥发或沉淀，使渗透液成分变化，影响渗透效果，还会增加清洗工作量。影响渗透时间的因素主要是渗透液的种类与缺陷的性质。

对于水洗型渗透液，其渗透能力相对较弱，需要延长渗透时间；而后乳化型和溶剂去除型渗透液，其组成中有降低表面张力的物质，因此，渗透能力较强，可以适当缩短渗透时间。

如果表面缺陷较大，可以减少渗透时间。对于焊接件来说，其表面缺陷多为微小的裂纹和近表面气孔，需要延长渗透时间，必要时，可以轻微地振动工件以利于渗透。

（3）乳化处理　乳化处理是利用合适的方法把乳化剂施加在工件表面的过程。只有在后乳化型检测时，才有乳化处理这道工序。乳化方法同渗透方法类似，一般小型工件采用浸渍法，大型工件采用喷涂法，尽量避免使用刷子对工件表面来回刷涂，造成乳化剂与缺陷处的渗透剂发生乳化反应，在随后的清洗时渗透剂被部分清洗掉，从而影响显示效果。

乳化处理的关键是乳化时间，乳化时间过长或过短都会影响检测效果，应根据乳化剂的种类、工件表面粗糙度等选择合适的乳化时间，乳化时间必须通过试验来确定。

（4）清洗处理　清洗处理就是去除工件表面多余的渗透液（或乳化剂）的过程。不管是哪种类型的渗透液，都必须进行清洗处理。在清洗过程中要注意：既要保证工件表面清洗干净，又不能把渗入到工件缺陷中的渗透液一同洗去。

对于水洗型和后乳化型可用喷水法清洗。水的温度控制在 30℃～40℃，水压不超过 0.3 MPa，水流不能垂直冲刷工件表面，应以小于 45°角的方向冲洗，最好与探伤面平行。对于着色探伤，以表面看不出鲜明的颜色为准；对于荧光探伤，可以在暗室中进行清洗操作，边清洗边观察，以看不到表面荧光为准。

用化学溶剂清洗要简单得多。一般先用布或纸吸收渗透液，然后蘸上少量清洗溶剂进行擦拭。在操作过程中，要沿同一方向进行擦拭，避免反复擦拭。同时擦拭时间不能过长，因为布和纸能通过毛细管作用吸收缺陷中的渗透液。对于大型工件，最好把清洗液放入喷罐中，这样可大大提高效率，操作也方便。注意溶剂去除型禁止使用冲洗法。

（5）干燥处理　干燥处理并不是每种渗透探伤都必要。对于溶剂去除型探伤法，由于其清洗用的是有机溶剂，本身挥发很快，不必进行干燥处理。用水清洗时采用干粉显像或快干式显像才需要干燥处理。

干燥处理有自然干燥和人工干燥两种方式。自然干燥时间较长，效率低，生产中常常采用人工干燥。人工干燥的方法很多，不管用什么方式，务必控制好干燥温度和干燥时间，干燥温度不要高于50℃，否则易把渗透液蒸发掉；干燥的时间一般为 5~10 min。

（6）显像处理　显像处理是利用显像剂从缺陷中吸附渗透剂的过程。根据显像剂的种类不同而使用不同的显像方式。

①干粉显像主要用于荧光探伤。工件干燥之后，可直接将干燥显像剂均匀地撒在工件表面。小型工件也可埋入显像剂中，保留一段时间，使显像剂充分吸附缺陷中的渗透液。为了便于分辨相邻缺陷，需吹走多余的显像粉末，工厂中常用的是手动鼓风工具，俗称"皮老虎"。

②湿法显像主要用于着色探伤。清洗之后应立即进行显像处理，显像剂的施加过程与渗透液相同，可以用浸渍、刷涂、喷涂的方法。显像剂的载体是水，为了防止沉淀，在显像过程中要不断搅拌显像剂。显像时间一般为 7 min 左右，时间过短，渗透液不能被充分吸附；时间过长，则会使渗透剂扩散，痕迹过宽，使显示结果与实际情况出现误差。

③快干式显像的操作方法同湿法显像类似。不同之处在于：一是采用喷涂法施加显像剂；二是显像后自然干燥。

（7）检验　检验是对显像的痕迹进行观察、记录的过程。在显像的同时应开始观察。渗透探伤是用肉眼直接观察的，必要时可借助 5~10 倍放大镜，因此，要求探伤人员视力在 1.0 以上，无色盲。着色探伤是在白光下观察，不论是自然光源还是人工光源，亮度应达到要求；荧光探伤是在暗室中观察，检验人员至少应提前 5 min 进入暗室，待适应环境后再进行观察。

对于显示的缺陷痕迹，应及时记录。可以在事先绘制的草图上标记，也可用透明胶纸描绘复制。对于着色探伤，有条件的可采取照相记录的方法。

（8）后处理　如果残留的渗透剂和显像剂影响工件的后续加工、使用或者需要重新检验时，要对工件进行后处理。一般用水冲洗，也可用有机溶剂清洗，或直接用纸、布擦拭。

这一过程无特殊要求，只要把工件表面清理干净即可。

4.2　液体渗透检测剂及设备

4.2.1　渗透检测剂

在渗透过程中要用到许多化学试剂，有渗透剂、乳化剂、清洗剂、显像剂，统称为渗透检测剂。检测剂的成分和性能将直接影响检测结果，现将生产中常用的检测剂介绍如下。

1. 渗透剂

渗透剂是检测剂中最关键的一种。它不仅影响检测灵敏度，还关系到其他检测剂的选用。渗透剂一般由染料（或荧光物质）、溶剂、乳化剂及改变渗透性能的附加成分组成。根据其显像方式不同，渗透剂又分为荧光剂和着色剂，前者含有荧光物质，后者含有红色染料，其余成分大致相同，对性能要求也基本相同。对渗透剂性能要求如下。

（1）渗透力强　这是对渗透剂最基本也是最重要的要求。渗透能力强，液体才容易进入工件的表面开口缺陷中。为此，渗透剂中常含有表面张力系数较低的有机溶剂，如苯、煤油等。当用水作溶剂时，由于水的表面张力系数大，需加表面活性剂来提高其渗透性。

（2）色泽鲜明　渗透检测显像后，渗透剂和显像剂对比强烈才便于观察。在着色检测中，染料是红色的，最常用的是苏丹Ⅳ，此外还有刚果红、油溶红等。在荧光检测中，荧光物质在紫外线的照射下发出耀眼的黄绿色荧光。

（3）清洗性能好　渗透处理后，工件表面必然有一定量的未渗入的渗透剂，必须把它们清理干净后才能进行显像处理。否则，残留的渗透剂会形成伪痕迹而引起误检。

（4）润湿性能好　显像处理后，进入缺陷的渗透剂应能顺利地从缺陷中被吸出，形成显示痕迹。

此外，还要求渗透剂挥发性要小，毒性低，化学性质稳定，腐蚀性小。表4-2列出了常用渗透剂的配方。

表4-2　渗透剂配方

渗透类型		配方编号	配方顺序	成　分	比　例
溶剂去除型		1#	1 2 3	苏丹Ⅳ 苯 煤油	1g/100mL 20% 80%
后乳化型		2#	1 2 3 4	水杨酸甲脂 煤油 松节油 苏丹	30% 60% 10% 18g/100mL
		3#	1 2 3 4 5	128烛红 水杨酸甲脂 苯甲酸甲脂 松节油 煤油	0.7g/100mL 25% 10% 15% 50%
水洗型	水基型	4#	1 2 3 4	水 表面活化剂 氢氧化钾 刚果红	100% 2.4g/100mL 0.6g/100mL 2.4g/100mL
	自乳化型	5#	1 2 3 4 5 6 7	二甲基苯 α-甲基苯 200#溶剂汽油 萘 土混-60 三乙醇胺油酸脂 油溶红	15% 20% 52% 1g/100mL 5% 8% 1.2g/100mL

注：表中百分数均指质量分数。

2. 乳化剂

加入某种物质，使原来不相溶的物质相互溶解，这种作用叫乳化。有乳化作用的物质叫乳化剂。在后乳化型渗透液中，需加入乳化剂使油能溶于水，使渗透液能被水清洗掉。乳化剂的成分为OP-10或平平加。对乳化剂的基本要求是：

（1）乳化性能好。

（2）渗透性能低。

（3）具有良好的洗涤作用。

（4）性能稳定，无腐蚀，无毒。

常用乳化剂配方见表4-3。

表4-3 乳化剂配方

配方编号	成　分	比　例	备　注
1#	乳化剂（OP-10） 工业乙醇 工业丙酮	50% 40% 10%	
2#	乳化剂（平平加） 油酸 丙酮	60% 5% 35%	必须用50℃~60℃的热水冲洗
3#	乳化剂（平平加） 工业乙醇	120g/mL 100%	水溶加热互溶成膏状物即可使用

注：表中百分数均指质量分数。

3. 清洗剂

能去除表面多余渗透液的液体称为清洗剂，又称去除剂。不同类型的渗透剂，所用的清洗剂是不同的。水洗型渗透液所用的清洗剂是具有一定压力的温水，后乳化型渗透剂经乳化处理后，也可用水进行清洗。溶剂去除型的清洗剂是有机溶剂，最常用的有机溶剂是丙酮和乙醇单一配方，有时也加入其他溶剂混合而成。对清洗剂的基本要求是：

（1）必须对渗透剂中的染料有较大的溶解度。

（2）对工件表面的润湿作用强，清洗速度快。

（3）有良好的互溶性，具有一定的挥发性，低毒性。

（4）化学稳定性好，应不与染料或荧光剂发生反应，也不熄灭荧光。

4. 显像剂

显像剂是把渗入到缺陷中的渗透剂吸附到工件表面形成可见痕迹的物质。对显像剂的要求是：

（1）与渗透剂能形成明显对比。

（2）吸附能力强且速度快。

（3）性能稳定、无腐蚀等。

显像剂由吸附剂、溶剂、限制剂和稀释剂等组成。

吸附剂是细小的白色粉末，主要有氧化锌、氧化镁、二氧化钛，它对缺陷处的渗透剂具有吸附作用，并形成白色衬底。

溶剂是吸附剂的载体，有两大类：一类是水；另一类是低沸点的有机溶剂，如丙酮、二甲苯等。

限制剂是为了增加溶剂的黏度，限制渗透剂的扩散，使痕迹清晰易于观察。湿式显像以糊精为主，快干式显像以火棉胶为主。

稀释剂的作用是溶解限制剂，并提高限制剂的挥发性和调整显像剂的黏度。丙酮、乙醇是最常用的稀释剂。

显像剂有三类：干式显像剂、湿式显像剂和快干式显像剂。干式显像剂只含有吸附剂，用于荧光检测。湿式显像剂是在吸附剂的水溶液中加入一种限制剂，而快干式显像剂是在吸附剂的有机溶剂中加入稀释剂、限制剂等多种成分混合而成，显像性能最好，表4-4列出了着色检测用显像剂的配方。

表4-4　显像剂配方

配方编号	成　分	比　例	备　注
1#	氧化锌 苯 火棉胶(5%) 丙酮	5g/100 mL 20% 70% 10%	适用于浸涂、刷涂或喷涂。用喷涂法时应再加入40%~50%的丙酮稀释
2#	氧化锌 工业丙酮 P.π.B稀释剂 火棉胶(5%)	10g/100 mL 65% 20% 15%	用于喷涂
3#	油溶锌白 苯 火棉胶(5%) 工业丙酮	50g/100 mL 20% 20% 60%	
4#	过滤乙烯树脂 工业丙酮 二甲苯 油溶锌白	30g/100 mL 60% 40% 5g/100mL	

注：表中百分数均指质量分数。

4.2.2　液体渗透检测设备及器具

1. 液体渗透检测设备

便携式设备多用于现场检测。检测设备一般是一个小箱子，里面装有渗透剂、去除剂和显像剂喷罐，以及清理擦拭工件用的金属刷、毛刷等。如果采用荧光法，还要装有紫外灯。

工作场所相对固定，工件数量较多，要求布置流水线作业时，一般采用固定式检测装置，基本上是采用水洗型或后乳化型液体渗透检测方法。主要的装置有：预清洗装置、渗透剂施加装置、乳化剂施加装置、水洗装置、干燥装置、显像剂施加装置、后清洗装置。

2. 液体渗透检测场地及光源

(1)检测场地　检测场地必须为目视评价液体渗透检测结果提供一个良好的环境。

着色液体渗透检测时，检测场地内白光照明应使被检工件表面照度不低于500 lx。

荧光液体渗透检测时，应有暗室。暗室里的白光强度应不超过20 lx。暗室内装有标准黑光源，备有便携式黑光灯，以便检查工件的深孔等部位。暗室中黑光强度要足够，一般规定距离黑光灯380 mm处，其黑光强度应不低于1000 $\mu W/cm^2$。暗室内还应备有白光照明装置，作为一般照明和在白光下评定缺陷用。

(2)检测光源　着色液体渗透检测用日光或白光照明，光的照度应不低于500 lx。在没有照度计测量的情况下，可用80 W日光灯在1 m远处的照度为500 lx作为参考。

荧光检测需要中心波长为 365 nm 的黑光来激发荧光渗透剂产生荧光。黑光光源一般采用水银石英灯,其结构如图 4 - 3 所示,水银石英灯也称黑光灯。

3. 测量工具

液体渗透检测常用的测量设备及器具有黑光辐射强度计、白光照度计及荧光亮度计等。

应用荧光液体渗透检测方法时,黑光辐射强度计和白光照度计是必须配备的检测辅助器具,荧光亮度计不是必备器具;应用着色液体渗透检测方法时,白光照度计是必须配备的检测辅助器具。

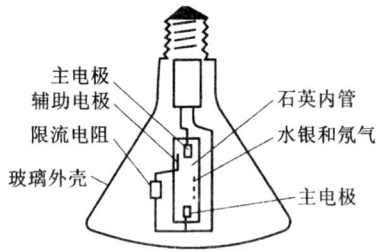

图 4 - 3　水银石英灯结构

4.2.3　液体渗透检测试块

试块是指带有人工缺陷或自然缺陷的试件。它是用于衡量液体渗透检测灵敏度的器材,也称灵敏度试块。不同的检测条件及要求应使用不同的检测试块,例如进行承压设备的液体渗透检测时可根据 JB/T 4730.5—2005《承压设备无损检测　第 5 部分:渗透检测》中的 3.3.6 试块之规定进行制作,进行一般产品的液体渗透检测时可根据 GB/T 18851—2002《无损检测　渗透检测　标准试块》之规定进行制作。

GB/T 18851　2002 主要规定了液体渗透检测用试块的类型、尺寸和制作方法等。试块共分为两类,即Ⅰ型试块和Ⅱ型试块。Ⅰ型试块适用于荧光和着色渗透剂系列产品灵敏度等级的确定。Ⅱ型试块适用于荧光和着色渗透检测性能的评价。

1. Ⅰ型试块

Ⅰ型试块是一套四块电镀镍 - 铬层的黄铜板,电镀层的厚度分别为 10 μm、20 μm、30 μm、50 μm。

Ⅰ型试块具体规格尺寸及形貌如图 4 - 4 所示。试块上的人工缺陷为横向裂纹,裂纹宽度与深度比约为 1:20。

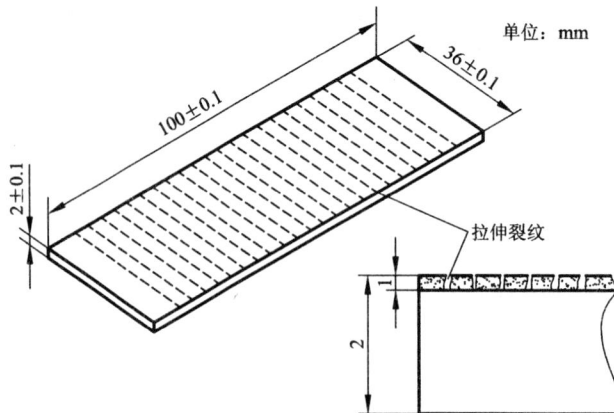

图 4 - 4　Ⅰ型试块

1—电镀层厚度;2—试块厚度

2. Ⅱ型试块

试块为矩形，标称尺寸：长度为 (155 ± 1) mm，宽度为 (50 ± 1) mm，厚度为 (2.5 ± 0.1) mm，沿长度方向分割为两部分，如图 4 – 5 所示。试块的基材为不锈钢，牌号为 00Cr17Ni13 – Mo2N，硬度为 $HV_{20} = (150 \pm 10)$ 或相当。

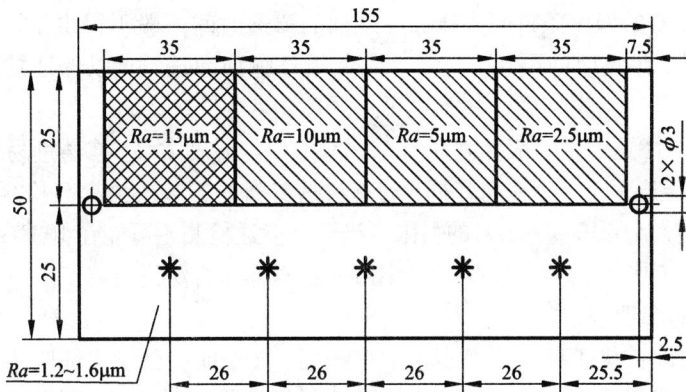

图 4 – 5　Ⅱ型试块

4.3　液体渗透检测技术

4.3.1　液体渗透检测方法和步骤

根据不同类型的渗透剂、不同的表面多余渗透剂的去除方法与不同的显像方式，可以组合成多种不同的液体渗透检测方法。这些方法间虽然存在若干的差异，但都包括下述 6 个基本步骤：表面准备和预清洗；施加渗透剂；多余渗透剂的去除；干燥；施加显像剂；观察及评定。

1. 表面准备和预清洗

检测部位的表面状况在很大程度上影响着液体渗透检测的检测质量。受检工件表面准备和预清洗的基本要求是：任何可能影响液体渗透检测的污染物必须清除干净；同时，又不得损伤受检工件的工作功能。例如，不得用钢丝刷打磨铝、镁、钛等软合金，密封面不得进行酸蚀处理等。被检工件

专业常识

一般液体渗透检测工艺方法规定：液体渗透检测准备工作范围应从检测部位四周向外扩展 25 mm。

经过机加工的被检表面一般要求粗糙度 $Ra \leqslant 12.5$ μm；非机加工表面粗糙度可以适当放宽，但不得影响液体渗透检测结果。进行局部检测时，也应进行表面准备和预清洗。

2. 施加渗透剂

渗透剂施加方法应根据被检工件大小、形状、数量和检查部位来选择。所选方法应保证被检部位完全被渗透剂覆盖，并在整个渗透时间内保持润湿状态。具体施加方法如下：

①喷涂　静电喷涂、喷罐喷涂或低压循环泵喷涂等，适用于大工件的局部或全部检查。

②刷涂　刷子、棉纱、抹布刷涂，适用于局部检查、焊缝检查。

③浇涂（流涂）　将渗透剂直接浇在受检工件表面上，适用于大工件的局部检查。

④浸涂　把整个被检工件全部浸入渗透剂中，适用于小工件的表面检查。

（1）渗透时间　渗透时间指施加渗透剂到开始去除处理之间的时间。

渗透时间又称接触时间或停留时间。被检工件不同，要求发现的缺陷种类和大小不同，被检表面状态不同及所用渗透剂不同，渗透时间的长短也不同。一般液体渗透检测工艺方法规定：在10℃～50℃的温度条件下，施加渗透剂的渗透时间一般不得少于10 min。对于可能有缺陷的被检工件，渗透时间可相应延长，或者额外施加渗透剂，以保证缺陷内渗入足够的渗透剂。应力腐蚀裂纹特别细微，渗透时间需更长，甚至长达2 h。

（2）渗透温度　渗透温度一般控制在10℃～50℃内。温度太高，渗透剂易干在被检工件上，给清洗带来困难；温度太低，渗透剂变稠，动态渗透参量受影响。为提高检测细小裂纹的灵敏度，可将渗透温度控制在10℃～50℃的上限。当液体渗透检测不可能在10℃～50℃的标准温度范围内进行时，则应用铝合金淬火试块作对比试验，对操作方法进行修正。

3. 去除多余的渗透剂

本步骤要求去除被检工件表面上多余的渗透剂，又不能将已渗入缺陷中的渗透剂清洗出来。水洗型渗透剂直接用水去除，后乳化型渗透剂经乳化后再用水去除，溶剂去除型渗透剂用有机溶剂擦除。去除渗透剂时，要防止过清洗或过乳化；同时，为取得较高灵敏度，可使荧光背景或着色底色保持在一定的水准上。但是，也应防止欠洗，防止荧光背景过浓或着色底色过浓。

（1）水洗型渗透剂的去除　水洗型渗透剂可用水喷法清洗。一般液体渗透检测工艺方法规定：水射束与被检面的夹角以30°为宜，水温为10℃～40℃，冲洗装置喷嘴处的水压应不超过0.34 MPa。水洗型荧光渗透剂用水喷法清洗时，应使用粗水柱，喷头距离受检工件300 mm左右，并注意不要溅入邻近槽的乳化剂中。应由下而上进行，以避免留下一层难以去除的荧光薄膜。水洗型渗透剂中含有乳化剂，所以水洗时间长、水洗压力高或水洗温度高，都有可能把缺陷中的渗透剂清洗掉，产生过清洗。在得到合格背景的前提下，水洗时间越短越好。荧光渗透剂的去除，可在紫外灯照射下边观察边进行。着色渗透剂的去除应在白光下控制进行。除水喷洗外，去除方法还有手工水擦洗、空气搅拌水浸洗等方法。

（2）后乳化型渗透剂的去除　后乳化型渗透剂的去除方法因乳化剂不同而不同。

施加亲水性乳化剂的操作方法：先用水预清洗，然后乳化，最后再用水冲洗。

施加亲油性乳化剂的操作方法：直接用乳化剂乳化，然后用水冲洗；施加乳化剂时，只能用浸涂法或浇涂法，不能用刷涂法或喷涂，而且也不能在被检工件上搅动。

一般液体渗透检测方法标准对乳化时间作了原则上的规定：亲油性乳化剂的乳化时间在2 min内，亲水性乳化剂的乳化时间在5 min以内，乳化温度为20℃～30℃较好。乳化剂温度太低，会使乳化能力下降。

（3）溶剂去除型渗透剂的去除　溶剂去除型渗透剂用清洗剂去除。

4. 干燥

干燥的目的是除去被检工件表面的水分，使渗透剂充分地渗入缺陷或回渗到显像剂上。干燥的方法有干净布擦干、压缩空气吹干、热风吹干、热空气循环烘干等。干燥温度不能太高，干燥时间不宜过长，否则会将缺陷中渗透剂烘干，不能形成缺陷显示。过度干燥还会造成渗透剂中染料变质。允许的最高干燥温度与所用渗透剂种类及被检工件材料有关。

　　一般液体渗透检测工艺方法标准只作总体规定：干燥时被检工件表面的温度不得大于 50℃，干燥时间 5～10 min。

5. 显像

　　显像的过程是在被检工件表面施加显像剂，利用毛细作用将缺陷中的渗透剂吸附至被检工件表面，从而产生清晰可见的缺陷显示图像。

　　（1）显像的方法　常用的显像方法有干式显像、非水基湿式显像、湿式显像和自显像等。

　　①干式显像　也称干粉显像，主要用于荧光液体渗透检测法。

　　②非水基湿式显像　也称溶剂悬浮显像。非水基湿式显像主要采用压力喷罐喷涂。

　　③水基湿式显像　分为水悬浮湿式显像及水溶解湿式显像。

　　④自显像法　即在干燥后不施加显像剂，停留 10～120 min。

　　（2）显像时间　显像时间取决于显像剂和渗透剂的种类、缺陷大小以及被检工件温度。显然，非水基湿式显像（即溶剂悬浮式显像剂）由于有机溶剂挥发较快，显像时间则很短。JB/T 4730.5 标准中规定：自显像停留 10～120 min，其他显像方法显像时间一般应不少于 7 min。

　　（3）显像剂的选择　渗透剂不同，表面状态不同，使用的显像剂也应不同。就荧光渗透剂而言：光滑表面应优先选用溶剂悬浮湿式显像剂；粗糙表面应优先选用干式显像剂；其他表面应优先选用溶剂悬浮湿式显像剂，然后是干式显像剂，最后考虑水悬浮或水溶解湿式显像剂。就着色渗透剂而言，任何表面状态，都应优先选用溶剂悬浮湿式显像剂，然后是水悬浮湿式显像剂。

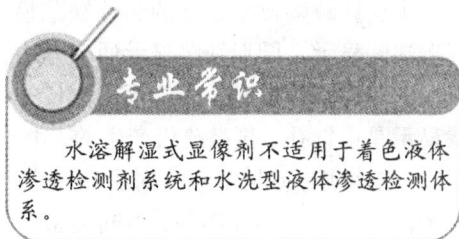

> **专业常识**
>
> 水溶解湿式显像剂不适用于着色液体渗透检测剂系统和水洗型液体渗透检测体系。

6. 观察评定

　　观察显示应在显像剂施加后 7～60 min 内进行。着色渗透检测时，缺陷的评定应在白光下进行，显示为红色图像。荧光液体渗透检测时，缺陷的评定应在暗室或暗处的黑光灯下进行，显示为明亮的黄绿色图像。

7. 后清洗及复验

　　渗透检测完成之后，应当去除显像剂涂层、渗透剂残留痕迹及其他污染物，即后清洗。一般来说，去除这些物质的时间越早，则越容易去除。后清洗的目的是保证液体渗透检测后去除任何会影响后续处理的残余物，使其不对被检工件产生损害或危害。

　　当出现下列情况之一时，需进行复验：

　　（1）检测结束后，用标准试块（例如Ⅰ型试块）校验时发现检测灵敏度不符合要求；

　　（2）发现检测过程中操作方法有误或技术条件出现改变时；

　　（3）合同各方有争议或认为有必要时。

　　需要复验时，必须对被检表面进行彻底清洗，以去掉缺陷内残余液体渗透检测剂，否则会影响检测灵敏度。

4.3.2　缺陷评定

　　缺陷评定是对观察到的相关显示进行分析，确定产生这种显示的原因及其分类的过程。

1. 缺陷显示的分类

缺陷显示的分类一般是根据其形状、尺寸和分布状况进行的。液体渗透检测的质量验收标准不同，对缺陷显示的分类也不尽相同。实际工作中，通常应根据受检工件所使用的质量验收标准进行具体分类。

对于承压类特种设备的液体渗透检测而言，通常将缺陷痕迹分为线性、圆形、密集形、纵（横）向显示等类型。

（1）线性缺陷显示　线性（也称为线状）缺陷显示通常是指长度（L）与宽度（B）之比（L/B）大于3的缺陷显示。裂纹、冷隔或锻造折叠等缺陷通常产生典型的连续线性缺陷显示。线性缺陷显示包括连续和断续线性缺陷显示两类。

（2）圆形缺陷显示　圆形缺陷显示通常是指长度（L）与宽度（B）之比（L/B）不大于3的缺陷显示。即除了线性缺陷显示之外的其他缺陷显示，均属于

> **专业常识**
>
> 　　断续线性缺陷显示可能是排列在一条直线或曲线上的相邻很近的多个缺陷引起的，也可能是单个缺陷引起的。对于这类缺陷显示，应作为一个连续的长缺陷处理，即按一条线性缺陷进行评定。

圆形缺陷显示。圆形缺陷显示通常是由工件表面的气孔、针孔、缩孔或疏松等缺陷产生的。较深的表面裂纹在显示时能渗出大量的渗透剂，也可能在缺陷处扩散成圆形缺陷痕迹。小点状显示是由针孔、显微疏松产生的，由于这类缺陷较为细微，深度较小，故显示较弱。

（3）密集形缺陷显示　对于在一定区域内存在多个圆形缺陷显示，通常称为密集形缺陷显示。由于采用标准不同，不同类型工件的质量验收等级要求不同，对一定区域的大小规定也不同，缺陷显示大小和数量的规定也不同。

（4）纵（横）向缺陷显示　对于轴类、棒类等工件的缺陷显示，当其长轴方向与工件轴线或母线存在一定的夹角（一般为大于等于30°）时，通常按横向缺陷显示处理，其他则可按纵向缺陷显示处理。

2. 常见缺陷及其显示特征

（1）气孔　液体渗透检测时，表面气孔的显示一般呈圆形、椭圆形或长圆条形红色亮光或黄绿色荧光亮点，并均匀地向边缘减淡。由于回渗现象较为严重，气孔的缺陷痕迹显示通常会随显像时间的延长而迅速扩展。

（2）裂纹　液体渗透检测时，热裂纹显示一般呈略带曲折的波浪状或锯齿状红色细条线或黄绿色细条状。但火口裂纹呈星状，较深的火口裂纹有时因渗透剂回渗较多使显示扩展而呈圆形。冷裂纹的显示一般呈直线状红色或明亮黄绿色细线条，中部稍宽，两端尖细，颜色或亮度逐渐减淡，直到最后消失。磨削裂纹显示呈红色断续条纹，有时呈现为红色网状条纹或黄绿色荧光亮网状条纹。

（3）未熔合　液体渗透检测时，通常无法发现层间未熔合，只有当坡口未熔合延伸到表面时才能被液体渗透检测发现。未熔合显示呈现为直线状或椭圆状的红色条状或黄绿色荧光亮条线。

（4）未焊透　液体渗透检测中，能发现的未焊透显示呈一条连续或断续的红色线条或黄绿色荧光亮线条，宽度一般较均匀。

（5）缩孔和疏松　露出工件表面的疏松，在液体渗透检测时能够较容易地显示出来。根据疏松形态不同，液体渗透检测时的缺陷显示，有的呈密集点状，有的呈密集条状，有的呈

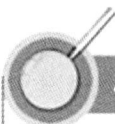

聚集块状。每个点、条、块的显示又是由无数个靠得很近的小点显示连成一片而形成的。

3. 缺陷评定的要求

JB/T 4730.5《承压设备无损检测　第5部分：液体渗透检测》是锅炉、压力容器、压力管道等承压类特种设备的液体渗透检测方法标准和质量验收标准。

（1）缺陷评定的要求

①显示分为相关显示、非相关显示和虚假显示。非相关显示和虚假显示不必记录和评定。

②小于0.5 mm的显示不计，除确认显示是由外界因素或操作不当造成的外，其他任何显示均应作为缺陷处理。

③缺陷长轴方向与工件（轴类或管类）轴线或母线的夹角大于或等于30°时，按横向缺陷处理，其他按纵向缺陷处理。

④长度与宽度之比大于3的缺陷显示，按线性缺陷处理；长度与宽度之比小于或等于3的缺陷显示，按圆形缺陷处理。

⑤两条或两条以上线性显示在同一条直线上且间距不大于2 mm时，按一条显示处理，其长度为两条显示之和加间距。

（2）质量分级　焊接接头和坡口的质量分级按表4-5进行，其他部件的质量分级按表4-6进行。

表4-5　焊接接头和坡口的质量分级　　　　　　　　　　　　　　　　　　mm

等级	线形缺陷	圆形缺陷（评定尺寸 35 mm×100 mm）
I	不允许	$d \leqslant 1.5$，且在评定框内少于或等于1个
II	不允许	$d \leqslant 4.5$，且在评定框内少于或等于8个
III	$L \leqslant 4$，不允许裂纹	$d \leqslant 8$，且在评定框内少于或等于6个
IV	大于III级	

注：L为线形缺陷长度，mm；d为圆形缺陷在任何方向上的最大尺寸，mm。

表4-6　其他部件的质量分级　　　　　　　　　　　　　　　　　　　　mm

等级	线形缺陷	圆形缺陷（评定尺寸 2500 mm²，其中一条矩形边的最大长度为150 mm）
I	不允许	$d \leqslant 1.5$，且在评定框内少于或等于1个
II	$L \leqslant 4$，不允许裂纹和横向缺陷	$d \leqslant 4.5$，且在评定框内少于或等于8个
III	$L \leqslant 8$，不允许裂纹	$d \leqslant 8$，且在评定框内少于或等于6个
IV		大于III级

注：L为线形缺陷长度，mm；d为圆形缺陷在任何方向上的最大尺寸，mm。

4. 液体渗透检测记录和报告

液体渗透检测时应作好检测原始记录，液体渗透检测完成后应在原始记录的基础上发出液体渗透检测报告。按照无损检测质量管理的一般要求，通常检测记录的信息量应不少于检测报告的信息量。液体渗透检测原始记录及报告应包括如下内容：

（1）受检工件状态　委托单位，被检工件的名称、编号、规格、形状，坡口形式、焊接方式和热处理状态等。

（2）检测方法及条件　检测设备：液体渗透检测剂名称和牌号；检测规范：检测比例、检测灵敏度校验及试块名称、预清洗方法、渗透剂施加方法、乳化剂施加方法、去除方法、干燥方法、显像剂施加方法、观察方法和后清洗方法，渗透温度、渗透时间、乳化时间、水压及水温、干燥温度和时间、显像时间等。

（3）检测结论　检测标准名称和质量验收标准名称；缺陷名称、大小及等级；检测结果等。

（4）示意图　液体渗透检测部位、缺陷痕迹显示记录及工件草图（或示意图）；

（5）其他　检测和审核人员签字及其技术资格；检测日期等。

液体渗透检测报告格式如表 4 - 7 所示，可供参考。

表 4 - 7　液体渗透检测报告

单位内编号／设备代号　　　　　　　　　　　　　　　　　　　　报告编号：

渗透剂型号		表面状况	
清洗剂型号		环境温度	
显像剂型号		对比试块	
渗透时间		显像时间	
检测标准		检测比例	

检测部位（区段）及缺陷位置示意图：

液体渗透检测结果评定表					
区段编号	缺陷位置	缺陷尺寸	缺陷性质	缺陷评定	备注

检测结果：

检测：	日期：	审核：	日期：

4.3.3　液体渗透检测灵敏度及液体渗透检测操作的质量控制

1. 液体渗透检测剂系统灵敏度鉴定

灵敏度鉴定，就是用当前使用的液体渗透检测剂系统，按规定工艺对标准试块进行处理，将检测结果（人工缺陷显示的点数、亮度或颜色深度等）与未使用过的合格液体渗透检测剂系统的检测结果相比较，以评定当前液体渗透检测剂系统的灵敏度。

（1）低灵敏度液体渗透检测剂系统鉴定　使用 A 型试块鉴定。将被检渗透检测剂施加到 A 型试块的半个表面上，将标准检测剂施加到 A 型试块的另外半个表面上。试验参数按表 4-8 的规定，按照液体渗透检测的标准操作程序，处理 3 块 A 型试块。被检液体渗透检测剂在 A 型试块上所显示出的痕迹，其数量和亮度应等于或超过相应标准剂所显示的痕迹。

表 4-8　低灵敏度液体渗透检测剂系统试验参数

试验参数 液体渗透检测剂	渗透时间/min	乳化时间/min	显像时间/min
水洗型	10		5
后乳化型	10	荧光:2　着色:0.5	5
溶剂去除型	10		5

（2）中、高和超高灵敏度液体渗透检测剂系统鉴定　使用 C 型试块鉴定。将被检液体渗透检测剂施加到 C 型试块的半个表面上，将相应标准检测剂施加到 C 型试块的另半个表面上。按表 4-9 规定的试验参数处理 3 块 C 型试块。被检液体渗透检测剂在 C 型试块上所显示出的痕迹，其数量和亮度应等于或超过相应标准检测剂所显示的痕迹。

表 4-9　中、高和超高灵敏度液体渗透检测剂系统试验参数

检测工序	水洗型	后乳化型（亲油）	后乳化型（亲水）	溶剂去除型
预水洗	—	—	水压 0.2 MPa 水温(20±5)℃，1 min	
施加渗透剂	5 min	5 min	5 min	5 min
乳化	—	2 min	按制造厂浓度(2 min)	—
水洗	水压 0.2 MPa 水温(20±5)℃，5 min	根据要求	水压 0.2 MPa 水温(20±5)℃，2 min	—
溶剂擦拭	—	—	—	根据要求
干燥和显像	干燥：轻微气流吹干 30 min，温度(20±5)℃，显像：15 min			

2. 液体渗透检测的质量控制

液体渗透检测工艺操作系统包括如下几部分内容：表面准备和预清洗、渗透、去除、干燥、显像、观察及评定、后清洗等。液体渗透检测工艺操作系统质量控制的总体要求是：每个工作班开始之前或操作条件发生变化时，用 B 型标准试块校验工艺操作系统的灵敏度，缺陷显示痕迹显示的形貌、

专业常识

试块是要反复使用的，因此，每次使用后要彻底清洗，以保证去除缺陷中的荧光渗透剂或着色渗透剂的残余。

数量、亮度及颜色深度，应与试块显示的复制品（或照片）进行对比，合格后方可进行检测工作。检测过程中应严格执行工艺规程。

（1）表面清理和预清洗的质量控制　所有表面准备方法不得损伤工件表面，不得堵塞表面开口缺陷。清洗材料及清洗方法不得影响渗透剂的性能，且不腐蚀或损坏被检工件。

工件表面及缺陷内的油脂、铁锈等污物去除之后，工件必须进行干燥，以便排除缺陷内的有机溶剂及水分。

（2）渗透操作的质量控制　在渗透时间内，渗透剂必须将被检部位全部润湿覆盖。工件及渗透剂的温度应保持为15℃～50℃。

渗透时间应根据渗透剂的种类、被检工件材质及用途、缺陷的性质及细微程度来确定，应确保规定的渗透时间。

专业常识

要严格控制乳化时间，必须防止"过乳化"。

（3）施加乳化剂的质量控制　乳化剂要与渗透剂同族组，施加方法要适当，要确保被检表面能均匀乳化。乳化时间取决于乳化剂的乳化能力、浓度、工件表面状态和缺陷类型等因素。

（4）去除表面渗透剂的质量控制　水洗型和后乳化型渗透剂的去除：工件经充分渗透或乳化以后，清洗去除时，必须边清洗边观察。清洗荧光渗透剂时，在黑光灯下观察，清洗着色渗透剂时，在适当白光光照下观察。以免清洗不足或清洗过度。

溶剂去除型渗透剂的去除应先用不起毛和有吸附能力的布擦去大部分渗透剂，再用不起毛、清洁、干燥的布蘸上有机溶剂擦去剩余在表面上的渗透剂。不允许直接用有机溶剂对工件喷洗。

（5）干燥操作的质量控制　用清洁、干燥和经过过滤的压缩空气吹去工件表面的水分，其压力不超过1.5 MPa，喷嘴与工件相距不小于30 cm。

用温度不超过80℃的热空气循环烘箱干燥工件。干燥时间随工件尺寸、形状及材料而定，干燥的时间应尽量短。

（6）显像操作的质量控制　施加在工件表面上的干粉显像剂，分布要均匀，显像剂层要薄。

悬浮湿式显像剂使用前要充分搅拌均匀，使显像剂粉末保持悬浮分散状态。

用喷涂法施加显像剂时，喷涂装置应与被检表面保持一定的距离（约200～300 mm），使显像剂在到达工件表面时，几乎是干的。避免过近而造成淌流或局部显像剂覆盖层过厚。

显像时间应根据液体渗透检测方法及缺陷的性质确定，应不少于7 min。

（7）观察及评定操作的质量控制　荧光液体渗透检测操作：黑光灯启动10～15 min后方可开始工作。被检部位上的紫外线辐照强度应不低于1000 $\mu W/cm^2$。可选用合适的红色眼镜，不可佩戴光敏眼镜。

检测人员进入暗室后，眼睛至少要有3 min的黑暗适应时间。可佩戴防紫外线的无色镜。着色渗透检测操作必须在自然光或白光照度不少于500 lx的灯光下检测，并应无其他反射光。

（8）后清洗操作的质量控制　工件检测完毕，应清洗残余的渗透剂和显像剂。如果残余渗透剂和显像剂对工件随后的处理或使用有影响，例如产生腐蚀时，则清洗需更彻底。清洗后的工件应该干燥处理或进行防腐蚀处理。

（9）工件标识的质量控制　如果工件表面出现缺陷痕迹显示，可根据需要分别用照片、示意草图或复印等方法记录缺陷痕迹显示位置及形貌。

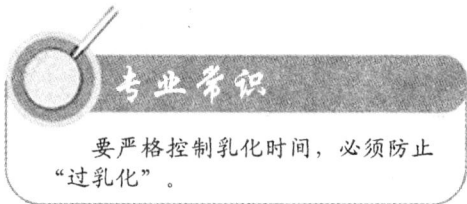

（10）检测环境条件的控制　检测场地面积的大小，应根据被检工件的形状、尺寸、数量及相应形式的检测生产线而定。检测场地应有足够的活动空间，应设有排水沟，水磨石地面。场地内应设置抽排风装置、压缩空气管路及暖气设施。场地内温度应不低于15℃，相对湿度应不超过50%。

静电喷涂场地墙壁应采用瓷砖砌成，地面应有15°~20°的倾斜，以便排放污水。荧光渗透剂废水及其他污水处理后，应符合环境保护要求。

4.4　焊缝液体渗透检测实例

4.4.1　焊缝的液体渗透检测

焊缝进行液体渗透检测时，多采用溶剂去除型着色法，也可采用水洗型荧光法。在灵敏度等级符合要求时，也可采用水洗型着色法。

4.4.2　坡口的液体渗透检测

坡口常见缺陷是分层和裂纹。分层是轧制缺陷，平行于钢板表面，一般分布在板厚中心附近。裂纹有两种，一种是沿分层端部开裂的裂纹，方向大多平行于板面；另一种是火焰切割裂纹，无一定方向。

由于坡口的表面比较光滑，可采用溶剂去除型着色法对其进行渗透检侧，可得到较高的灵敏度。因坡口面一般比较窄，所以检测操作时可采用刷涂法施加检测剂，以减少检测剂的浪费和环境污染。

4.4.3　焊接过程中的液体渗透检测

焊接过程中有时需进行清根和层间检测，对于焊缝清根可采用碳弧气刨法和砂轮打磨法。两种方法都有局部过热的情况，碳弧气刨法还有增碳产生裂纹的可能。所以，液体渗透检测时应注意这些部位。因清根面比较光滑，可采用溶剂去除型着色法进行检测。

某些焊接性能差的钢种和厚钢板要求每焊一层检测一次，发现缺陷及时处理，保证焊缝的质量。层间检测时可采用溶剂去除型着色法。如果灵敏度满足要求，也可采用水洗型着色法，操作时一定注意不规则的部位，不能漏掉缺陷也不能误判缺陷，造成不必要的返修。

焊缝清根经渗透检测后，应进行后清洗。多层焊焊缝，每层焊缝经渗透检测后的清洗尤为重要，必须处理干净；否则，残留在焊缝上的渗透剂会影响随后进行的焊接，可能会产生严重缺陷。

焊缝的表面准备，多借助于机械方法对焊缝及热影响区表面进行清理，以去除焊渣、飞溅、焊药和氧化物等污染物。因此，可以采用砂轮机打磨、钢丝刷刷和压缩空气吹等手段。对焊缝表面进行清理时，应特别注意不要让金属屑粉末堵塞表面开口缺陷，尤其是用砂轮打磨时更应注意。在污染物基本清除后，应用清洗液（例如丙酮或香蕉水）清洗焊缝表面的油污，最后用压缩空气吹干。

施加渗透剂时，常用刷涂法。刷涂时，用蘸有渗透剂的刷子在焊缝及热影响区上反复涂刷3~4次，每次间隔3~5 min。也可采用喷涂法，操作方法与刷涂法相同。对于小型工件，也可采用浸涂法，工件表面温度控制在10℃~50℃时，渗透时间应大于或等于10 min。

渗透一定时间后，先用干净不脱毛的布擦去焊缝及热影响区表面多余的渗透剂，然后再用蘸有清洗剂的布擦拭。擦拭时，应注意沿一个方向擦拭。不得往复擦拭，以免相互污染，在保证去除效果的前提下，应尽量缩短清洗剂与检测面的接触时间，以免产生过清洗。清洗后的检测面可采用自然干燥或压缩空气吹干。

焊缝显像以喷涂法为最好，利用压缩空气或压力喷灌将溶剂悬浮显像剂均匀喷洒于检测面上，可用电吹风或压缩空气加速显像剂的干燥和显像剂薄膜的形成。显像3~5 min后，可用肉眼或借助放大镜观察所显示的图像，为便于发现细微缺陷，可间隔几分钟观察一次，重复观察2~3次。对于表面成形不好，易出现缺陷的部位，应特别注意观察，如焊缝引弧处和熄弧处易产生细微的火口裂纹。对于细小缺陷的检测可将显像时间适当延长。

4.5 技能训练

4.5.1 溶剂清洗型着色液性能的比较

1. 实训目的

掌握检测中使用的溶剂清洗型着色液与标准着色液性能的比较方法；学会不同渗透液性能的比较方法。

2. 实训设备及器材

白光光源、铝合金淬火试块（A型试块）、标准的与使用中的溶剂清洗型着色液、与溶剂清洗型着色液同族组的标准清洗液及标准显像液。

3. 实训方法及步骤

（1）用清洗液清洗试块，并进行干燥。

（2）先将标准的溶剂清洗型着色液均匀涂在A型试块的半面上，再将使用中的溶剂清洗型着色液均匀涂在A型试块的另半面上。

（3）然后使用标准处理方法，按图4-6处理程序进行处理。

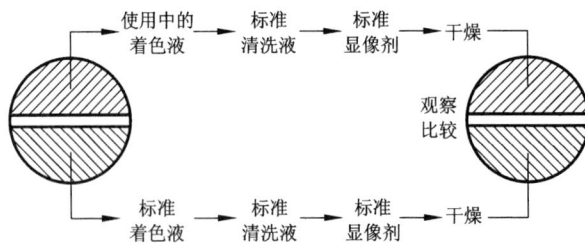

图4-6 溶剂清洗型着色液性能比较的试验程序

（4）观察比较标准着色液与使用中的着色液缺陷显示状态，从而确定使用中的着色液可否继续使用。

4. 实训说明

（1）对于两种不同牌号的渗透液，其性能比较试验可参照上述试验方法。可将不同牌号的两种着色液分别涂于试块的两个半面上，然后分别使用各自的清洗液及显像剂，按各自的标准处理方法处理，最后观察比较。

（2）对于分析研究渗透、乳化、清洗及显像处理工序是否得当，也可参照上述试验方法。例如要研究乳化清洗处理工序是否得当的试验时，首先在相同的条件下，将渗透液涂在 A 型试块的两个半面上，然后，在完全相同的条件下进行乳化清洗以外的各项处理。即只是在乳化清洗处理工序时改变 A 型试块的两个半面上的乳化清洗时间、水压、水温等试验条件下进行试验，最后观察比较。

（3）也可使用黄铜板镀镍铬定量试块（C 型试块）进行上述试验。

4.5.2　后乳化型着色液的配制

1. 实训目的

学会一般渗透液的配制方法；掌握后乳化着色液的配制方法。

2. 实训设备、器材

白光光源、不锈钢镀铬辐射状裂纹试块（B 型试块）、化学试剂（苏丹Ⅳ 8 g；乙酸乙酯 50 mL；航空煤油 600 mL；松节油 50 mL；变压器油 200 mL；丁酸丁酯 100 mL）、玻璃容器（容积 1500 mL）、玻璃搅拌棒（长 200 mm）、天平、量筒（容量 500 mL）。

3. 实训方法及步骤

（1）将玻璃容器、玻璃搅拌棒及量筒清洗干净。

（2）准确称取苏丹Ⅳ 8 g。

（3）用量筒分别量取：乙酸乙酯 50 mL；航空煤油 600 mL；变压器油 200 mL；松节油 50 mL；丁酸丁酯 100 mL。

（4）先将苏丹Ⅳ 8 g 置于玻璃容器中，然后将 50 mL 乙酸乙酯缓缓倒入，一边倒一边搅拌，让苏丹Ⅳ浸透在乙酸乙酯中，并搅拌均匀。

（5）按如下顺序依次倒入航空煤油、松节油、变压器油、丁酸丁酯。每加进一种溶剂，都需搅拌均匀。

（6）一直搅拌至苏丹Ⅳ完全溶解，并且各种溶剂均匀混合，此时着色液基本配制完毕。

（7）用 B 型试块检查新配制的着色液的灵敏度。除着色液外，其他乳化剂、清洗液、显像剂均用同族组的标准检测剂按标准处理方法处理，将辐射状裂纹显示与原保存的复制品对照，观察对比以确定新配制的着色液可否使用。

4. 实训说明

（1）配制的着色液不应有沉淀结块物，如果发现有沉淀结块物可用水浴法适当提高温度，但以不超过 40℃为宜。

（2）配制过程中乙酸乙酯倒入苏丹Ⅳ中时，应防止出现结块现象。

（3）在本方法的着色液配方中，苏丹Ⅳ是着色染料，乙酸乙酯是渗透剂，航空煤油及松节油是溶剂渗透剂，变压器油是增光剂，丁酸丁酯是助溶剂。

4.5.3 溶剂悬浮显像剂的配制

1. 实训目的

学会一般显像剂的配制方法；掌握溶剂悬浮显像剂的配制方法。

2. 实训设备、器材

白光光源、不锈钢镀铬辐射状裂纹试块（B 型试块）、化学试剂（二氧化钛 10 g；丙酮 400 mL；乙醇 150 mL；胶棉液 450 mL）、玻璃容器（容积 1500 mL）、玻璃搅拌棒（长 200 mm）、天平（量程 500g）、量筒（容量 500 mL）。

3. 实训方法及步骤

（1）将玻璃容器、玻璃搅拌棒及量筒清洗干净。

（2）准确称取二氧化钛 50 g。

（3）用量筒分别量取丙酮 400 mL、乙醇 150 mL、胶棉液 450 mL。

（4）先将二氧化钛 50g 置于玻璃容器中，然后将丙酮缓缓倒入二氧化钛中，一边倒一边搅拌，让二氧化钛浸透在丙酮中，搅拌均匀。

（5）按顺序依次倒入乙醇、胶棉液。每加一种溶剂，都需搅拌均匀。

（6）一直搅拌至二氧化钛完全溶解，并且各种溶剂均匀混合，此时显像剂基本配制完毕。

（7）用 B 型试块，检查新配制的显像剂的性能，除显像剂外，其他着色液、清洗剂均用同族组的标准检测剂，按标准处理方法处理，并将辐射状裂纹显示与原保存的复制品对照，观察对比以确定新配制的显像剂可否使用。

4. 说明

（1）配制的显像剂不应有结块现象，经轻微搅拌，沉淀物即可在溶剂中分散并悬浮起来。

（2）在本试验的显像剂配方中，二氧化钛是吸附剂，丙酮是溶剂，乙醇是稀释剂，胶棉液是限制剂。

4.5.4 渗透剂的灵敏度测试

1. 实训目的

掌握渗透剂灵敏度的测试方法；能正确评价渗透剂的灵敏度。

2. 实训设备及器材

试板（75 mm×50 mm×80 mm 的 LY－12 铝合金三块、25 mm×152 mm×6.4 mm 的 TC4 合金板若干块、25 mm×152 mm×6.4 mm 的 GH169 合金板若干块）、煤气喷灯（或焊枪）1 台、烘箱 1 个、测温色笔 1 支、被测渗透剂若干、标准渗透剂若干、标准显像剂若干、三氯乙烷若干、甲醇（或丙酮）若干、标准乳化剂（亲水性）若干。

3. 实训方法及步骤

（1）低灵敏度渗透剂系列

①试板的制备

（a）从厚度为 8 mm，T3 状态的 LY－12 铝合金板上取 75 mm×50 mm 的铝板，75 mm 这一尺寸应平行于铝板的轧制方向。

（b）将取下的试板放在架子上，在试板上侧正中心直径约为 20 mm 的区域，用 510℃~527℃的测温色笔涂敷。

（c）将煤气喷灯或焊枪的火焰射到试板下侧中心且位置固定。喷灯的热度应调节到使板加热约 4 min 测温色笔所涂之处熔化。

（d）此后，立即将试板在冷自来水中淬火，以产生热裂纹。如有要求的话，在试板的另一面重复进行上述操作。

（e）在试板两面的热影响区中心，横过 50 mm 这一方向切一条约 2 mm×2 mm 的槽，这样就形成了两个相似的区域而又避免了相互污染。

（f）试板使用前，用毛刷和液体溶剂认真擦洗干净，然后用蒸汽除油。

②测试步骤

（a）将被检系列渗透剂施加到以试板边和 2 mm 槽所围住的半个表面上，将标准渗透剂施加到试板剩余的半个表面上，停留时间按表 4–10 的规定。

表 4–10　低灵敏度渗透剂系列停留时间

低灵敏度渗透剂	停　留　时　间		
	渗透剂	乳化剂	显像剂
可水洗型	10 min	不用	5 min
后乳化型（亲油的）	10 min	光：2 min　着色：30 s	5 min
溶剂去除型	10 min	不用	5 min

（b）当需要时，可在试验前将试板放在(60±3)℃ 的烘箱内干燥。

（c）试验应处理三块这样的试板，将被检渗透剂处理的试板产生的显示和用标准渗透剂处理的试板产生的显示相比较。

（2）中级、高级和超高级灵敏度渗透剂系列

①试板的制备

（a）试板尺寸为 25 mm×152 mm×6.4 mm，其中一些是由 TC4 合金制作的，其余则是由 GH169 合金制作。

（b）所有试板都应含有在试验室制出的低周波裂纹，这种裂纹具有一定的长度范围和表面开口度。

②测试步骤

（a）首先将试板用相应的标准渗透剂按表 4–11 工艺参数进行处理；并将显示的特征和亮度（定性的）记录下来。

表 4–11　试板的处理参数

工　序	处　理　参　数
施加渗透剂	沉浸和滴落 5min
清洗	1 min，水的表压为 $20×10^4$ Pa，水温为(21±3)℃
乳化	在 2% 的乳化剂水溶液中浸 5 min
清洗	2 min，水的表压为 $20×10^4$ Pa，水温为(21±3)℃
干燥	擦拭，然后在空气中干燥
施加显像剂	喷洒 1~2 min 停留时间不超过 30 min

（b）将试板用清洗剂清洗并干燥，再用三氯乙烷进行超声清洗至少 10 min，接着用甲醇或丙酮清洗，然后放在(67±3)℃的烘箱内干燥约 10 min。

（c）试板冷却至室温后施加被检渗透剂（用标准显像剂），并根据要求，将以上提到的试验参数改为用表 4-12 的参数进行处理，做两次。

（d）用被检的渗透剂获得的结果与对应的标准渗透剂比较，判定是否符合要求。

表 4-12　中级、高级和超高级灵敏度渗透剂试验参数

方　　　法	可水洗型（亲油的）	后乳化型	溶剂去除型	后乳化型（亲水的）
施加渗透剂	沉浸和滴落 5 min			
清洗	—	—	—	①
乳化	—	2 min	—	①②
清洗	5 min 表压：20×10^4 Pa 水温 21℃	③		①
溶剂擦拭	—	—	③	
干燥	（所有方法）轻微的气流吸 30 min　　(21±3)℃（第一次）　　(66±3)℃（第二次）			
显像剂停留时间	15 min			

注：①与表 4-9 处理方法相同；②按制造厂推荐的浓度；③根据要求。

4. 实训说明

按航空制件液体渗透检测质量控制标准（HB 5385.4—86）规定，当按本方法试验时，试板上所显示的痕迹，其亮度和数量应等于或超过相应标准材料所得痕迹。

4.5.5　显像剂的灵敏度测试

1. 实训目的

掌握显像剂灵敏度的测试方法；能正确评价显像剂的灵敏度。

2. 实训设备及器材

试板（25 mm × 152 mm × 6.4 mm 的 TC4 合金板若干块，25 mm × 152 mm × 6.4 mm 的 GH169 合金板若干块）、烘箱 1 台、被测显像剂若干、标准渗透剂若干、标准显像剂若干、标准乳化剂（亲水性）若干、三氯乙烷若干、甲醇（或丙酮）若干。

3. 实训方法及步骤

(1)试板的制备　试板的制备与 4.5.4 相同。

(2)测试步骤

①首先将试板用相应的标准渗透剂、乳化剂、显像剂按表 4-7 工艺参数进行处理；并将显示的特性、征状和亮度（定性的）记录下来。

②将试板用清洗剂清洗并干燥，再用三氯乙烷进行超声清洗至少 10 min，接着用甲醇或丙酮清洗，然后放在 (67±3)℃ 的烘箱内干燥约 10 min。

③将试板冷却至室温后，采用标准的渗透剂和标准的乳化剂按表 4-7 工艺参数进行处

理,最后施加被测显像剂,此过程重复两次。

④用被检显像剂获得的结果与对应标准显像剂相比较,判定是否符合要求。

4. 实训说明

(1)显像剂的灵敏度按本方法进行试验时,试板上所显示出的痕迹,其亮度和数量应等于或超过相应标准材料所得痕迹。

(2)对于水溶型的和水悬浮型的显像剂按制造厂的说明书混合到推荐使用的最大浓度,将试板浸入,然后将这些试板在(21±3)℃的空气中干燥 30 min。对于非水溶型显像剂,应按制造厂的说明施加,然后将显像剂与对应的标准显像剂比较,判定是否符合要求。

4.5.6 焊缝着色检测

1. 实训目的

掌握焊缝着色检测的试验方法;能使用溶剂清洗型着色液对焊缝进行实际检测。

2. 实训设备及器材

白光光源、不锈钢镀铬辐射状裂纹试块(B 型试块)、焊缝试板(长约 200 mm)、溶剂清洗型着色液及同族组的清洗液及显像剂,以及铁刷、砂纸、锉刀、扁铲等钳工工具和丙酮(或香蕉水)。

3. 实训方法及步骤

(1)清理焊缝试板 使用铁刷、锉刀、砂纸、扁铲等工具,清理焊缝试板的焊缝与热影响区,去除表面飞溅物、焊渣、铁锈等杂物。

(2)预清洗 使用丙酮或香蕉水擦拭焊缝及 B 型试块表面,去除油污及锈蚀物。然后令被检表面充分干燥。

(3)渗透处理 将着色液刷涂或喷涂于受检表面。当环境温度为 5℃ ~ 50℃时,渗透时间通常在 10 ~ 15 min 或按检测剂说明书进行。

(4)清洗处理 渗透达到规定的渗透时间后,先用干净的纱布擦去受检表面的多余着色液,再用蘸有清洗剂的纱布擦洗。最后用干净的纱布擦净。

(5)显像处理 将显像剂刷涂或喷涂于受检表面,显像剂层应薄而均匀,厚度以 0.05 ~ 0.07 mm 为宜,喷涂时,喷嘴距受检表面不要太近,一般以 100 mm 左右为宜。显像时间以 15 ~ 30 min 为宜。

(6)检查 显像时间结束后,即可在白光下进行检查。先检查 B 型试块表面,观察辐射状裂纹显示是否符合要求。如果显示符合要求,即可说明整个渗透系统及操作符合要求。此时,方可检查焊缝试板表面,观察红色图像,必要时用 5 ~ 10 倍放大镜观察。

(7)记录 将下列项目记录下来:受检试件及编号;受检部位;检测剂(含着色剂、清洗剂及显像剂)名称牌号;主要工艺参数(含渗透时间、清洗时间、显像时间等);缺陷类别、数量、大小、检测日期。

4. 实训说明

本测试步骤的依据是 QJ 1268—1987 标准,仅适用于溶剂清洗型着色渗透检测系统。其他渗透检测系统略有不同,可详见 QJ 1268—1987 标准。

【综合训练】

一、填空题

1. 液体渗透检测是以 _____ 为基础的 _____ 的无损检测方法。

2. 液体渗透检测中，_____ 是进行液体渗透检测的先决条件。

3. 液体渗透检测中，渗透剂对工件表面开口缺陷的渗透，实质上是 _____。

4. 显像是利用 _____ 吸附从缺陷中回渗到 _____ 的渗透剂，形成缺陷显示。

5. 液体渗透检测是基于 _____ 和 _____ 的发光现象。

6. 液体渗透检测一般在 _____ 后，_____ 前以及焊件制成之后进行。

7. 液体渗透检测剂由 _____、_____、_____ 和 _____ 组成。

8. _____ 在很大程度上影响着液体渗透检测的检测质量。

9. 液体渗透检测中干燥的方法有 _____、_____、_____、_____ 等。

10. 对于承压类特种设备的液体渗透检测而言，通常将缺陷痕迹分为 _____、_____、_____ 等类型。

11. 液体渗透检测工艺操作系统包括：_____、_____、_____、_____、_____、_____ 等。

12. 坡口常见的缺陷有 _____ 和 _____。

13. 拉伸试验方法不属于 _____ 检测。

14. 液体渗透检测不易发现的缺陷是 _____。

15. 荧光液体渗透检测，被检工件表面的照度不得低于 _____。

二、判断题

1. 液体渗透检测前的预处理不允许进行酸洗。 （　　）

2. 液体渗透检测前工件的预处理范围应从检测部位四周向外扩展 30 mm 以上。 （　　）

3. 液体渗透检测渗透温度一般控制在 50℃ ~ 100℃ 内。 （　　）

4. 液体渗透检测中线性显示的缺陷不包括气孔。 （　　）

5. 液体渗透检测用试块主要用于衡量液体渗透检测的渗透性能。 （　　）

6. 液体渗透检测适宜于检查工件表面和内部的缺陷。 （　　）

7. 液体渗透检测只适用于铁磁性材料的检测。 （　　）

8. 液体渗透检测中，渗透剂对受检工件表面开口缺陷的渗透，实质是渗透剂的毛细作用。 （　　）

9. 在相同检测条件下，荧光液体渗透检测比着色液体渗透检测的灵敏度更高一些。 （　　）

10. 乳化处理在渗透与清洗两个操作步骤之间进行。 （　　）

11. 显像时间越长，缺陷显示越清晰，液体渗透检测的灵敏度越高。 （　　）

12. 液体渗透检测干燥时被检工件表面的温度不得大于 50℃。 （　　）

13. 后乳化型渗透剂进行乳化处理后易于清洗。 （　　）

14. 液体渗透检测时，热裂纹显示一般呈略带曲折的波浪状或锯齿状红色细条线或黄绿色细条状。 （　　）

15. 干式显像剂比湿式显像剂的显像效果好。 （　　）

三、思考题

1. 简述液体渗透检测的工作原理和使用范围。

2. 什么叫润湿？它对液体渗透检测有何影响？

3. 渗透剂的分类方法有哪几种？各分为哪几类？简述其主要特点。

4. 液体渗透检测质量检测用试块常用哪几种？各有什么优缺点？

5. 简述液体渗透检测的方法和步骤。

6. 液体渗透检测时缺陷痕迹的显示分成哪几类？常见缺陷分为哪几类？原始记录及检测报告应包括哪些内容？

7. 简述液体渗透检测灵敏度及液体渗透检测操作的质量及控制的内容。

8. 简述焊接过程中液体渗透检测的操作步骤。

模块五

磁力检测

[学习目标]

1. 掌握磁力检测的基本原理、分类及影响因素，具备合理选择其检测方法的能力；
2. 了解磁粉检测设备及材料，具备进行磁粉检测的能力；
3. 能够运用磁粉检测方法进行焊接质量评定，初步具备出具相应检测报告的能力。

5.1 磁力检测基础知识

磁力检测是一种通过对铁磁材料进行磁化产生的漏磁场，发现其表面或近表面缺陷的无损检测方法。磁力检测的灵敏度较高，操作简单。

5.1.1 磁力检测的基本原理

铁磁性材料制成的焊件被磁化后，工件就有磁力线通过。当磁通从一种介质进入另一种介质时，若两种介质的磁导率不同，在介面上的磁力线方向会发生改变，如果工件本身没有缺陷，磁力线在其内部是均匀连续分布的。但是，当焊件内部存在缺陷，如裂纹、夹杂、气孔等非铁磁性物质，由于其磁导率与工件不同，必将引起磁力线方向改变，产

专业常识

大多金属材料的焊缝缺陷检测符合磁力检测条件，磁力检测被广泛应用于焊接生产。

生一定程度的弯曲。当缺陷位于或接近焊件表面时，磁力线不但在焊件内部产生弯曲，而且还会穿过焊件表面漏到空气中形成一个微小的局部磁场，如图 5-1 所示。这种由于介质磁导率的变化而使磁通泄漏到缺陷附近空气中形成的磁场，称作漏磁场。通过一定的方法将漏磁场检测出来，进而确定缺陷的位置，包括缺陷的大小、形状和深度等，就是磁力检测的原理。

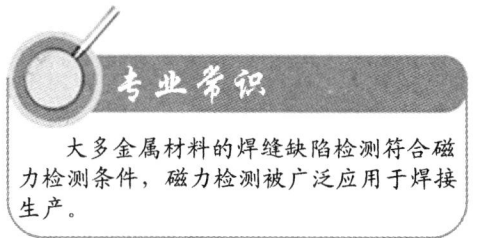

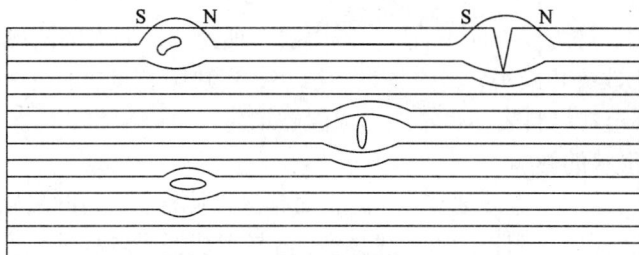

图 5 - 1　缺陷附近的磁通分布

5.1.2　磁力检测的分类

磁力检测的方法，按照检测漏磁通采用方式的不同，主要分为以下几类：

1. 磁粉检测法

在磁化后的工件表面撒上磁粉，磁粉粒子便会被吸附在缺陷区域，显示出缺陷的位置、形状和大小。磁粉检测法可用于任何形状的被测件，可直观地测出工件表面及近表面缺陷的位置、大小、形状和严重程度，是目前应用较广的一种磁力检测方法。

2. 磁敏检测法

磁敏检测法是利用电磁转换原理，将漏磁场转化为电信号，再经过放大、信号处理和储存，以光电指示器显示的检测方法。磁敏探头法所采用的检测设备主要由磁化装置、漏磁测量探头、操作工件运动装置、信号鉴别装置组成。磁敏探头法常用于自动化检测，在检测如棒材、直缝钢管等大批量生产的对称零件时，非常方便、高效。

3. 录磁检测法

录磁检测法是一种将磁带覆盖在已磁化的工件上，利用缺陷的漏磁场进行检测的一种方法。检测时，缺陷产生的漏磁场会将磁带局部磁化，然后用磁敏探头测出磁带录下的漏磁，从而确定缺陷的位置。该方法主要用于检测焊缝及多边形棒材的表面质量。且录磁过程和测量过程可在不同的时间和地点分别进行，使用较方便。录磁检测法是一种较新的技术。

5.1.3　影响漏磁场强度的因素

在进行磁力检测时，了解影响漏磁场强度的各种因素，对分析影响检出灵敏度的各种原因具有实际意义。漏磁场强度的主要影响因素有以下几种：

1. 外加磁场强度的影响

一般来说，缺陷漏磁通密度会随工件磁感强度的增加而线性增加，当磁感应强度达到饱和值的 80% 左右时，漏磁场密度会急剧上升，其强度会迅速增加。

2. 材料磁导率的影响

材料磁导率越高，意味着材料越容易被磁化，那么在一定外加磁场作用下，磁导率越高的材料产生的磁场强度越高。其作用相当于增加了被检测件的外加磁场强度。

3. 缺陷磁导率的影响

如材料中的缺陷内部含有铁磁性材料（如镍、铁）的成分，即使缺陷在理想的方向和位置上时，也会在磁场的作用下被磁化，缺陷也不易形成漏磁场。缺陷的磁导率与材料的磁导率对漏磁场的影响正好相反，即缺陷的磁导率越高，产生的漏磁场强度越低。

4. 缺陷方向

当缺陷长度方向和磁力线方向垂直时，磁力线弯曲严重，形成的漏磁场强度最大。随着缺陷长度方向与磁力线夹角减小，漏磁场强度减小，当缺陷长度方向平行于磁力线方向时，漏磁场强度最小，甚至在材料表面也不能形成漏磁场。

5. 缺陷位置和形状的影响

同样的缺陷，位于表面时漏磁通较多，离表面越深，泄漏于空间的漏磁通越少。缺陷在垂直磁力线方向上的尺寸愈大，阻挡的磁力线愈多，容易形成漏磁场且其强度愈大。缺陷的形状为圆形时如气孔等，漏磁场强度小，当缺陷为线形时，容易形成较大的漏磁场。

5.2 焊件磁化方法的选择

在磁力检测中，必须在被检工件内或其周围建立一个磁场，磁场建立的过程就是工件磁化的过程。由于磁化方向的不同，以及工件的几何形状差异，焊件的磁化也有不同的方法。按磁化方向的不同可分为纵向磁化、周向磁化和复合磁化。纵向磁化是指将电流通过环绕工件的线圈，使工件沿纵向磁化的方法，工件中的磁力线平行于线圈的中心轴线，用于发现与工件轴垂直的周向缺陷。周向磁化是指给工件直接通电，或者使电流流过贯穿空心工件孔中的导体，旨在工件中建立一个环绕工件的并与工件轴垂直的周向闭合磁场，用于发现与工件轴平行的纵向缺陷，即与电流方向平行的缺陷。复合磁化是采用直流电流对磁轭产生纵向磁场，用交流电直接向工件通电产生周向磁场，使工件得到两个互相垂直的磁力线作用而产生合成磁场的方法。

对各类工件进行磁粉检测时，应选择合适的磁化方法对工件进行磁化。选择磁化方法时，主要考虑缺陷的方向、埋藏深度及工件的形状、尺寸等因素。表5－1介绍了几种常见的磁化方法的特点及应用范围。

表5－1 焊件磁化方法的特点及应用范围

磁化方法	特 点	应 用 范 围	示意图（G—电源，H—磁场，F—缺陷，D—导体直径）
通电法	将零件夹于检测机的两接触板之间，电流从零件上通过，形成周向磁场。用于检查与电流方向平行的不连续性缺陷。	适用于长条形零件，如铸件、锻件、机加工件、焊接件、轴类、钢坯和钢管等	
中心导体法	将导体穿入空心零件的孔中，并置于孔的中心，电流从导体上通过，形成周向磁场。用于检查空心零件内、外表面与电流方向平行的和端头径向的不连续性缺陷	适用于各种有孔的零件，如轴承圈、空心圆柱、齿轮、螺母、管件和阀体等	
偏置中心导体法	导体穿入空心零件的孔中，并贴近内壁放置，电流从导体上通过，形成周向磁场，用于局部检测空心零件内、外表面与电流方向平行和端头径向不连续性缺陷	适用于中心导体法检测时设备功率达不到的大型环、管件	

磁化方法	特　点	应用范围	示意图(G—电源,H—磁场,F—缺陷,D—导体直径)
触头法	用支杆触头接触零件表面,通电磁化,形成周向磁场。用于发现与两触头连线平行的不连续性缺陷	适用于焊接件及大型铸件、锻件和板材的局部检测	
环形件绕电缆法	用软电缆穿绕环形件,通电磁化,形成周向磁场。用于检测与电流方向平行的不连续性缺陷	适用于大型环形零件	
感应电流法	用磁通变化在工件上产生的感应电流对零件进行磁化,用于发现与感应电流方向平行的不连续性缺陷	适用于直径与壁厚之比大于 5 的薄壁环形件、齿轮和不允许产生电弧及烧伤的零件	
线圈法	零件放在通电线圈中,或用软电缆绕在零件上磁化形成纵向磁场。用于发现零件的横向不连续性缺陷	适用于纵长零件,如曲轴、轴管、棒材、铸件和焊接件	
磁轭法	用固定式电磁轭两磁极夹住零件进行整体磁化,或用便携式电磁轭两磁极接触零件表面进行局部磁化。用于发现与两磁极连线垂直的不连续性缺陷	整体磁化适用于零件横截面小于磁极横截面的纵长零件。局部磁化适用于大型零部件的检测	
多向磁化法	同时在零件上施加两个或两个以上不同方向磁场,其合成磁场的方向在零件上不断地变化着,一次磁化可发现零件上不同方向的不连续性缺陷	适用于管材、棒材、板材、焊接件及大型铸件与锻件	

　　表 5−1 中的磁化方法是目前比较常用的几种磁化方法,选择时主要是让检测时所产生的磁场方向尽量与焊缝缺陷的最长尺寸方向垂直,其次尽量让磁场方向与被检测面平行,以保证其检测精度。

5.3 磁粉检测法

磁粉检测法检查速度快,显示直观,费用低廉,几乎不受零件大小和形状的限制,有很高的灵敏度,可发现尺寸为微米级的缺陷;检测近表面缺陷的埋藏深度要视缺陷的大小而定,一般不超过 1~2 mm。其缺点是不能检查非铁磁性材料,漆层、镀层等覆盖层对检测灵敏度有明显影响,形状复杂件不易实现自动化。

磁粉检测可以分为干粉显示法和湿粉显示法。干粉法是利用手筛将干燥的磁粉直接洒在焊件上来显示缺陷磁痕的方法。在使用时,工人的劳动条件差,污染环境,喷洒不均匀容易造成漏检,所以应用较少。湿粉法是利用液体作为载体把磁粉配制成磁悬液,然后喷洒在工件上检测缺陷磁痕的方法,克服了干粉法的不足,目前应用较广泛。

5.3.1 磁粉检测的材料

1. 磁粉

磁粉是磁粉检测的显示介质,由铁磁性金属微粒组成。这些微粒具有适当的大小、形状和较高的磁导率,其磁性、粒度、颜色和悬浮性等对工件表面磁粉痕迹的显示有着很大的影响。

(1)磁粉的种类和特点 磁粉主要分为干法磁粉和湿法磁粉。

磁粉由工业纯铁粉、羰基铁粉或磁性氧化铁粉(Fe_2O_3 或 Fe_3O_4)制成。若在其上包覆一层荧光物质或其他颜料则可形成荧光磁粉或有色磁粉(有黑、红、蓝、白、黄和灰色等)。荧光磁粉显示的缺陷清晰可见,在紫外线的激发下呈黄绿色,色泽鲜明,易于观察,一般用于湿法检测。若配上光电转换装置,可实现自动或半自动化检测。有色磁粉可以增强磁粉的可见度,提高与被探件表面的衬度,使缺陷容易发现。

干法磁粉是指将干燥的磁粉直接施加到工件表面进行检测的方法。该磁粉广泛用于大型结构件和大型焊缝局部区域的磁粉检测。

湿法磁粉是指将磁粉按规定浓度悬浮在载液(油或水)中,通过流淌、喷雾或浇注的方法施加到被测工件表面。湿法比干法具有更高的检测灵敏度,特别适用于探测表面微小缺陷,常用于大批量工件的检测。

(2)磁粉的性能 磁粉的性能包括磁性、粒度、颜色、悬浮性等,磁粉性能应满足以下要求。

①磁粉应具有高磁导率和低剩磁性质,磁粉之间不应相互吸引。

②磁粉的粒度应不小于 200 目。检测用磁粉由铁的氧化物研磨后成为细小的颗粒经筛选而成,粒度 150~200 目(0.1~0.07 mm)。它分为黑磁粉、红磁粉、白磁粉和荧光磁粉等。

③磁粉的颜色应与被检工件有较高的对比度。检测时,为保证检测灵敏度,应事先用灵敏度试片对干、湿磁粉进行性能和灵敏度试验。对干磁粉,使用前必须在 60℃~70℃ 的温度下经过 2 h 的烘干处理。

2. 磁悬液

将磁粉加入适当的载液,搅拌时应呈均匀悬浮状,称为磁悬液。磁悬液浓度应根据磁粉种类、粒度、施加方法和被检工件表面状态等因素来确定。一般情况下,磁悬液浓度范围应符合表5-2的规定。测定前应对磁悬液进行充分搅拌。

表5-2 磁悬液浓度

磁粉类型	配制浓度/(g·L⁻¹)	沉淀浓度(含固体量)/[mL·(100 mL)⁻¹]
非荧光磁粉	10~25	1.2~2.4
荧光磁粉	0.5~3.0	0.1~0.4

3. 载液

湿法应采用水或低黏度油基载体作为分散媒介。若以水为载液时,应加入适当的防锈剂和表面活性剂,必要时添加消泡剂。油基载液的运动黏度在38℃时小于或等于3.0 mm²/s,在使用温度下应小于或等于5.0 mm²/s,闪点不低于94℃,且无荧光和无异味。

5.3.2 磁粉检测设备简介

用于承压设备的磁粉检测设备应符合JB/T 4730.4—2005《承压设备无损检测 第四部分:磁粉检测》之规定。应满足以下要求:

①当使用磁轭最大间距时,交流电磁轭至少应有45 N的提升力;直流电磁轭至少应有177 N的提升力;交叉磁轭至少应有118 N的提升力(磁极与试件表面间隙为0.5 mm)。

②采用剩磁法检测时,交流检测机应配备断电相位控制器。

③当采用荧光磁粉检测时,使用的黑光灯在工件表面的黑光辐射照度应大于或等于1000 μW/cm²,黑光的波长应为320~400 nm。中心波长约为365 nm。黑光源应符合GB/T 16673的规定。

④退磁装置应能保证工件退磁后表面剩磁小于或等于0.3 T(240 A/m)。

此外还有:磁场强度计;A1型、C型、D型和M1型试片和磁场指示器;磁悬液浓度沉淀管;2~10倍放大镜;白光照度计;黑光灯;黑光辐照计;毫特斯拉计等。

磁粉检测设备主要由磁粉检测机、测磁仪器及质量控制仪器等组成,主要设备是磁粉检测机,常用的有以下几种:

1. 便携式磁粉检测机

便携式磁粉检测机具有体积小、质量轻、易于搬动等优点,适合于高空、野外等现场磁粉检测及锅炉、压力容器焊缝的局部检测。常用的仪器有带触头的小型磁粉检测仪、电磁轭、交叉磁轭或永久磁铁等。这种检测机有磁轭式和磁锥式两种。

(1)磁轭式磁粉检测机 磁轭式磁粉检测机可分为永久磁轭和电磁轭两种。

①永久磁轭 采用软磁材料(纯铁)制作的∏形结构。在磁轭本体的中间镶嵌永久磁铁,并有磁路控制开关。因其不需要电源,更适合远离电源的场所使用。

②电磁轭 在用硅钢片制作的铁芯上绕制励磁线圈,当线圈中有交流或直流电通过时,则在铁芯内产生纵向磁场,从而对工件进行磁化。一般的电磁轭手柄都装有控制开关。

(2)磁锥式磁粉检测机可在工件上任意选择磁化方向,从而检测各个方向的缺陷,但一次磁化只能检测一个方向的缺陷。这种仪器比较小,常在现场使用。

2. 移动式磁粉检测机

移动式磁粉检测机一般都置于小车上,移动比较方便,适合小型工件和不易搬动的大型工件,如天然气罐、高压容器等的检测。

3. 固定式磁粉检测机

固定式磁粉检测机是一种大型的磁粉检测设备,一般安装在固定场合。它适合场地相对固定、中大型工件及需要较大磁化电流的可移动工件的检测。

4. 磁轭式旋转磁场检测机

磁轭式旋转场磁场检测机由电源箱及磁轭两部分组成,具有体积小,质量轻的特点。其应用除了与便携式磁粉检测机相同外,还可以检测缺陷分布为任意方向的焊件。

5.3.3 磁粉检测过程

磁粉检测过程包括:预处理、磁化、施加磁粉或磁悬液、磁痕的观察与记录、缺陷评级、退磁及后处理等。

1. 焊件表面预处理

用机械法或化学法把焊件表面的油污、氧化皮、涂层、焊剂和焊接飞溅物等清理干净,以免影响磁粉在焊件表面上的流动和漏磁场对磁粉的吸引。若采用干粉法,还要保持工件表面干燥。

2. 焊件磁化

(1) 确定检测方法 通常,经过热处理(淬火、回火、渗碳、渗氮等)的高碳钢和合金结构钢适用剩磁法检测,利用焊件本身的残余磁场检测缺陷。剩磁法是焊件磁化时不喷洒磁粉或磁悬液,待磁化结束后,立即喷洒磁粉或磁悬液的方法。在所有铁磁性材料和工件、工件复杂不易得到所需剩磁的工件、表面覆盖层较厚的工件使用连续法。连续法是在焊件开始磁化时就喷洒磁粉或磁悬液,磁化结束后,喷洒磁粉或磁悬液也随之结束的方法。

(2) 确定磁化电流种类 一般直流电结合干磁粉、交流电结合湿磁粉效果较好。

(3) 确定磁化方向 应尽可能使磁场方向与缺陷分布方向垂直。

(4) 确定磁化电流 磁化电流的选择是影响磁粉检测灵敏度的关键因素。磁化电流的大小,一般是根据磁化方式再由相应的标准 GB/T 15822.1—2005《无损检测 磁粉检测》或技术文件给出。

(5) 确定磁化的通电时间 采用连续法时,应在施加磁粉结束后再切断磁化电流。一般是在磁悬液停止流动后必须再通 $2 \sim 3$ 次电,每次时间为 $0.5 \sim 2$ s。采用剩磁法时,通电时间一般为 $0.2 \sim 1$ s。

3. 喷洒磁粉或磁悬液

采用干法检测时,应使干磁粉喷成雾状;湿法检测时,磁悬液需经过充分搅拌,然后进行喷洒。

4. 对磁痕进行观察及评定

对钢制压力容器的磁粉检测,必须用 $2 \sim 10$ 倍放大镜观察磁痕。用于非荧光法检测的白光强度应保证试件表面有足够的亮度。

5. 退磁

退磁就是将工件内的剩磁减小到不影响使用程度的工序。常用的退磁方法有交流线圈退磁法和直流退磁法。

（1）交流线圈退磁法

①把需退磁的焊件放入等于或大于焊件磁化电流的磁化线圈中，利用自动分级开关逐渐减小磁化电流，开关每转一级，电流减少为原来的1/2，直到电流为零。

②把焊件放入线圈中，然后缓慢地将焊件从线圈中移出，而达到退磁目的。

（2）直流退磁法　通过改变电流的方向（得到反向磁场）及减弱磁化电流的方法进行退磁。

6. 清理

清理用合适的溶剂、压缩空气或其他方法进行，保证去除残留在冷却孔裂缝、通道等处的磁粉；去除检测时使用过的塞子和其他遮避物；不要损伤和腐蚀工件。

7. 磁粉检测报告

检测报告是根据磁粉检测实际操作时记录的内容整理成的正式文件，根据GB/T 15822.1—2005《无损检测　磁粉检测》的要求，检测报告应包括下列内容：

（1）公司名称、工作地址；

（2）被检工件说明及标识；

（3）检测时机（热处理前、后，最终机加工前、后）；

（4）引用的书面检测规程和工艺卡；

（5）所用设备说明；

（6）磁化技术，包括（适当的）电流指示、切向场强、波形、接触或极间距、线圈尺寸等；

（7）检测介质和反增强剂（若曾经使用过）；

（8）表面准备、观察条件；

（9）检测后最大剩磁（有要求时）；

（10）记录和标记现实的方法；

（11）检测日期，检测人员的姓名、资格和签名；

（12）检测结果及符合验收准则的声明等。

5.3.4　焊接缺陷的判断和焊缝等级的确定

用磁力检测焊缝缺陷时，主要是依靠工件表面的磁痕分析判断。磁痕分为缺陷磁痕和非缺陷磁痕。

1. 缺陷磁痕

（1）裂纹　裂纹的磁痕轮廓较分明，对于脆性开裂多表现为粗而平直，对于塑性开裂多呈现为一条曲折的线条，或者在主裂纹上产生一定的分叉，可连续分布，也可以断续分布，中间宽而两端较尖细。

（2）条状夹杂物　条状夹杂物的分布没有一定的规律。其磁痕不分明，具有一定的宽度，磁粉堆积比较低而平坦。

（3）气孔和点状夹杂物　气孔和点状夹杂物的分布没有一定的规律，可以单独存在，也可密集成链状或群状存在。磁痕的形状与缺陷的形状有关，具有磁粉聚积比较低而平坦的特征。

2. 非缺陷磁痕

焊件由于局部磁化、截面尺寸突变、磁化电流过大以及焊件表面机械划伤等会形成磁粉的局部聚积而造成误判,可结合检测时的情况予以区别。

5.3.5　焊缝等级确定及验收

在对缺陷的磁痕进行检测和分析后,确定为缺陷磁痕的,应当进行质量评定,并按标准验收,以决定产品是否合格。对于承压设备应依据 JB/T 4730.4—2005《承压设备无损检测第四部分:磁粉检测》之规定确定:

(1)不允许存在的缺陷　不允许存在任何裂纹和白点;紧固件和轴类零件不允许任何横向缺陷显示。

(2)焊接接头的磁粉检测质量分级见表5－3。

表5－3　磁粉检测焊缝最大允许的缺陷尺寸及等级　　　　　　　　　mm

等级	线性缺陷磁痕	圆形缺陷磁痕(评定框尺寸为 35 mm × 100 mm)
Ⅰ	不允许	$d \leqslant 1.5$,且在评定框内不大于 1 个
Ⅱ	不允许	$d \leqslant 3.0$,且在评定框内不大于 2 个
Ⅲ	$l \leqslant 3.0$	$d \leqslant 4.5$,且在评定框内不大于 4 个
Ⅳ	大于三级	

注:l 表示线性缺陷磁痕长度,mm;d 表示圆形缺陷磁痕长径,mm。

5.4　技能训练

5.4.1　称量法测定磁性

1. 目的

(1)了解称量法测量磁粉的原理。

(2)掌握常用磁粉称量仪器的使用。

(3)掌握用称量法测定磁粉磁性的方法。

2. 仪器及材料

(1)磁粉称量仪器一台。

(2)工业天平一台。

(3)待测磁粉 200 g。

3. 原理

称量法测磁粉磁性的原理,是基于电磁铁在某一电流值下能产生固定磁场,由于该磁场吸附磁粉,并能将磁粉在磁极下聚集成长链,根据磁极吸附磁粉的多少,可衡量磁粉磁性的大小。一般被称出的磁粉试样的质量不少于 7 g 为合格。

4. 实训内容

(1)练习调试磁粉磁性称量仪,见图 5－2。

(2)将预先烘干的待测磁粉轻轻倒入圆环内,并用直尺刮平,使之与圆环边缘齐平。

(3)将装有磁粉的圆环,连同玻璃板移向磁化装置铜盘下,使圆环内的磁粉与铜盘接触。

（4）操作磁粉磁性称量仪，将电流调到 1.3 A，称量磁粉磁性称量仪吸附的磁粉质量，重复操作三次，求平均值，便可估测出磁粉磁性的大小。

5.4.2 酒精沉淀法测磁粉粒度

1. 目的

掌握酒精沉淀法测量磁粉粒度的方法。

2. 仪器及材料

（1）工业天平一台。

（2）长 400 mm、内径 10 mm 带有刻度的玻璃管一根。

（3）磁粉 20 g。

（4）无水乙醇 500 g。

3. 原理

磁粉的粒度，即磁粉颗粒的大小，对检测的灵敏度影响很大。在湿法检测中，磁粉粒小，则悬浮性好，对缺陷检测敏度高。

由于酒精对磁粉润湿性能好，所以可以用酒精作分散剂，根据磁粉在酒精中的悬浮情况可以说明磁粉粒度的大小和均匀性。一般静置 3 min，磁粉柱高度不低于 180 mm 时为合格。还可以根据磁粉柱上磁粉的悬浮情况判断磁粉粒度是否均匀。

4. 内容

（1）用工业天平称出 3 g 未经磁化的磁粉试样。

（2）往玻璃管内注入酒精 180 mm。

（3）将 3 g 干燥磁粉倒入管内摇匀。

（4）再往玻璃管中注入酒精至 300 mm 处。

（5）堵好橡皮塞，上下反复倒置玻璃管，使之充分混合。

（6）摇动停止，迅速将玻璃管竖起，同时启动秒表。

（7）静置 3 min，测量明显分界的磁粉柱高度。

（8）按上述步骤测试三次，每次更换新磁粉，然后取其平均值，并注意磁粉粒度的均匀性。

（9）结果分析。

5.4.3 磁粉检测

1. 目的

（1）掌握磁轭式磁粉检测仪的操作。

（2）能根据磁痕进行缺陷分析。

2. 仪器及材料

（1）便携式磁轭式磁粉检测仪一台。

（2）带有缺陷的对接焊缝试板数块。

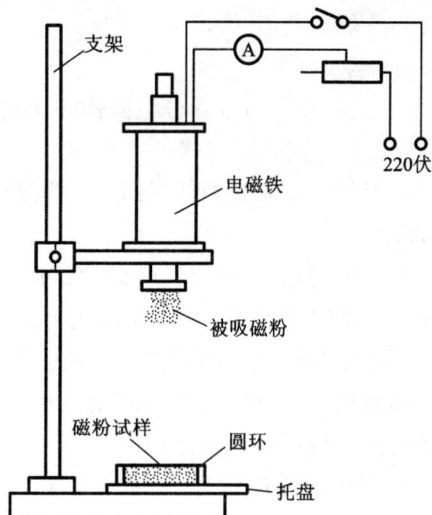

图 5－2 磁粉磁性称量仪

(3)干燥磁粉若干。

3. 内容

按照课本介绍的步骤分组操作磁轭式磁粉检测仪，检测焊接试板，观察磁痕，并对所显示的磁痕进行分析。

(1)对焊接试板进行预处理。去除表面杂质并进行打磨处理。然后对试板和磁粉进行干燥处理。

(2)用磁轭法(见表5-1)磁化试板。磁极间距控制在75~200 mm。为保证有足够的磁场强度，当使用磁轭最大间距时，建议直流电磁轭至少应有177 N的提升力。

(3)将磁粉直接喷洒在被检区域，轻轻地振动试件，使其获得较为均匀的磁粉分布。

(4)观察磁痕并做摹绘或照相记录。

(5)用交流线圈退磁法退磁。

(6)清洗试板并干燥。

(7)结果分析，利用磁痕判断缺陷的种类并写出防治措施。

【综合训练】

一、填空题

1. 钢材表面裂纹最合适的检测方法是 _____ 检测。

2. 磁粉检测是利用缺陷处的 _____ 显示缺陷存在的。

3. 磁力线与缺陷的破裂面方向 _____ 时不产生磁痕显示。

4. 磁粉检测的过程包括：预处理、_____、施加磁粉、检测、记录以及 _____。

5. 磁敏检测与磁粉检测法相比，其检测精度 _____，且容易实现自动化。

6. 通过外加磁场使焊件磁化的过程称为焊件的 _____。

7. 通电磁化法更适合 _____ 件。

8. 磁粉检测法检查速度快，显示直观，费用低廉，几乎不受零件 _____ 和 _____ 的限制。

9. 磁粉检测机主要有：_____ 式、_____ 和固定式。

二、判断题

1. 选择磁化法主要是让检测时产生的磁场方向尽量与焊缝缺陷的最长尺寸方向垂直。
( )

2. 湿粉法比干粉法检测精度要低。 ( )

3. 磁粉应具有高磁导率和剩磁性。 ( )

4. 直流退磁是通过改变电流的方向(得到反向磁场)及减弱磁化电流的方法进行退磁。
( )

5. 称量法是根据磁极吸附磁粉的多少来衡量磁粉的磁性大小。 ( )

6. 称量磁粉磁性称量仪吸附的磁粉质量，重复操作三次，按最小值估测磁粉磁性的大小。
( )

7. 酒精沉淀法测量磁粉的粒度是通过测量磁粉柱高度和磁粉的悬浮情况判断磁粉粒度是否均匀。 ( )

8. 磁粉检测法可用于任何形状的被测件，可直观地测出工件表面及近表面缺陷的位置、

大小、形状和严重程度。　　　　　　　　　　　　　　　　　　　　　　（　　）

　　9. 材料磁导率越高，意味着材料越不容易被磁化。　　　　　　　　　（　　）

　　10. 检测时，为保证检测灵敏度，应事先用灵敏度试片对干、湿磁粉进行性能和灵敏度试验。　　　　　　　　　　　　　　　　　　　　　　　　　　　　　　　　（　　）

三、思考题

　　1. 试述磁力检测的原理。

　　2. 什么是漏磁？试述产生漏磁的原因及影响因素。

　　3. 磁粉检测的优点及局限性？

　　4. 影响漏磁场强度的因素有哪些？

　　5. 缺陷磁痕可分为哪几类？

模块六

涡流检测

[学习目标]

1. 掌握涡流检测的基本原理；
2. 熟悉涡流检测设备的工作原理及性能测试方法；
3. 掌握涡流检测的一般步骤，具备对钢管进行涡流检测的能力；
4. 掌握用涡流检测进行质量评定的方法，初步具备出具涡流检测报告的能力。

涡流检测（Eddy Current Testing，ET）又被称为电磁感应检测。这种方法使导电的工件内部产生涡流电流，通过测量涡流的变化量来进行检测。由于涡流检测具有与其他检测方法不同的特点，因此可与其他检测方法互为补充，成为五大常规无损检测方法之一，是检测管材、棒材、丝材以及气孔疏松、非金属夹杂物等缺陷的一种方便而有效的方法。

6.1 涡流检测的原理

6.1.1 涡流及集肤效应

1. 涡流

涡流检测是以电磁感应理论为基础的一种无损检测方法，如图 6-1 所示。将线圈 1 与线圈 2 靠近，线圈 1 通过电流时，能产生随时间变化的磁力线，这些磁力线穿过线圈 2 时，根据电磁感应原理，在线圈 2 中就会有感应电流产生。若用金属板代替线圈 2，在金属板中同样会产生感应电流。由于这种电流的回路在金属板内呈漩涡状，故称为涡流，如图 6-2 所示。

2. 集肤效应

当直流电通过某一圆柱形导体时，导体截面上的电流密度均相同；而交流电通过圆柱形导体时，其截面上的电流密度就不同，表面的电流密度最大，越到圆柱中心电流密度越小，这种现象称为集肤效应。

离导体表面某一深度处的电流密度是表面值的 $1/e$ 时（即 36.8%），此深度称为透入深度 h，h 可由下式（6.1）求出：

$$h = \frac{1}{\sqrt{\pi f \mu \sigma}} \qquad\qquad (6.1)$$

式中：f——交流电频率，Hz；

μ——材料的磁导率，H/m；

σ——材料的电导率，$1/(\Omega \cdot m)$。

从式(6.1)可以看出，金属内部涡流的渗透深度与激励电流的频率、金属的电导率和磁导率有直接的关系。该式表明，涡流检测只能在金属材料的表面或近表面进行，对内部缺陷检测的灵敏度太低。因此，在涡流检测工作中，应根据检测深度的要求来选择检测频率。

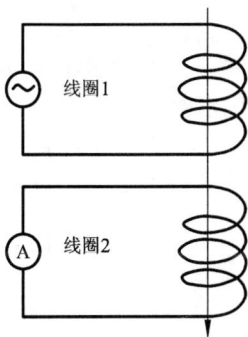

图 6-1　电磁感应现象

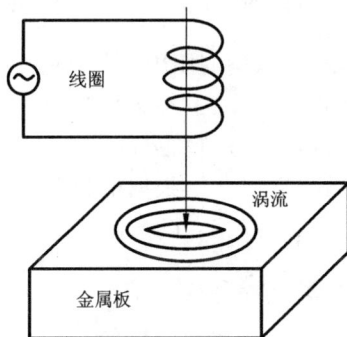

图 6-2　涡流的产生

6.1.2　涡流检测的原理

涡流是由线圈中交流电(称一次电流)激励的磁场在金属板中感应电动势产生的，那么涡流也是交变的电场，同样会在周围空间形成交变磁场，并在线圈中产生感应电动势。这样一来，线圈在空间某点的磁场不再是由一次电流产生的磁场 H_1，而是由一次磁场 H_1 和涡流磁场 H_2 叠加形成的复合磁场。假定一次电流的能量不变，线圈和金属板间的距离也保持固定，那么涡流及涡流磁场的强度和分布就由金属板的材质决定。换句话说，复合磁场包含了金属板电导率、磁导率和不均匀性等方面的信息，因此只要从线圈中检测出有关信息，例如电导率的差别就能间接地得出纯金属杂质含量、材料的热处理状态等信息，也可得到工件中裂纹等缺陷的变化信息，这就是利用涡流方法检测的基本原理。所以，涡流的大小会影响激励线圈中的电流，而涡流的大小和分布决定于激励线圈的形状和尺寸、交流电频率、金属材料的电导率、金属与线圈的距离、金属表层缺陷等因素。

进行涡流检测时，工件中的缺陷会引起涡流的变化，致使检测线圈中的阻抗(或感应电压)也发生变化。工件中不存在缺陷时，检测线圈中的阻抗处于相对稳定状态，当工件中有缺陷存在时，检测线圈中的阻抗就发生变化(这种变化由于被检材料的电导率和磁导率等的不同而不同)，涡流检测仪将这种阻抗变化进行鉴别放大后转变为可视信号在显示器上显示出来，从而可根据显示器上的显示结果判断被检材料的质量。

专业常识

涡流是电磁感应产生的感应电流，因此在原理上可以用楞次定律来确定方向，并用法拉第电磁感应定律来计算任意一条闭合回路的感应电动势。

当然，为了获得准确的检测结果，必须合理设计检测线圈和仪器，突出检测的信息，而将其他没有用的信息(这里称之为干扰信息)抑制掉。在涡流检测仪中，信号处理单元就是专门用来抑制干扰信息的，而缺陷的相关信息则能顺利通过该单元，并传送到显示单元，从而实现缺陷的显示、记录、报警或分类控制等功能。

6.2 涡流检测设备

涡流检测设备主要由涡流检测线圈和涡流检测仪组成。

6.2.1 涡流检测线圈

涡流检测线圈的作用主要有两个：一是向工件输送励磁磁场从而在工件的表面、近表面产生感应涡流；二是接受涡流畸变信息，测定涡流磁场的变化情况。

实际应用的检测线圈有多种形式，通常根据检测线圈与工件的相互位置可以分为穿过式、内插式和探头式；根据检测方式可以分为自感式和互感式；根据比较方式可以分为自比式和他比式，如表6-1所示。

6.2.2 涡流检测仪

涡流检测仪由振荡器、移相器、放大器、检波器、显示器等部分组成。图6-3为常见的涡流检测仪的基本结构框图。

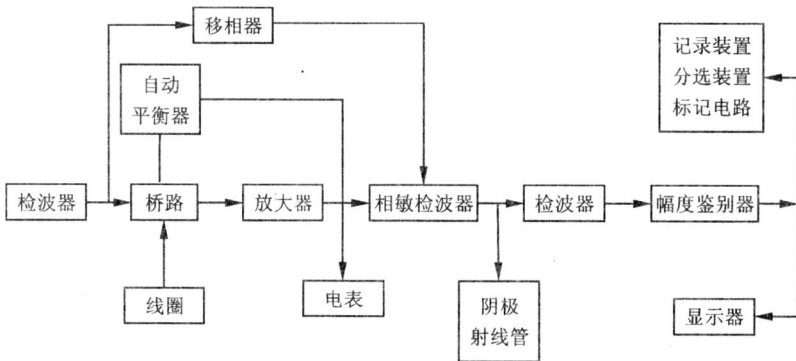

图6-3 自动涡流检测仪的基本结构框图

振荡器产生的交流电通入线圈后，会在被检工件中产生交流磁场，进而产生涡流。工件中的涡流由线圈检测，作为交流输出送入电桥电路。为使微小的涡流变化能被检出，事先要调整电桥，使没有缺陷的交流输出接近于零。从电桥输出的信号经放大器放大后，送到检波器进行检波(相位分析)，最后送到显示器上显示出来。

显示器可采用示波器、电表、记录仪、指示灯等。同步检波器是利用杂乱信号与缺陷信号的相位差而把杂乱信号分离掉的，只输出特定相位的缺陷信号，而缺陷信号的相位可通过调整移相器确定。

表 6 - 1　涡流检测线圈的分类方式

分类方式	名称	说　明	图　示	应　用　特　点
线圈与工件的相对位置	穿过式	工件穿过检测线圈		检测速度快,广泛应用于管、棒、线材的自动检测
	内插式	检测线圈插在工件孔内或管材内壁		常用于管件内部及深孔部位的检测,被探工件中心线与线圈轴线相重合
	探头式	检测线圈放置在工件表面		带有磁心,可以起到聚集磁场的作用,检测灵敏度高,但灵敏区间小,适合于板材和大直径管材、棒材的表面检测
比较方式　　自比式	自感式	检测线圈既产生激励磁场,又检测涡流反作用磁场		检测线圈由两个相距很近(用于检测同一工件)的线圈组成,通过检测工件不同部位的差异实现检测。能检测缺陷的突然变化,检测时环境温度以及工件震动等对检测结果的影响较小,但无法检测工件上的联通长裂纹
	互感式	检测线圈有两个绕组,一个产生交变磁场,另一个检测涡流反作用磁场		
比较方式　　他比式	自感式	检测线圈既产生激励磁场,又检测涡流反作用磁场		检测线圈由两个完全相同的线圈组成,分别对工件和标准试样检测。通过比较标准试样与工件之间存在的差异实现检测。
	互感式	检测线圈有两个绕组,一个产生交变磁场,另一个检测涡流反作用磁场		

当工件为强磁性材料（如钢管）时，由于冷加工等原因，其表面磁导率在不同部位有着显著的差别。检测时，磁导率不均匀是产生杂乱信号的原因。在这种情况下，可采用直流磁饱和装置（由磁饱和线圈和直流电源组成），直流电通过磁饱和线圈，产生强直流磁场，使工件在饱和磁化状态下进行检测。由于磁饱和后，工件磁导率的不均匀性降低，这样就可抑制杂乱信号的影响。

综上所述，涡流检测仪具有以下作用：

（1）提供励磁电流，使被检工件产生涡流。

（2）把线圈（探头）检到的工件中涡流磁场的变化放大。

（3）将放大的信号进行处理，尽量提高信噪比。

（4）把经过处理的信号以某种形式显示出来，提供评判依据。

6.2.3　对比试样

涡流检测的对比试样一般有两种：一种为检测检测仪性能对比试样，这种试样上加工有多种人工缺陷，如管材内外壁纵向刻痕、自然凹坑、环状伤、钻孔（通孔或半通孔）、管材壁厚的阶梯状变薄等；另一种是用于产品质量检测的对比试样，是用与被检工具有相同化学成分、相同规格、尺寸、相同热处理工艺等条件的材料制作而成，具有特定形状人工缺陷的试样，有时也可用具有典型自然缺陷的工件作对比试样。

图6-4所示为管材检测常用的对比试样。GB/T 7735—2004《钢管涡流探伤检验方法》规定：作对比试样的钢管，其弯曲度不应大于1.5∶1000，并对人工缺陷的位置、尺寸和加工要求等都作了具体规定。

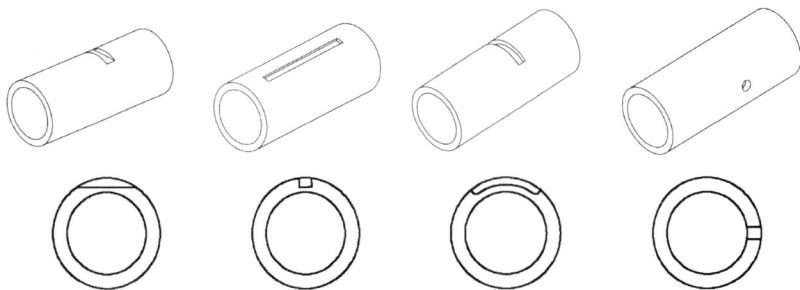

图6-4　管材涡流检测用对比试样

对比试样具有如下几个作用：

（1）检验和测定涡流检测设备的各种功能。例如测定仪器设备探测不同类型缺陷的能力、对内部缺陷的检测能力等。

（2）确实检测仪上各旋钮的位置和检测装置的灵敏度。

（3）用作判废标准，当发现仪器的指示超过标准缺陷时，就认为该被检工件报废。

需要注意的是，对比试样上人工缺陷的大小并不表示检测仪可以检出的最小缺陷。能检测到的最小缺陷的能力，取决于检测装置的综合灵敏度。换句话说，标准试样上的人工缺陷只作为调整仪器的标准当量，而绝非一个实用的缺陷尺寸的度量标准。

6.3　涡流检测的一般步骤

由于涡流检测具有简单、快速和便于实现自动化的特点，所以在金属材料及金属零件的质量检验中得到了广泛的应用。尤其是在冶金产品领域涡流检测具有较为广泛的应用，大量应用于管材、棒材、丝材、板材以及焊缝等工件及产品的检测上。

涡流检测一般分为如下几个步骤：检测前的准备工作；确定检测规范；检测工件；检测结果的分析与评定；涡流检测的后续工作。

6.3.1　检测前的准备工作

(1)对被探工件进行预处理　要对被检工件表面进行清理，除去影响检测的各种附着物，如油污、氧化皮及吸附的铁屑等杂物。

(2)对比试样的准备　根据相应的技术条件或标准来制作或选择对比试样。

(3)选择检测方法及设备　一般根据工件的性质、形状、尺寸以及欲检出的缺陷种类和大小选择检测设备及方法。对小直径、大批量焊管或棒材的表面检测多使用配有穿过式自比线圈的自动检测设备。

(4)检测设备预运行　即检测仪器通电后，应经过一定的稳定时间后方可进行正常的使用。一般要求在正常检测使用之前仪器应稳定运行 10 min 以上。

(5)调整传送装置　被检工件通过线圈时应无偏心、无摆动。

6.3.2　确定检测规范

(1)检测频率的选定　检测频率是影响检测灵敏度的重要因素，直接影响到工件中涡流的大小、分布和相位。因此，在选择检测频率时，应以能把规定的对比试样上的人工缺陷探测出来为宜。虽然高的检测频率可提高检测灵敏度，但不是选得越高越好。因为频率的选择还应照顾到检测时的渗透深度。一般来说，频率越高，渗透深度越浅，不易发现工件近表面区域的缺陷。

(2)选择检测线圈　检测线圈的选择，首先要明确检测任务的要求，如被检工件的形状、尺寸、检测灵敏度、检测速度等。经过综合分析后，决定检测线圈的形状、结构，例如对线材检测应选用穿过式线圈，而对板材检测应选用点探式线圈。

(3)调整相位　装有移相器的检测仪，要调整其相位使得指定对比试样上的人工缺陷能最明显地检测出来。同时，选择相位也要便于缺陷种类和位置的区分。

(4)调整平衡电路　涡流检测仪有平衡电桥时，应使桥路的输出为零，操作时应使工件处于实际检测状态下，将线圈放于工件无缺陷部位，反复调节仪器上的平衡旋钮直到电桥的输出为零。

(5)调整直流磁场　使用装有直流磁饱和装置的检测仪对强磁性材料进行检测时，要加强磁饱和线圈的直流磁场，使工件磁导率不均匀性引起的杂乱信号降低到不致影响检测结果的程度。

(6)调整检测灵敏度　检测灵敏度的调整是在其他调整步骤完成之后进行的，指的是将对比试样上的人工缺陷的显示信号调整到检测仪显示器的正常动作范围(一般来讲，应将人工缺陷在记录仪上的指示高度调整到记录仪满刻度的 50% ~60%)。

6.3.3 检测工件

在选定的检测范围下进行检测。操作时应注意以下几点：

(1)保持检测线圈或工件的运行速度及检测线圈与工件之间距离的相对稳定,减少杂乱信号的产生。

(2)连续检测过程中,在每批工件检测完毕后或每间隔一定时间,要用对比试样对检测仪的灵敏度进行一次校验,如发现检测规范有变化时,应对检测仪作重新调整。而对先前探过的工件应进行复探,才能决定是否判废。

(3)在采用磁饱和线圈的场合,因磁饱和线圈的强磁场会吸引周围零星的小金属件,所以要注意安全,防止被击伤;另外,不要让手表、仪器仪表之类物品靠近线圈,以避免被磁化而运行失常。

6.3.4 检测结果的分析与评定

根据检测仪显示器显示出来的信号,判断信号是否为缺陷信号,是何种性质的缺陷信号。当判断为缺陷信号时,若缺陷显示信号小于对比试样人工缺陷的显示信号时,应判定为工件合格;反之可判为不合格。对不合格产品或工件,应根据有关验收标准规定进行修复处理或报废。如果对获得的检测结果产生疑问,应重新进行检测或利用其他检测方法(如目测检测法、磁粉检测法、破坏性试验等)进行复检。

6.3.5 涡流检测的后续工作

(1)检测后应对经饱和磁化的铁磁性材料进行退磁处理。

(2)详细记录检测结果并编写检测报告。

6.4 技能训练

6.4.1 涡流检测设备的性能测试

在进行涡流检测之前,应对涡流探伤系统的性能逐一测试,以保证检测结果的可信度。需要测试的性能指标一般包括信噪比、周向灵敏度、端部盲区、分辨力、连续工作稳定性以及线性等。测试仪器性能时,应使用 GB/T 14480—2008《无损检测 涡流检测设备 第 3 部分 系统性能和检验》以及 JB/T 4730.6—2005《承压设备无损检测 第 6 部分:涡流检测》所规定的标准试块来进行相关的操作和评价,具体内容请参考上述国标。本节仅介绍常用的信噪比、周向灵敏度以及分辨力的测试,其他内容请参考相关国家标准。

测试的环境条件应符合相关规定,一般来讲,环境温度应为 0℃ ~40℃,空气的相对湿度不应超过 80%,否则会影响测试结果的准确性。同时电源电压的波动不得超过额定电压的10%,而且应保持周围环境的清洁,无振动。

1. 信噪比的测定

(1)开启设备电源,预热 15 ~20 min,根据设备使用说明规定的速度进行预运转。

（2）将检测线圈同心地穿过标准试样中心，同时令试件人工缺陷由小到大依次通过检测线圈，调节增益（衰减），记录信号占满刻度50%的最小人工缺陷和此时的增益值 G_1。

（3）再将检测线圈同心穿过对比试样，调节增益（衰减），当噪声指示占满刻度的50%时读取此时增益值 G_2，则涡流检测仪器的信噪比可以表示为：

$$S/N_{ED-D} = \mid G_2 - G_1 \mid \tag{6.2}$$

上式中 ED $-$ D 表示测试时所使用的对比试样代号，D 表示指示值在满刻度50%的最小人工缺陷的直径。

上述测试也可利用槽型对比试样进行，具体内容与上述步骤相同，只需将信噪比表示为

$$S/N_{ED-h} = \mid G_2 - G_1 \mid \tag{6.3}$$

其中 ED $-$ h 表示测试时所使用的对比试样代号，h 表示指示值在满刻度50%的最小人工缺陷的深度。

2. 周向灵敏度差的测试

（1）将试件穿过检测线圈中心（或将检测线圈穿过试件），此时应注意同心。调节增益（衰减），使对比试样上沿圆周分布的互为120°的三个通孔信号刚刚全部报警（此时信号的最低值为50%），记录此时的增益（或衰减）值 G_3。

（2）将试件穿过检测线圈中心。以1dB的差值增加衰减量，直到三个通孔的信号指示全部低于50%，记录此时的增益（衰减）值 G_4，则周向灵敏度差可以表示为：

$$\Delta = \mid G_3 - G_4 \mid \tag{6.4}$$

3. 分辨力的测试

涡流检测仪器能分别检出的最近的两个孔之间的距离称为分辨力，单位为 mm。可以使图 6 $-$ 5 所示的标准试样进行测试。

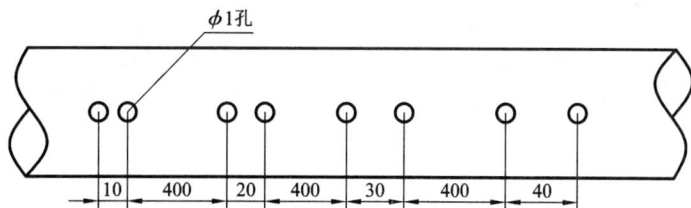

图 6 $-$ 5 分辨力测试用标准试样

将试件穿过线圈中心或将线圈穿过试件，使试件上单个通孔得以显示，且指示值占满刻度的50%。此时保持仪器各指标不变，再次检测试件，当明显获得两个临近通孔的指示时做记录，这两个临近通孔间距即为仪器的分辨力。

6.4.2 钢管的涡流检测

1. 设备器材

涡流检测的设备和器材包括：涡流探伤仪、送管装置、磁化装置、记录装置、对比试样、被检工件、检测线圈。

2. 对设备和仪器的要求

（1）对钢管做全面检测时，应采用穿过式线圈，或采用点线式线圈并使其与钢管做相对

螺旋运动。

（2）采用穿过式线圈进行检测时，被探管件的最大外径不大于 180 mm。采用点线式线圈进行检测时，对钢管的最大外径不加限制。

（3）送管装置不能造成钢管和检测线圈的振动，钢管必须从检测线圈中心通过，而且传送钢管的速度必须均匀。

3. 检测方法和步骤

（1）涡流检测应在所有生产工序完成之后的钢管上进行。

（2）对工件进行预处理。检测之前应去除吸附在工件上的金属粉末、氧化膜以及油污等杂物。这些杂物将会产生伪信号，特别是非铁磁性材料上附着的磁性粉末对检测结果的干扰非常显著，应予以严格清理。

（3）仪器预热。在进行检测之前，晶体管涡流检测仪应预热半小时左右。仪器必须连续稳定运行 10 min 以上，才能开始检测工作。

（4）利用对比试样调整检测灵敏度，通过调整使得每个人工缺陷都能被检测设备发现并给出预警信号，并且圆周方向的灵敏度差别小于 3 dB。

（5）当使用旋转的钢管/扁平式线圈对钢管进行检测时，钢管和线圈应彼此相对移动，其目的是使整个钢管表面都被扫查到，典型的两种旋转方式见图 6-6。使用这种技术时，钢管的外径没有限制。此外，也可采用钢管旋转并直线前进的方法（此时，扁平线圈固定）。这种技术主要用于检测外表面上的裂纹。图 6-6 所示的扁平线圈可以采用多种形式，例如单线圈、多线圈等。

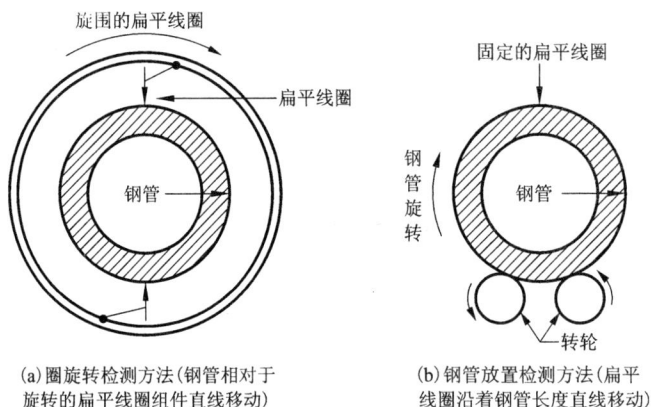

(a) 圈旋转检测方法（钢管相对于旋转的扁平线圈组件直线移动）　　(b) 钢管放置检测方法（扁平线圈沿着钢管长度直线移动）

图 6-6　旋转的钢管/扁平式线圈检测示意图（螺旋式扫描）

（6）钢管焊缝的检测，除采用外穿过式探头进行检测外，也可采用放置式线圈。放置式线圈应有足够的宽度，通常做成扇形或平面形，以使焊缝在偏转的情况下能被扫查，见图6-7。扇形线圈可以制成多种形式，取决于使用的设备和被检测钢管。

（7）连续使用的情况下，应每隔 2 h 和每批检测结束时利用对比试样校验设备。如果发现灵敏度降低时，应适当提高 3 dB，此时如果仍然无法检测到所有人工缺陷，应停止检测，对设备进行重新调节和校准。

次级线圈1　　　初级线圈　　　次级线圈2

焊缝

钢管

f

ΔV

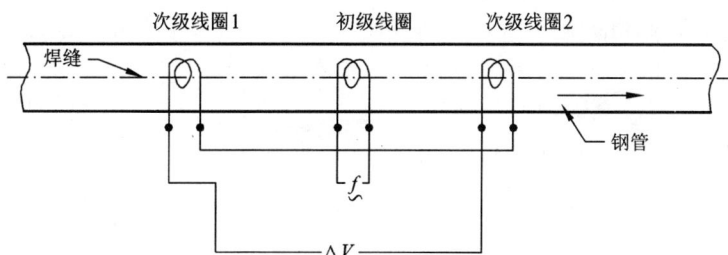

图 6-7　扇形线圈焊缝涡流检测示意图

4. 检测结果的评定

(1)被检测钢管显示的信号小于对比试样人工缺陷的信号时,应该判定该钢管为经涡流检测合格产品。

(2)当被检测钢管显示的缺陷信号不小于对比试样人工缺陷的显示时,认为该钢管为可疑产品。对于可疑产品需经过重新检测,如检测结果符合上述(1)的要求,则认定为合格。也可以对检测中的可疑部分进行修磨,若修磨后符合规定,则重新安排检测,检测结果合格则按照(1)处理。还可以将可疑部位切除,余下部位可以认定合格。如果在特别重要的场合可以认定可疑品不合格。

5. 填写检测报告

钢管的涡流检测报告应包括如下内容:

(1)检测的日期:年、月、日。

(2)工件的型号、炉号、规格、尺寸、被检工件总数、报废工件数。

(3)对比试样编号、验收标准及合格级别。

(4)设备参数:如探头形式、磁饱和电流、电压、励磁频率、探头(或工件)运行速度、检测灵敏度、相位等。

(5)对检测工件做出合格与否的结论,或做出用其他检测方法复验的建议。

(6)检测人员报告签发者及有关责任者签名。

根据钢管的涡流检测结果,按照 GB/T 7735—2004《钢管涡流探伤检验方法》或 JB/T 4730.6—2005《承压设备无损检测　第6部分:涡流检测》对被检工件进行质量评定。

【综合训练】

一、填空题

1. 涡流检测的原理是 _____。

2. 涡流检测中,在试件上感生的电流方向与激励电流的方向 _____。

3. 穿过式线圈适用于 _____、_____、_____ 材的检测。

4. 内插式线圈探头,专用来检查管子 _____ 或 _____ 内的缺陷,如热交换器管子的在役检验等。

5. 涡流探伤仪由 _____、_____、_____、_____、_____等部分组成。

6. 涡流探伤仪器必须在 _____ 后进行调整。

7. 实际应用的检测线圈通常根据检测线圈与工件的相互位置可以分为 _____、内插式和 _____；根据检测方式可以分为自感式和 _____；根据比较方式可以分为 _____ 和 _____。

8. 在探伤前，应去除吸附在试件上的所有外来物，如 _____、_____ 和 _____等。

9. 管材一般利用 _____ 线圈检测。

二、判断题

1. 涡流检测法适用于任何材料。　　　　　　　　　　　　　　　　　（　　）

2. 涡流检测不适用于导电材料的表面和近表面检测。　　　　　　　（　　）

3. 涡流检测线圈在空气中的磁场强度分布情况为：线圈外部随着离线圈距离的增大而增大，线圈内部沿直径变化。　　　　　　　　　　　　　　　　（　　）

4. 交流电通过圆柱形导体时，截面上的电流密度分布情况是表面的电流密度最大，越到圆柱中心电流密度越小。　　　　　　　　　　　　　　　　（　　）

5. 利用涡流检测法进行检测，不仅应具有涡流仪器和探头，而且被检测试件必须具备能导电的性能。　　　　　　　　　　　　　　　　　　　　　（　　）

6. 涡流检测是根据检测线圈的阻抗变化来检测试件的材质变化。　（　　）

7. 涡流检测与超声检测一样，都需要耦合剂。　　　　　　　　　　（　　）

8. 涡流检测设备在使用前需严格检测校准，使用过程中可以不用校准。（　　）

三、思考题

1. 用涡流检测方法对产品和材料进行检测时，有哪些特点？

2. 简述涡流检测线圈的作用。

3. 简述涡流检测用对比试样的分类和各自的作用。

4. 简述涡流检测报告应包括的主要内容。

模块七

其他无损检测方法

[学习目标]

1. 了解目前发展较快并在工程实践中有较多应用的声发射检测、红外电检测、激光全息检测、热中子照像法检测、液晶检测及微波检测技术的特点、基本原理、检测方法及适用场合等；

2. 了解目视检测的方法在焊接中常用的几种器具的特点及使用方法。

随着近代物理学的发展，声发射检测、红外线检测、激光全息检测、中子射线法检测、液晶检测和微波检测等诸多无损检测新方法都取得了令人瞩目的成就，在不同的应用场合体现出其他常规检测方法所不能取代的优势，日益为人们所重视。

7.1 声发射检测

7.1.1 声发射检测基础

声发射检测(Acoustic Emission Testing，AET)是一种动态的检测技术，可实时提供构件中产生声发射源的缺陷在外加荷载等因素的作用下呈现出来的信息，适合于在线监控、安全评估和早期险情预报等。可解决常规无损检测方法所不能解决的问题。

声发射是指材料或结构在外力或内力作用下产生变形或断裂时，以弹性波形式释放出应变能的现象，是一种常见的物理现象。

各种材料声发射信号的频率范围很宽(从数 Hz 到数 MHz)，声发射信号幅度的变化范围也很大，有些人耳可以听到，有些人耳听不到。许多材料的声发射信号强度很弱，需要借助专门的检测仪器才能检测出来。材料在应力作用下产生变形或开裂时多余的能量以弹性波形式释放出来，把这种直接与变形和断裂机制有关的源，称为声发射源。用仪器探测、记录、分析声发射信号和利用声发射信号确定声发射源的技术称为声发射检测技术。

声发射检测技术作为无损检测的一种手段，其主要目的是：确定声发射源的部位；分析声发射源的性质；确定声发射发生的时间或载荷大小；按照有关的声发射标准评定声发射源的严重性。

7.1.2 焊接结构的声发射检测

焊接结构(件)在受载荷作用时,构件内微观组织不均匀处或缺陷处将产生应力集中,应力集中是一种不稳定的高能状态,这种状态最终将以应力集中区域的塑性变形导致微区硬化,最终形成裂纹并扩展,使应力得到松弛而恢复到稳定的低能状态。能量以弹性波形式释放出来,即产生声发射。所有的焊接缺陷都可以成为声发射源,但通过实验发现,平面型缺陷比非平面型缺陷更容易成为声发射源。

专业常识

平面型缺陷的应力集中系数高,更容易引起局部屈服,产生新的开裂。

7.1.3 声发射检测的原理

材料中的裂缝尖端、塑性变形区等声发射源在应力等外部因素作用下发出的弹性波,被声传感器接收转换成电信号,经放大后送至信号处理器,用以测量声发射信号的各种特征参数,并以各种形式显示和记录下来,如图 7-1 所示。用多个传感器同时监测时,还可测定声发射信号到达各传感器的时间差,以此来确定声发射源的位置。

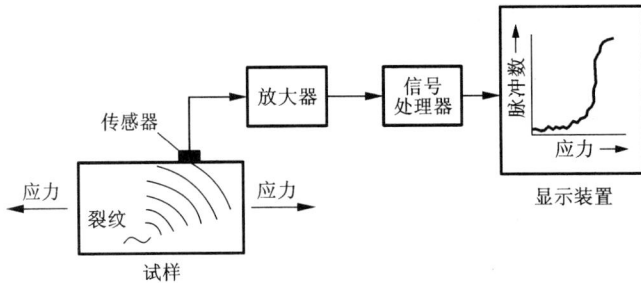

图 7-1 声发射检测基本原理图

7.1.4 声发射检测技术的特点

声发射检测与其他无损检测方法相比有两个差别:第一是检测动态缺陷,而不是检测静态缺陷;第二是缺陷的信息直接来自缺陷本身,而不是靠外部输入扫查缺陷。声发射检测技术有以下优点和局限性。

1. 优点

(1)可以检测对结构安全更为有害的活动型缺陷。显示和记录那些危险缺陷在力的作用下的扩展情况,提供缺陷在应力作用下的动态信息,便于评价缺陷对结构的实际有害程度。

(2)对大型构件可提供整体或大范围的快速检测。不用繁杂的扫查,只要布置好足够数量的传感器,经一次加载或试验,就能确定缺陷的部位,易于提高检测效率。

(3)可提供缺陷随载荷、时间、温度等外部变量而变化的实时或连续信息,因而适用于运行和工艺过程的在线监控及早期和临近破坏预报。

(4)对被检件的接近条件要求不高,适用于其他方法难于或不能接近条件下的检测,如高低温、核辐射、易燃、易爆及剧毒等环境。

（5）由于对构件几何形状不敏感，因而适于检测用其他方法受到限制的形状复杂构件。对工件表面状态和加工质量要求不高。

（6）缺陷尺寸及在焊缝中的位置和走向不影响声发射检测结果。对扩展中的缺陷有很高的灵敏度，可以探测到微米级的裂纹增量。

2. 局限性

（1）声发射特性对材料较为敏感，又易受噪音的干涉，因而对数据的正确解释要有更为丰富的数据库和现场检测经验。

（2）需要在特定荷载条件下进行，目前只能给出声发射源的部位、活度和强度，不能给出声发射源处缺陷的性质和大小，对超标声发射源，需要使用其他常规无损检测方法（如：超声检测、射线检测、磁粉检测、渗透检测等）进行局部复检，以综合判定其危险性，确定是否允许存在。

7.1.5 声发射检测技术的应用范围

声发射技术的应用已较广泛，可以用声发射鉴定不同塑性变形的类型，研究断裂过程，区分断裂方式，检测裂纹扩展，研究应力腐蚀断裂和氢脆，检测马氏体相变，评价表面热处理渗层的脆性以及监视焊后裂纹的产生和扩展等。目前主要应用于其他方法难以或不能适用的环境与对象，重要构件的综合评价及安全性和经济性关系重大的对象。

> **专业常识**
> 声发射检测技术还不能代替传统的检测方法，是一种补充手段。

在工业生产中，声发射技术已用于压力容器、锅炉、管道和火箭发动机壳体等大型构件的水压检测，评定缺陷的危险性等级并做出实时报警。在生产过程中，用声发射技术连续监视高压容器、核反应堆容器和海底采油装置等构件的完整性。声发射技术还应用于测量火箭发动机火药的燃烧速度和研究燃烧过程、检测渗漏、研究岩石的断裂、监视矿井的崩塌并预报矿井的安全性等。

7.2 红外线检测技术

7.2.1 红外线检测原理

红外线是电磁光谱中的一段，是肉眼不能看见的。红外线的波长比可见光长，比无线电波短，为 $0.78 \sim 1000 \ \mu m$。红外检测是基于红外辐射原理，通过扫描记录或观察被检测工件表面上由于缺陷引起的温度变化来检测表面和近表面缺陷的无损检测方法。

> **专业常识**
> 绝对零度以上的所有物体均会以红外线的形式辐射热能到环境中。

检测时将一恒定热流注入工件表面，其扩散进入工件内部的速度由内部性质决定。工件内存在缺陷，由于有缺陷区与无缺陷区的热扩散速度不同，因而在工件表面的温度分布就会有差异，内部有缺陷与无缺陷区所对应的表面温度就不同，由此所发出的红外光波（热辐射）

也就不同。利用红外探测器可以响应红外光波，并转换成相应大小电信号，逐点扫描工件表面，就可以得知工件表面温度分布状况，从而找出工件表面温度异常区域，确定工件内部缺陷的部位。

7.2.2 红外线检测仪

1. 红外线检测仪工作原理

红外热像仪测试原理是由图像传感器(微测辐射热仪)探测出被测物发出的红外线能量，将其转换成电信号，并用彩色或黑白图像显示出来。

典型的红外线检测仪的工作原理如图 7 - 2 所示。来自工件的红外光波经光学系统 1 的反射、聚焦后，由分光镜将其反射至调制盘 2，调制盘将来自工件和标准红外光源 5 的红外光波轮流交替地送入红外探测器 6 中，由它转换成相应大小的电信号输出，输出的这些信号经窄带放大器 7、参考信号发生器 8、同步整流器 9 和信号处理及显示装置 10 后，得到工件表面被检测点的温度。

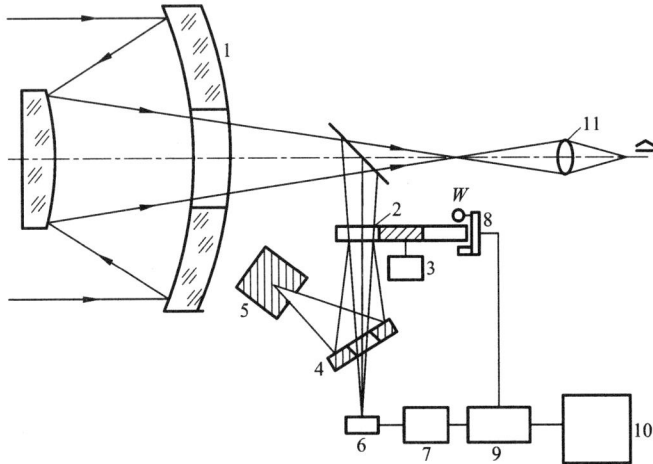

图 7 - 2 红外线检测仪工作原理示意图

1—光学系统；2—调制盘；3—电动机；4—反射镜；5—标准红外线光源；6—红外探测器；

7—窄带放大器；8—参考信号发生器；9—同步整流器；10—信号处理及显示装置；11—目镜；W—灯泡

2. 红外线检测仪分类

红外线检测仪有红外线热像仪和辐射计两类。

(1)红外线热像仪 把来自工件表面的温度分布变成直观而形象的热图。红外线热像仪又分为光机扫描型和非机械扫描型两种，其中较成熟的是光机扫描型。

(2)辐射计 辐射计就是视场固定的点探测仪。热像仪能提供被检测工件部分或整个表面的温度分布状态，而辐射计仅提供一点或一条线的温度分布状态。

3. 红外线探测器

红外线探测器是红外线检测仪中的关键部件，其质量直接关系到检测仪性能的优劣。红外线探测器分为热探测器和光探测器两类。

(1)热探测器 利用入射的红外线引起探测器材料温度变化，使与温度有关的一些物理参数发生变化,通过这些物理参数的变化确定吸收的红外线辐射量。属于这类探测器的有热敏电阻型、热电偶型、高莱气动型和热释电型四种。

(2)光电探测器 利用某些半导体材料在入射红外线照射下产生光电效应,致使导电性发生变化,进而探测出吸收红外辐射的强弱。属于这类探测器的有外光电探测器和内光电探测器两种。

7.2.3 红外线检测方法分类

检测方法可分为主动式和被动式两类,前者是在人工加热工件的同时或加热后经延迟扫描记录和观察工件表面温度分布,适用于静态件检测;后者是利用工件自身的温度不同于周围环境温度,在两者的热交换过程中显示工件内部的缺陷,适用于运行中设备的质量检测。主动式又分为单面法和双面法两种。单面法是加热和检测都在工件同一侧进行,特点是能确定缺陷埋藏深度;双面法则是分别在工件的两侧进行加热和检测,特点是检测灵敏度高。

7.2.4 红外线检测在焊接检测中的应用

焊接接头的红外线检测常采用主动式检测方法。图7-3是用红外线检测点焊焊接接头质量的原理图。焊接工艺确定点焊接头的缺陷可能是部分未焊透。利用红外灯泡1非接触加热点焊接头,采用双面法检测。把接头处加热至80℃~100℃,从放置热像仪的一侧冷却接头十几秒钟后,在显示装置(荧光屏)上就能很清楚地显示出

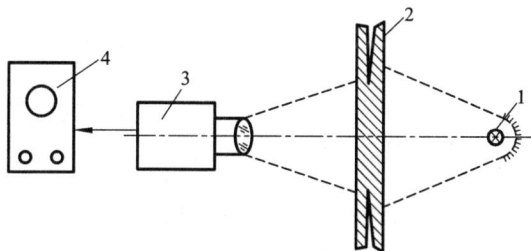

图7-3 红外线检查点焊接头质量示意图
1—红外灯泡;2—点焊接头;3—红外探测器;4—显示装置

接头的等温线直径。将它与标准点焊接头的等温线直径相比,凡等温线直径大于标准点焊接头等温线直径的接头质量合格,否则则存在未焊透。

7.3 激光全息检测

激光全息无损检测是无损检测技术中的一个新分支,是20世纪60年代末期发展起来的,我国始于1974年应用这一检测技术。

7.3.1 激光全息检测的原理

全息照相是以光波干涉原理为基础,主要特点是把被测物光波的全部信息(振幅、位相)记录在介质上。要求记录介质必须同时储存光波的振幅信息和相位信息,而现在的记录介质仅对光强有响应。因此,必须设法把相位信息转化为光波强度的变化,只有这样感光介质才能把光波的全部信息记录下来,能够完成这一转化任务的理想方法就是干涉法,即把一个振幅和相位已知的干涉波波前加到另一个未知的相干波波前上。此时,投影到记录介质上的总光强即取决于未知相干波,波前的振幅又取决于它的位相,这样记录了被测物光波的全部信息。

激光全息照相包括两步:记录和重现。

1. 全息记录

图7-4为全息记录过程的光路布置简图。激光器射出的激光束通过可变分束片分成两束：一束为参考光束经反射镜1，经空间滤波器扩束后再经反射镜2投射到记录介质上；另一束为物体光束经滤波器扩束后，投影到被摄物体上，再由物体反射至记录介质上。由于激光具有很高的时间和空间相干性，所以参考光束和物体光束在空间的叠加区域会产生干涉。将记录介质(如感光乳胶片)插在这一叠加区域的任一位置上，即能记录这些干涉条纹，经处理后就形成一张全息图。

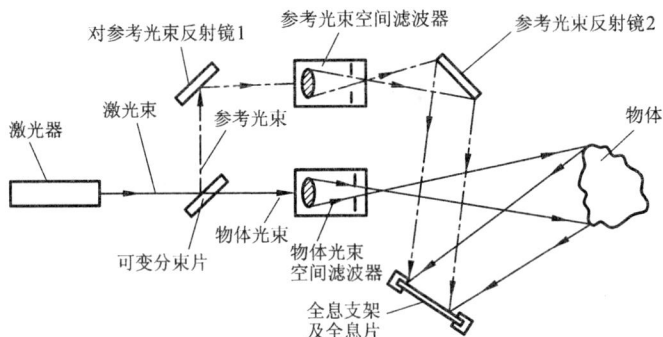

图7-4　全息记录

由于来自被摄物体上各点反射的物光在振幅和位相上都不相同，所以感光片上各处的干涉条纹也不同。强度不同，使条纹感光的程度不同、位相不同，使条纹的密度和形状不同。在高倍显微镜下，能够看到浓黑程度不同，疏密程度不同的干涉条纹。这些条纹形状与原物形状并没有任何几何

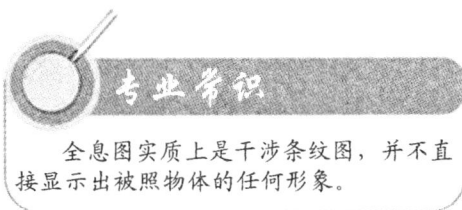

专业常识

全息图实质上是干涉条纹图，并不直接显示出被照物体的任何形象。

上的相似性。但是这些条纹微妙地记录了物体光波波前的全部信息，这就是波前的全息记录。

2. 波前重现

要想由全息图看到被摄物体的像，必须用一束与参考光束的波长和传播方向完全相同的光束照射全息图，则人用眼睛可以观察到一幅非常逼真的原物形象(虚像)，悬空的再现在全息图后面原来物体的位置上，如图7-5所示。

全息图如同一个窗口，当人们移动眼睛从不同角度观察时，就好像面对原物一样看到它的不同侧面的形象，甚至在某个角度被遮住的部分也可以在另一个角度看到。可见，全息图是一幅逼真的立体图像。如果挡住全息图的一部分，只露出另一部分，再现的物体形象仍然是完整的，并不残缺。这是由于全息照相过程中，物体与底片是点面对应关系，即每一个物体点所发出的光束都直接落在感光底片的整个平面上，反之，全息图每一个局部都包括了物体各点光波的全部信息。

事实上产生全息图可以用光波(包括激光、红外线)、X射线、超声波和微波等。而在所有的全息照相方法中以激光全息照相最为成功。激光全息照相中，两束激光是由同一个激光

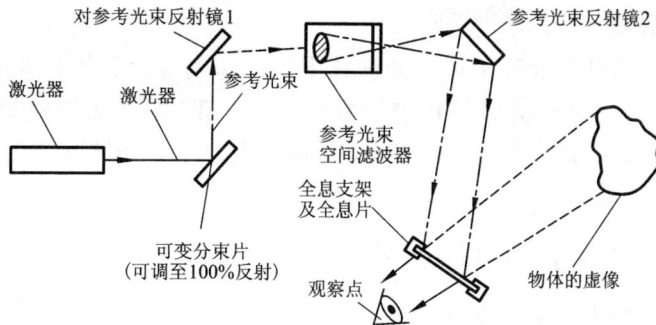

图 7-5 全息重现

器发出的激光经分离得到的，具有高度的相干性，产生的干涉条纹相当稳定清晰。

7.3.2 激光全息检测的方法

对于不透明的工件，激光只能在它的表面发生反射，反映工件的表面状况。但工件表面与内部的情况有关联，在不使物体受损的条件下，向物体施加一定的载荷，物体在外界载荷作用下会产生变形，这种变形与物体是否含有缺陷有直接关系。内部有缺陷对应的物体表面在外力作用下产生了与其周围不相同的微差位移，并且在不同的外界载荷作用下，物体表面变形的程度是不相同的。用激光全息照相的方法来观察这种变形，并记录在不同外界载荷作用下的物体表面的变形情况，进行比较和分析，从而判断物体内部是否存在缺陷，达到评价被检物体质量的目的。

具体做法是对被检测物体加载，使其表面发生微小的位移（微差位移），物体表面的轮廓就发生变化，此时获得的全息图上的条纹与没有加载时相比发生了移动。成像时除了显示原来物体的全息像外，还产生较为粗大的干涉条纹，由条纹的间距可以算出物体表面的位移大小。物体有一定的形状，在同样力的作用下，表面各处发生的位移并不相同，对应的干涉条纹的形状和间距也不相同。当物体内部没有缺陷时，这种条纹的形状和间距的变化是宏观的、连续的，与物体外形轮廓的变化步调一致。当被检物体内部有缺陷时，物体内部缺陷在外力作用下，在物体表面表现出异常，而与内部缺陷相对应的物体表面所发生的位移则与以前不相同，因而得到的全息图与不含缺陷的物体的不同。在激光照射下进行成像时，看到的波纹图样对应于有缺陷的局部区域就会出现不连续的、突然的形状变化和间距变化。根据这些条纹情况，可以分析判断物体的内部是否有缺陷，以及缺陷的大小和位置。

7.3.3 激光全息检测的特点及应用范围

多年来，激光全息无损检测的理论、技术、照相系统和图像处理系统都有了很大发展，例如对复合材料、蜂窝夹层结构、叠层结构、飞机轮胎等的检测就具有明显的优点，是射线、超声、磁粉、涡流、渗透等常规方法难以比拟的。其优点是对试件的加工精度要求不高，安装调试方便，能得到物体的三维图像，缺点是对不透光物体没有穿透能力。一般只能用于厚度小的薄壁材料，检测系统复杂，设备较昂贵，并且在检测时受机械振动、声振动（如环境噪声）以及环境光等的干扰大等，需要在安静、清洁的暗室中进行检测。到目前为止，激光全息无损检测技术仍存在很大的局限性，仍然需在隔振平台、银盐干版记录、暗室条件下工作，并对操作技术要求较高。

目前，由于视频拷贝和计算机图像处理技术的迅速发展，全息干涉条纹图像可以通过CGD 摄像机，快速、准确地输入计算机进行数字图像处理，满足无损检测技术的各种需要。甚至可以通过信息高速公路进行远距离传输，把畸变全息干涉条纹图像传到专家办公室，由他们来对缺陷作出共同的诊断。

7.3.4 激光全息检测在焊接中的应用

图 7-6 是利用激光全息检测小型压力容器的光路布置图。容器 7 长度为 360 mm，外径为 44 mm，壁厚为 3 mm，材质为 1Cr18Ni9Ti。筒体纵缝和封头环缝均采用钨极氩弧焊。检测时，容器的一端用虎钳 6 夹持，呈水平悬臂状态。另一端封头接一挠性进水管。加载时以每0.98 MPa 为一台阶。每次升压，均稍待一分钟左右以待状态稳定，加载压力最高为 14.7 MPa。容器外表面涂一层白粉以增加反射效果。采用降压方式进行两次曝光拍摄全息图。通过对全息图上畸变干涉条纹的分折，得知容器筒体有两条环向裂纹。

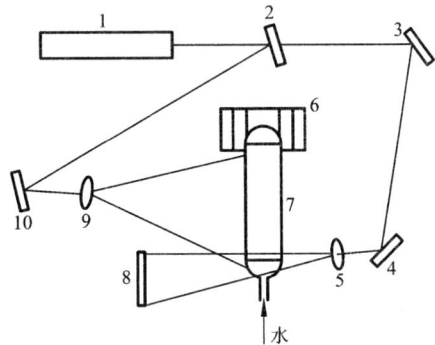

图 7-6　小型压力容器激光检测的光路布置

1—氦-氖激光器；2—分光镜；3、4、10—反射镜；5、9—扩束镜；6—虎钳；7—被检容器；8—全息胶片

7.4 热中子照相法检测

7.4.1 中子射线与物质作用

中子不带电荷，是原子核的基本粒子之一。在放射性物质裂变时，可以放射出中子而形成中子射线。中子按能量的不同可分为：冷中子、热中子、共振中子、快中子等。其中由核反应堆、加速器等中子源发出的中子，经周围的含氢物质(催化剂)减慢速度后的中子叫热中子，其照相分辨率高，在中子照相中应用最为普遍，技术也比较成熟。但热中子只能穿透较薄的金属层，对厚度较大的物体难以得到清晰的图像。快中子可以穿透较厚的金属层，但快中子照相的分辨率较热中子差一些，快中子照相因为独特的优点和实际的需要近年来也取得了很大的发展和广泛的应用，成为中子照相的一个热点。

中子穿过物质时主要是与物质的原子核发生作用，与核外电子几乎没有作用，因此中子的吸收率主要决定于核的性质。X 射线、γ 射线衰减随物质原子序数的增大而增大，而对中子来说，却完全不具有这样的规律性，原子序数相邻的两种元素对中子的吸收可能相差悬殊，序数小的元素吸收热中子可能比序数大的元素吸收热中子更强。因此，中子照相具有下列 X 射线、γ 射线所没有的功能：中子能够穿透重元素物质，对大部分重元素，如铁、铅、铀等，质量吸收系数小；对某些轻元素，如水、碳氢化合物、硼等质量吸收系数反而特别大；能区分同位素；能对强辐射物质呈高质量的图像等。

7.4.2 热中子照相检测方法

1. 热中子照相检测方法的原理

热中子照相法检测与 X 射线、γ 射线一样，是利用射线在物质中的衰减而进行的，其原理十分相近，如图 7－7 所示。中子源发出的中子束射向被检测的物体，由于物体的吸收和散射，中子的能量被衰减，衰减的程度则取决于物体内部质量。

中子能产生某些容易被胶片记录下的二次辐射，如带电粒子、光子等。因此，要在感光胶片上记录中子的信息，必须使用某些类型的转换屏。转换屏在中子照射下发生核反应产生 α 粒子、β 粒子和 γ 光子，使胶片感光。

不同的材料对中子束有不同的衰减特性，这种作用的强弱与作用区域中样品包含材料的性质（组成元素、密度、空穴等）有关，所以透射中子束即包

图 7－7 中子射线照相示意图

D—准直器入口直径；L—准直器长度；
1—慢化剂；2—快中子源；3—中子吸收层；
4—准直器；5—中子束；6—工件；7—胶片

中子本身几乎不具有直接使胶片感光的能力。

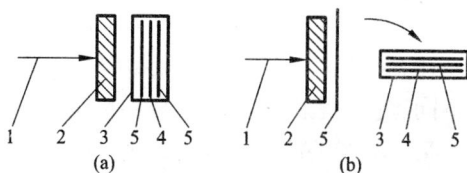

含样品内部成分和结构的信息，再利用特定的技术和相关的影像技术，将透射中子的空间分布显示出来，就可获得待照样品内部所含材料的空间分布、密度变化、各种缺陷的综合信息，这就是中子照相的基本原理。

2. 热中子照相法检测的分类

根据转换屏的不同，热中子照相法检测可分为直接曝光法和间接曝光法两种。

（1）直接曝光法 如图 7－8（a）所示。所用转换屏材料有锂、硼、钆，这类转换屏的特点是感光速度快。其中应用最广泛的是钆，它的像分辨率和照相速度都比锂、硼高。在热中子射线的轰击下，钆能发射出能量很低（70 keV）的电子。

（2）间接曝光法 如图 7－8（b）所示。所用转换屏材料有铟、镝、银，最常用的是

图 7－8 热中子照相检验法

1—中子束；2—工件；3—暗盒；4—胶片；5—转换屏

铟。照相时，先将转换屏放在透过工件的中子束上照射，转换屏俘获中子后形成有一定寿命的放射性同位素，此时在转换屏上形成一个反映被检工件情况的潜在放射像，然后将具有潜影的转换屏与 X 光胶片紧贴后放人暗盒，潜影所放射出来的粒子使 X 光胶片感光成像，这种使 X 光胶片自行感光的方法称作自射线照相技术。这种检测方法避免了工件本身具有放射性或热中子束中含有 γ 射线对照相质量所产生的不良影响。

中子射线照相检测设备主要包括中子源、慢化体、准直器、记录设备和转换屏等。

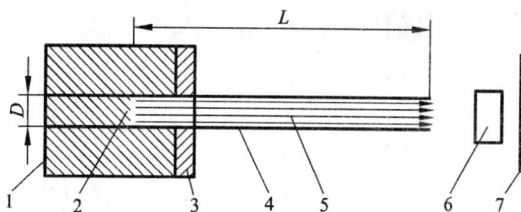

7.4.3　热中子照相检测方法的应用

　　热中子照相检测方法在航天航空中，用于检测航天火箭部件的材料性能、缺陷和腐蚀情况与发动机叶片、铝板结构件、复合材料的腐蚀情况和缺陷。在核工业及军事上也有较多应用。汽车工业中可进行燃料燃烧过程的观测与研究。石油、化学、冶金工业中可用于机械部件的金属氢氧化物检查，两相流观测与研究，液态金属状态观测等。材料工业中可用于复合材料各层结合情况的检测。用于建筑业中混凝土渗水渗油特性的测试等。

专业常识

中子照相法检测可以作为X、γ射线照相法检测的重要补充。

　　目前，我国的中子照相技术的研究还不够深入，应用还不够普遍，技术水平与先进工业国家还有差距。随着应用领域不断扩大，中子照相技术也将得到进一步的发展，特别是中子照相装置的小型化和可移动化，将会使中子照相法有更广泛的应用前景。

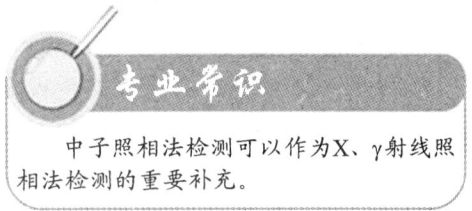

7.5　液晶检测

7.5.1　液晶的性质

　　物质通常分为气态、液态和固态三种状态，它们在一定条件下可以相互转化。自然界的固体多为晶态，其物理性质多为各向异性，有固定熔点，晶面间夹角相等。普通液体的物理性质一般不具有各向异性。而液晶则是一种既有光学各向异性，又有流动性的液体。

　　从分子排列的有序性来区别液晶相，特别是对于热致液晶，可以将其分为三大类：向列型(或称丝状相)、近晶型(或称层状相)、胆淄型(或称螺旋相)。向列型液晶的分子质心位置是随机分布的，但排列方向一致；近晶型液晶的分子排列方向一致且呈层状；胆淄型液晶分子排列呈螺旋状、分层，每层分子长轴都与层平面平行。

　　目前，液晶检测主要用胆淄型液晶。它的温度效应非常显著，有些胆淄型液晶化合物在1℃左右的变化范围内，可以显示从红到蓝的各种不同颜色。胆淄型液晶之所以能很灵敏地显示不同颜色，是由于其分子结构呈螺旋状排列，它的螺距很容易受温度变化而变化。当其螺距和某一光波的波长一致时，就对这种光波产生强烈的选择性反射。

　　有时为了扩大液晶的应用范围，可以将液晶按一定比例混合或添加其他物质(主要为油脂类)，以调整液晶的温度范围和对温度的灵敏度。

7.5.2　液晶检测原理

　　工件中的缺陷经常是一些非金属或气体之类的热不良导体，其比热容、导热系数比金属低的多。由于这些缺陷的存在阻碍了工件内热流的正常流动，在工件的表面造成热量的堆积，即内部缺陷所对应的表面区域，形成温度异常点。液晶检测就是利用胆淄型液晶灵敏的温度反应来检测工件表面的温度分布状况，找出温度异常点，发现缺陷的一种无损检测方法。

7.5.3 液晶检测的特点

液晶检测的特点有：

（1）工件表面温度分布状况以彩色显示，对比度好，便于判断识别。

（2）能进行动态检测。

（3）胆淄型液晶对温度变化很敏感，使液晶检测具有较高的灵敏度。

（4）液晶检测对那些埋藏很深，在工件表面不形成温差的缺陷无能为力。

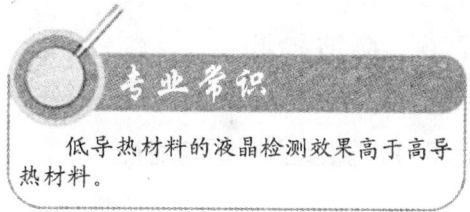

7.5.4 液晶检测在焊接检测中的应用

液晶检测一般用于检测近表面的缺陷。图7-9为用液晶检测铝钎焊蜂窝状工件内部质量的例子。检测时，用红外线加热工件，然后在工件表面涂液晶，并用照相机拍摄检测对比颜色变化结果。通常液晶显示的颜色与温度的关系并不是绝对的，所以在检测前应校对。但是，实践中经常利用颜色对比度进行缺陷检测，又常不用校对。

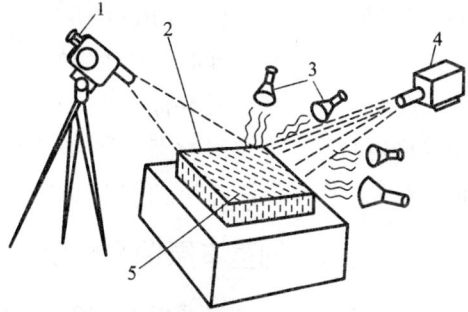

液晶检测时，将液晶涂敷在工件表面的方法有喷雾法、滚筒法和滴涂法三种。

（1）喷雾法 把液晶溶解在三氯甲烷中，然后用小型喷雾器将其喷涂在工件表面。

（2）滚筒法 用滚筒将液晶直接涂敷在工件表面。

（3）滴涂法 针对小面积的涂敷，可以用吸管进行滴涂。为了使涂敷均匀的液晶厚度达到 $10 \sim 20 \ \mu m$，可配制浓度为 10% 的溶液进行滴涂。

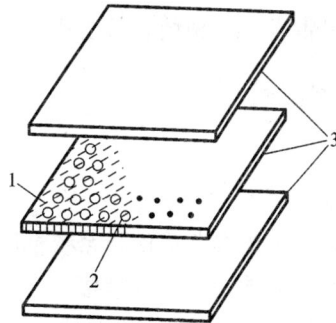

在进行液晶检测时，经常遇到一些工件不能直接涂抹液晶，可采用下述两种方法：一种办法是在工件上采用聚酯薄膜（约 $10 \ \mu m$）进行隔离，再在薄膜上涂液晶进行检测；另一种办法是把液晶按夹层结构夹在两张塑料胶片中，做成如图7-10所示热胶片，贴在工件表面进行检测。做成的热胶片既不要使液晶流动，又要厚度均匀。在中间一层胶片上开很多几十微米的孔，孔内装液晶，然后用压敏胶合剂从两边覆盖住中间的胶片。

图7-9 液晶检测铝钎焊蜂窝状工件内部质量

1—照相机；2—液晶膜(底层涂黑色薄膜)；3—加热灯；
4—单色光源；5—铝制蜂窝状工件

图7-10 热胶片结构

1—压敏胶合剂；2—充填液晶的小孔；3—塑料胶片

7.6 微波检测

7.6.1 微波的性质与特点

微波是一种电磁波,波长很短且频率很高,其频率范围在 300 MHz ~ 300 GHz,相应的波长为 1 ~ 1000 mm,主要分成 7 个波段。在微波检测(Microwave Testing)中,常用 X 波段(8.2 ~ 12.5 GHz)和 K 波段(26.5 ~ 40 GHz),个别的(如对于陶瓷材料)已发展到 W 波段(56 ~ 100 GHz)。

专业常识

介质对微波的吸收与介质的介电常数成比例,水对微波的吸收作用最强。

当波长远小于工件尺寸时,微波的特点与几何光学相似。当波长和工件尺寸有相同的数量级时,微波又有与声学相近的特性。与无线电波相比,微波具有波长短、频带宽、方向性好和贯穿介电材料能力强等特点。通常认为,微波可定向辐射,遇到各种障碍物易于反射,绕射能力较差,传输特性良好,传输过程中受烟、火焰、灰尘、强光等的影响很小。

7.6.2 微波检测的基本原理及应用

微波检测是通过研究微波反射、透射、衍射、干涉、腔体微扰等物理特性的改变,以及微波作用于被检测材料时的电磁特性(介电常数及损耗正切角的相对变化),通过测量微波基本参数如微波幅度、频率、相位的变化,来判断被测材料或物体内部是否存在缺陷。

微波检测是以微波作为信息载体,适用于材料构件或产品检测。微波检测作为质量和安全控制新技术,在非金属、复合材料、金属表面检测、测量、土木工程、高速公路、地下矿藏透视以及考古发掘等领域有重要作用。

7.6.3 微波检测方法

1. 穿透法

按入射波类型,穿透法可分为三种形式,即固定频率连续波、可变频率连续波和脉冲调制波。图 7 - 11 为穿透法检测系统框图。它是将发射和接收天线分别放在试件的两边,从接收探头得到的微波信号可以直接和微波源的微波信号比较幅值和相位。穿透法用于检测材料的厚度、密度和固化程度。用穿透法检测玻璃钢或非金属胶结件缺陷,主要是检测接收到的微波波束相位或幅度的变化。这种检测方法的灵敏度较低。

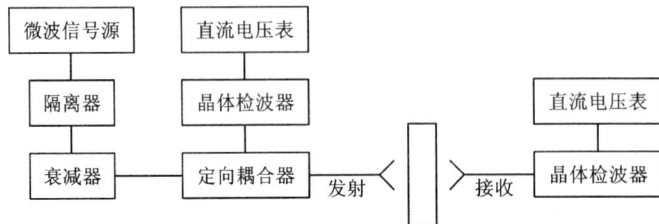

图 7 - 11 穿透法检测系统框图

2. 反射法

材料内部或背面反射的微波，随材料内部或表面状态的变化而变化。反射法主要有连续波反射法、脉冲反射法和调频波反射法等。图 7-12 为连续波反射法检测系统框图。反射法检测要求收发传感器轴线与工件表面法线一致，利用不同介质的分界面的反射和折射现象来研究材料的介电性能。定向耦合器对传输线一个方向上传播的行波进行分离或取样，输出信号幅度与反射信号幅度成比例。试样内部的分层和脱粘等缺陷将增加总的反射信号。在扫描试件过程中，如微波碰到缺陷，所记录的信号将有幅度和位相的改变。

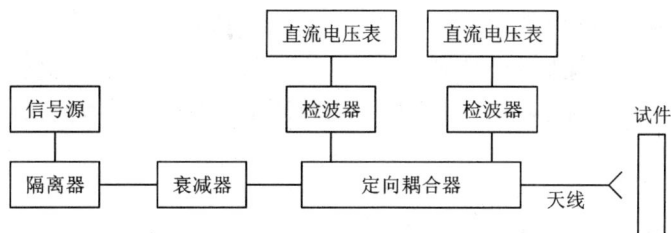

图 7-12　连续波反射法检测系统框图

3. 散射法

散射法是通过测试回波强度变化来确定散射特性。检测时微波经过有缺陷的部位时被散射，因而使接收到的微波信号比无缺陷部位要小，因此可判断工件内部是否存在缺陷。

另外，微波检测方法还有干涉法、微波全息技术和断层成像法等。

7.6.4　微波检测技术的应用

以评价材料结构完整性为主要用途的新型微波检测仪，可用于检测玻璃钢的分层、脱粘、气孔、夹杂物和裂纹等。新型微波检测仪由发射、接收和信号处理三部分组成，收发传感器共用一个喇叭天线。使用时根据参考标准调整探头，使检波器输出趋于零；当探头扫描到有分层部位时，反射波的幅度和相位随之改变，检波器则有输出。

7.7　目视检测

目视检测（Visual Testing，VT）是指仅用人的肉眼或肉眼与各种放大装置相结合对试件表面作直接观察的方法。很多无损检测方法检查工件表面时也需目视检测予以协助。目视检测简单、方便、快捷，但只能进行表面情况的检测，经常需要对表面进行必要的处理。不足之处常因缺陷很小而漏检。

专业常识

目视检测是重要的无损检测方法之一，可用来检测工件表面的缺陷，如腐蚀、污染、表面粗糙程度、表面形状不良等。

对于不同类型表面缺陷可采用不同的目视检测方法，这里除简要介绍放大镜检测外，还介绍用于检测肉眼无法直接观察到的工件内表面的内窥镜、图像传感器等方法。

7.7.1 放大镜检测

放大镜可将被检工件或局部放大一定倍数,是观察小于 0.2 mm 的物体的一种最简单的光学仪器。

简单的放大镜,由玻璃或塑料(常为聚丙烯)制成,塑料抗震但易划伤,不易得到玻璃那样的质量。常用并具有修正作用的有:带磨槽的双凸透镜,槽可以消除边缘线而改善图像质量;双平凸放大镜,可使色像差得到部分修正和使视场变平些;三合透镜,一种多透镜放大镜,对球面镜差和色像差均有修正作用,是所有带柄放大镜中最好的一种。

进行放大镜检测时通常还需要用到照明装置和一些检测器具等。另外,已经开发的超小型视频显微镜,对目视检测来说也是很有用的,具有体积小,放大倍数高,可进行拍照,也可用磁性夹具吸附在容器或管道上进行观测,现场检测不需要交流电源的特点。

7.7.2 内窥镜检测

内窥镜是一种管状光学仪器,用于检测管件内表面或其他肉眼难于检查的工件内腔表面。管子可以是柔性的用于观察者和观察区之间无直通道的检测,如图 7-13 所示。也可以是刚性的用于观察者和观察区之间是直通道的检测,如图 7-14 所示。内窥镜有各种各样的长度和直径,以便用于不同距离工件表面的照明和观察,大致分为三种类型:

(1)采用刚性管,管中有一组透镜;

(2)采用柔性管,管中有一组透镜;

(3)采用柔性管,管端有一电荷耦合器件(CCD)用于成像。

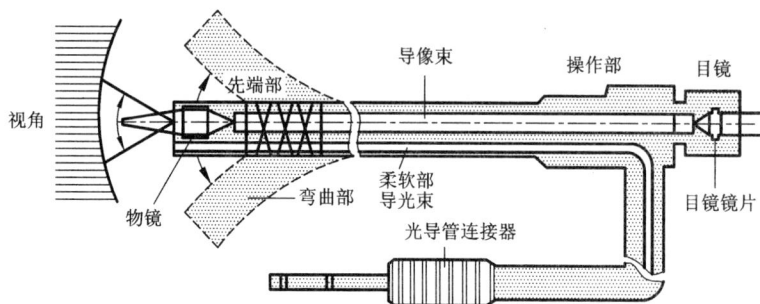

图 7-13 工业光纤内窥镜结构示意图

上述三种管子端部的焦距有的是固定的,有的可以调节。根据不同要求和类型,内窥镜的视场通常可调。一般情况下,采用光导纤维白炽灯照明,当工件长度超过 15 m 时,端部还装有发光二极管用于照明。若表面采用渗透检测时,还可采用紫外线照明。

另外还有柔性视频内窥镜,如图 7-15 所示,它具有分辨率高、焦距更深、文件编制方便、质量更高,准确彩色成像等优点。

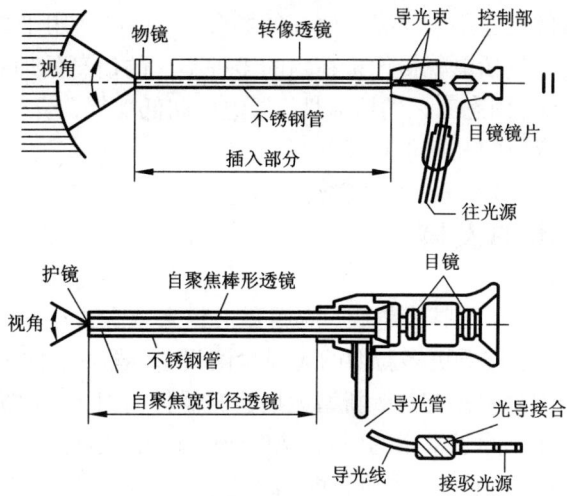

图 7 - 14 焦距可调刚性内窥镜典型结构示意图

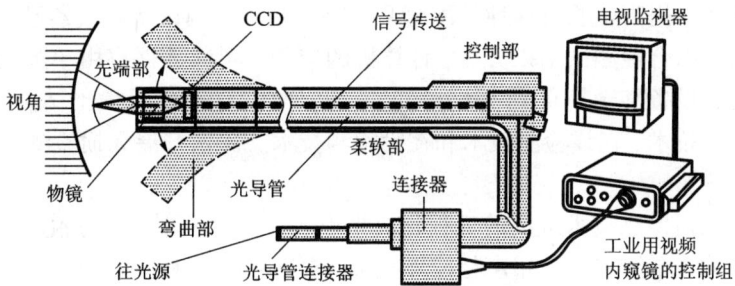

图 7 - 15 视频成像系统示意图

7.7.3 光电传感器检测

光电传感器是采用光电元件为检测元件的传感器。它首先把被测量的变化转换成光信号的变化，然后借助光电元件将光信号转换成电信号。光电传感器一般由光源、光学通路和光电元件三部分组成。光电检测方法具有精度高、反应快、非接触等优点，而且可测参数多，传感器的结构简单，形式灵活多样。因此，光电式传感器在检测和自动控制中应用非常广泛。

在可见光照射下，用肉眼或光学传感器进行检测有时比用射线、微波、超声等方法更便利，这是因为聚焦后具有更高的空间分辨率。

用于目视检测的图像光学传感器的常用类型如下：

(1)氧化铝光导射像管；

(2)二次电子耦合(SEC)光导射像管；

(3)正析射像管和分流直像管；

(4)电荷耦合器件传感器；

（5）全息板。

带光导射像管的摄像机适用于光亮度较高的场合，其他则适用于光亮度较低的场合。

电荷耦合器件适用于包括电视摄像机在内的多种不同的信息处理系统，与真空管图像传感器相比，具有明显优点：固态工艺的可靠性，低电压和低功耗，动态范围大，具有可见光和近红外线特性以及图像定位的几何重复性好。

7.8　无损检测技术的发展

目前，无损检测技术应用已越来越广、应用要求越来越高，各行各业以及更多的领域需要应用无损检测技术，特别需要更多新型的无损检测设备、器材，这为无损检测器材的拓新开发创造了机会。由于国外更多先进、新型无损检测器材的引入，促进了我国无损检测器材制造业的更新换代和发展。除了常用的射线、超声波、磁力、电磁感应、渗透等方法外，电子透射、光学全息、红外成像、雷达、波动分析、激光等技术也逐渐被应用。

无损检测技术的发展主要包括三个方面：首先，无损检测技术正从一般的无损检测向自动无损检测和定量无损检测发展，引入计算机和数字图像处理技术进行检测数据分析，以减少人为因素的影响，提高检测可靠性。配套开发和研制的检测设备和仪器已发展到数字式智能化时代，具备了综合性测试结果分析，计算机的应用，测试数据也由单纯的数理统计进入了信息处理，有的设备甚至简单到"只要轻轻一点，便可自动分析得出结论"的傻瓜型。其次，发展微观检测技术、在线检测技术和在役检测技术。深入开展无损检测新原理、新方法、新技术的探索研究。

目前，作为无损检测技术进展的工程化成果很多，例如X射线数字化实时成像技术、复杂型面构件超声自动检测技术、超声相控阵技术、激光超声技术、锥束计算机层析成像（锥束CT）技术等。

我国无损检测技术在近20年得到了飞速发展，若干单项技术的研制和应用水平都已进入了国际先进行列。已制定很多行业标准和协会标准，有力促进了无损检测技术在工程中的应用。至今，国内大部分二级检测中心均已具备了开展无损检测服务的条件。

我国现在已经有大量新一代的无损检测技术人员进入了无损检测领域，他们的文化层次较高，有计算机操作的技能，经过一段时间的无损检测技术实践，不断积累经验，丰富知识，将很快成为无损检测的生力军。

【综合训练】

一、填空题

1. 声发射检测是一种动态的检测技术，适合于 _____ 、_____ 和 _____ 预报。

2. 声发射是指材料或结构在外力或内力作用下产生变形或断裂时，以 _____ 释放出应变能的现象。

3. 红外线检测技术是通过扫描记录或观察被检测工件表面上由于缺陷引起的 _____ 来检测表面和近表面缺陷的无损检测方法。

4. 红外线检测仪有 _____ 和 _____ 两类。

5. 红外线检测按检测方法可分为 _____ 和 _____ 两类。

6. 全息照相是以光波干涉原理为基础，能把被测物光波的 _____ 和 _____ 等全部信息都记录在介质上。

7. 激光全息照相包括两步：_____ 和 _____。

8. _____ 中子照相分辨率高，在中子照相中应用最为普遍，技术也比较成熟。

9. 中子能够穿透 _____，对大部分重元素，如铁、铅、铀等，质量吸收系数小；对某些 _____，如水、碳氢化合物、硼等质量吸收系数反而特别大；能区分同位素；能对强辐射物质成高质量的图像等。

10. 热中子照相法检测可分为 _____ 和 _____ 两种。

11. 液晶是一种既有 _____，又有流动性的液体。

12. 从分子排列的有序性来区别液晶相，特别是对于热致液晶，可以分为三大类，即 _____，_____，_____。

13. 液晶检测时，将液晶涂敷在工件表面的方法有 _____、_____ 和 _____ 三种。

14. 微波检测方法主要有：_____ 法，_____ 法，_____ 法和干涉法、微波全息技术和断层成像法等。

15. 目视检测是重要的无损检测方法之一，它用来检测工件 _____，如腐蚀、污染、表面粗糙程度、表面形状不良等。

16. 内窥镜管子可以是 _____ 的，也可以是 _____ 的。

17. 光电传感器是采用 _____ 作为检测元件的传感器。

18. 光电检测方法具有 _____、_____、_____ 等优点。

二、判断题

1. 平面型缺陷比非平面型缺陷容易成为声发射源。（　　）

2. 目前声发射检测技术还不能代替传统的检测方法，是一种补充手段。（　　）

3. 红外线是电磁光谱中的一段，肉眼是可以看得见的。（　　）

4. 红外线检测方法中单面法是加热和检测都在工件同一侧进行，特点是能确定缺陷埋藏深度；双面法则是分别在工件的两侧进行加热和检测，特点是检测灵敏度高。（　　）

5. 激光全息图能直接显示出被照物体的形象。（　　）

6. 目前激光全息已经能用于厚度较大材料的检测。（　　）

7. 中子照相法检测与X射线、γ射线无损检测相比较，中子穿过物质时主要是与物质的原子核发生作用，与核外电子也有作用。（　　）

8. 中子本身具有直接使胶片感光的能力。（　　）

9. 胆淄型液晶的温度效应非常显著，有些胆淄型液晶化合物在1℃左右的变化范围内，可以显示从红到蓝各种不同颜色。（　　）

10. 为了扩大液晶检测的应用范围，可以用液晶按一定比例混合或添加其他物质（主要为油脂类），以调整液晶的温度范围和对温度的灵敏度。（　　）

11. 液晶检测一般用于检测内部缺陷。（　　）

12. 微波是一种电磁波，它的波长很长且频率也很高。（　　）

13. 微波检测中穿透法的灵敏度较低。（　　）

14. 放大镜用于将被检工件或局部放大一定倍数,是观察小于0.2mm的物体的一种最简单的光学仪器。 （ ）

15. 目视检测就是用肉眼看,不同类型的表面缺陷采用的目视检测方法相同。 （ ）

三、思考题

1. 声发射检测技术有哪些主要特点?

2. 红外线检测的原理是什么?

3. 简述激光全息检测的方法。

4. 目前热中子照相法检测主要有哪些应用?

5. 简述液晶检测的原理与特点。

6. 简述微波检测的基本原理。

7. 谈谈你对无损检测技术发展的看法。

模块八
焊接质量管理及质量控制

[学习目标]

1. 了解焊接质量控制的条件与方法，具备进行质量管理与控制的初步能力；
2. 掌握常用无损检测方法的特点，具备正确分析与选择无损检测方法的初步能力；
3. 了解压力容器的类型和基本结构，具有能确定满足焊接质量要求的检测工艺的初步能力。

8.1　焊接质量控制的基本内容

8.1.1　焊接质量控制的基本条件

焊接质量控制是指为保证某一产品、过程或服务质量满足规定的质量要求所采取的作业技术和活动。也就是说，生产作业的每一个环节必须在受控状态下进行，才能生产出满足规定质量要求的产品。

为了使产品质量控制有效地实施和贯彻下去，企业应具备一定的条件：

(1)应具有严格的质量保证体系，每一个环节都分工明确，建立一整套焊接制造质量保证手册、焊接结构生产制造的管理制度和办法等。

(2)拥有与企业生产适应的技术装备，包括必要的焊接生产需要的装置和设备。例如：焊接、切割设备和装置；组装和运输吊装设备；加工机床及工具；施工场地及装备；焊接材料的烘干、储存等设备及设施；一些必要的辅助装备与夹具等。

(3)企业员工应具备与质量管理相适应的素质。企业员工包括具有相应学历和一定的生产经验，并熟悉企业产品相关的技术标准和法规的各类专业技术人员；具有一定技术水平和较高操作技能的技术工人，并达到与企业相适应的考核项目要求，持有合格证及上岗证；与产品制造相应的检测人员，包括无损检测人员和其他焊接质量检测人员等。

(4)搞好技术管理和工艺管理，建立相对独立的质检机构。

8.1.2 焊接质量控制阶段和内容

为了保证焊接质量，焊接生产企业必须在整个焊接生产的过程中严格执行标准。各个环节层层把关，才能使焊接生产质量符合规定要求。焊接质量控制阶段和内容如下。

（1）在进行产品设计时设计者应了解焊接的基本方法及要求，设计出符合焊接生产特点的产品；在进行工艺设计时，工艺人员必须掌握必备的焊接生产知识，具备较强的生产制造能力和经验，并对具体产品的结构和性能进行深入和细致的分析。

（2）在产品生产过程中要注重前期的焊接工艺性试验、工艺评定、工艺的确定等相关工作内容的质量控制。

（3）做好施焊前的准备工作，主要包括焊工技术水平及资格的审核。放样、下料、坡口加工、冷热成形、板材的预处理、焊接材料的准备和烘干、焊接夹具的调整与装夹等都对焊接质量有重要影响。

（4）施焊是整个制造过程中重要的一环。焊接过程中必须严格依照焊接工艺文件及规程进行，生产现场的图样、技术要求及工艺文件应齐全完整，还要注意天气或露天施工的不利影响等。

（5）根据要求做好焊后处理工作。

（6）通常焊接过程不能完全避免超标缺陷的产生，所以要做好必要的修复工作。这项工作内容比较复杂，需要依据有关标准认真进行，才能真正保证产品质量要求。

（7）依照相应标准规定，做好产品的质量检测及验收工作。

（8）注意产品的现场安装质量，认真进行运行过程中的质量跟踪。

8.2 焊接质量评定标准简介

用于焊接质量评定的标准分为两类：一类是焊接质量控制标准；另一类是适合于焊接产品使用要求的标准。

8.2.1 质量控制标准

这类标准是从保证制造或修复的质量角度出发，把所有的焊接缺陷均看成是对焊缝强度的削弱和是结构安全的隐患，不考虑每一产品的具体使用情况的差别，而要求把缺陷尽可能地降到最低限度。在我国有以焊接产品制造或修复质量控制为目的而制

专业常识

质量控制标准中规定的具体条文，是以人们长期生产中积累的经验为基础制定的。

定的国家、行业、地方及企业焊接质量验收标准，属于质量控制标准，例如：GB/T 12467.1 ~ 12467.4—1998《焊接质量要求 金属材料的熔化焊》、GB/T 3323—2005《钢熔化焊对接接头射线照相和质量分级》等。

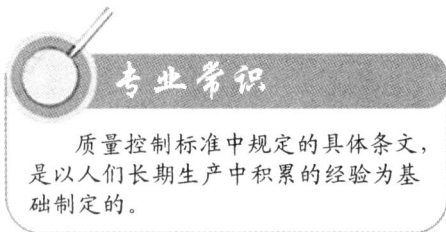

8.2.2 合于使用的标准

将在焊接质量控制标准中不允许存在的"超标缺陷"产品一律返修或将产品直接判为废品，有时除了要进行没有必要的返修工作外，还会把本来可用的构件判为废品，是不经济的。

对不影响使用的缺陷进行修复，有时还会产生更有害的或不易检查的缺陷。例如，按质量控制标准检验不合格的压力容器，仍有不少可以使用，即质量不合格并不等于使用不合格。从使用的角度出发，对"超标缺陷"应区别对待，对于那些在具体使用条件下对安全运行不构成威胁的缺陷，可以保留。所以，以合于使用为目的而制定的另一类标准，即所谓的"合于使用"标准。

这类标准诞生已有几十年的历史，如：国际焊接学会在 1974 年提出的 X - 749 - 74《按脆断破坏观点建议的缺陷评定方法》；英国标准协会在 1980 年提出的 BSI - PD 6493《焊接缺陷验收标准若干方法指南》；我国的 CVDA - 84《压力容器评定规范》等。

这类规范是指导性文件，并不是强制性标准，我国的 CVDA - 84《压力容器评定规范》须经容器使用方和评定方双方同意才可使用。这个规范主要用于对在役压力容器的缺陷评定，在以下几方面做出了规定：

（1）规范适用范围。主要用于对带缺陷的钢制压力容器（壁厚 ≥ 10 mm，屈服点 ≤500 MPa）的安全评定；受压管道等其他焊接结构具备了规范规定的有关参数时，亦可用规范规定的办法对缺陷进行评定。

（2）进行缺陷评定应具备的基本资料和基础数据的内容。

（3）对缺陷的简化和计算尺寸的确定。

（4）对无损探伤的要求。

（5）对材料性能参数的选择。

（6）对缺陷评定应依照的程序。

8.2.3 两类质量评定标准对比

质量控制标准建立了一个为改进焊接质量而努力的目标，所以说，质量控制目标也是一个质量努力目标。这类标准的目的是确保焊接结构的质量大体在某一水平上，内容简单、容易掌握。这类标准的安全系数大，评定结果偏于保守、经济性差。

合于使用的标准则充分考虑到存在缺陷结构件的使用条件，以合于使用为目的，以断裂力学为基础，求出结构允许存在的临界缺陷尺寸，以此为根据判定缺陷是否可以接受，从而确认焊接结构的安全可靠性。合于使用的标准：一方面极力减少过大的安全余度；另一方面又充分考虑影响安全的各种因素。因此，这类标准是一种经济性好又可靠的评定标准。

专业常识

目前，我国焊接产品的质量验收多以质量控制标准为依据。

两类质量评定标准在类别、目的、基础、易于掌握程度、检测要求、经济性和保守性等方面的对比列于表 8 - 1。

表 8 - 1 两类质量评定标准对比

对比内容 标准	标准类型	目 的	基 础	易于掌握程度	检测要求	经济性	保守性
质量控制标准	质量控制	质量合格	经验	容易	常规	差	大
合于使用标准	合于使用	使用合格	断裂力学	复杂	对缺陷定量要求高	好	小

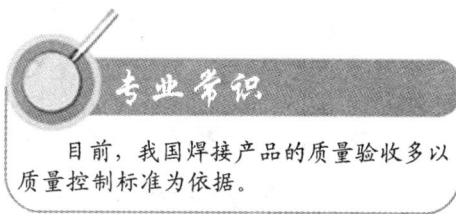

8.3 无损检测的应用

8.3.1 无损检测对裂纹的检出率

模块一介绍过焊缝中产生不同程度与数量的
气孔、夹渣、未熔合与未焊透以及裂纹等缺陷,在
这些缺陷中尽管气孔与夹渣所占的比例较大,但在
产品制造与安装过程中发现的超标缺陷一般都要
进行返修,以使产品达到质量控制标准的要求。但

> **专业常识**
>
> 目前,很多检测方法可以针对不同的焊缝形式及不同类型的缺陷进行有效地检出,其发现率能够满足相应产品的质量要求。

是,当有裂纹倾向的钢材进行返修时,还容易引起新的裂纹出现。另外,焊接结构在服役或
超期服役过程中经受高温、高压、介质腐蚀,承受疲劳、冲击及辐射等会使材质性能恶化,应
力变动或产生新的裂纹,给结构的安全运行带来不利影响,所以裂纹是焊接无损检测中的
重点。

为了对比各种无损检测方法对裂纹的检出能力,图8-1、图8-2、图8-3、图8-4分
别列举了射线检测、渗透检测、超声检测与涡流检测等方法的裂纹检出率,这些图是对328
个铝合金疲劳裂纹试样分别进行检测统计绘制的。可以看出,除射线照相的裂纹检出率偏低
外,其他检测方法都有较高的裂纹检出率。当然,检出概率是缺陷尺寸的函数,随缺陷尺寸
的增大检出率提高。同时相同尺寸的不同裂纹,裂纹检出概率有相当大的不同,另外还与尺
寸之外的一些因素有关。

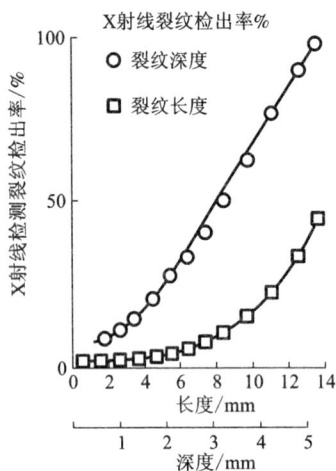

图8-1 X射线检测裂纹检出率
与裂纹深度与裂纹长度的关系

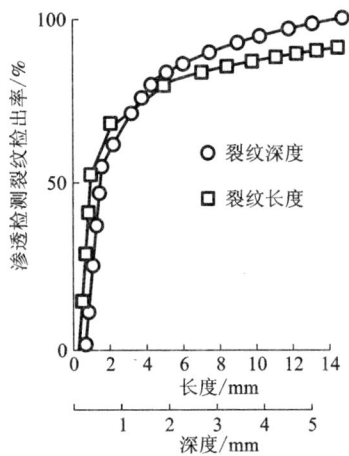

图8-2 渗透检测裂纹检出率
与裂纹深度与裂纹长度的关系

无损检测的任务是将含有等于或大于临界裂纹长度缺陷的产品在使用前作周期性检修时
可靠检出。在某些应用中,有必要保证明显小于临界尺寸的缺陷是不存在的,以便应力腐蚀
和疲劳也不致使这种裂纹在一个检测周期超过临界尺寸。

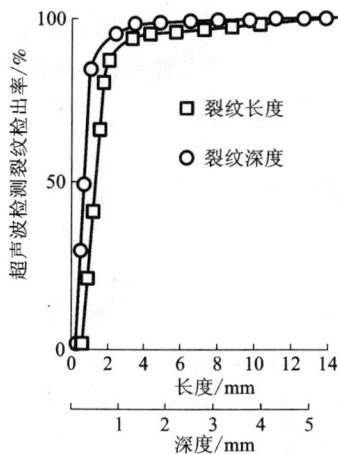

图 8 - 3　超声波检测裂纹检出率
与裂纹深度与裂纹长度的关系

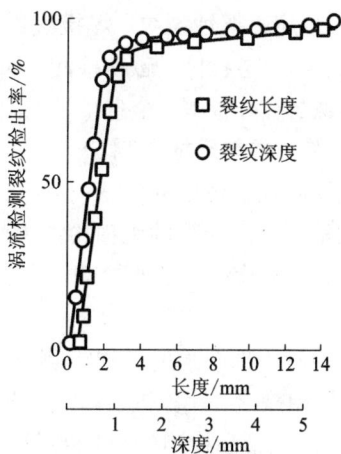

图 8 - 4　涡流检测裂纹检出率
与裂纹深度与裂纹长度的关系

8.3.2　无损检测方法的选择对质量控制的影响

发挥无损检测的作用必须注意到检测的可靠性。无损检测的可靠性是指无损检测方法对缺陷的检出能力，是对用该方法检出特定类型、特定尺寸缺陷有效性所作的一种定量度量。由于有很多因素影响着缺陷是否能被检出，完成检测工作时，仅仅根据检测结果并不能说某一特定产品是完全没有缺陷的，而只能说明用使用的检测方法确定不含有那些特定类型、特定尺寸的缺陷。这种可能性愈大，检测的可靠性就愈高。所以，在不同的场合、不同的结构类型、不同的缺陷种类及焊接产品的质量要求下，合理选择检测方法是保证焊接质量的一个重要内容。

1. 不同生产制造阶段无损检测的应用

无损检测方法在焊接生产制造的各个阶段都有可能应用，具体应用的种类及频率应视具体情况而定，例如：

（1）确定某一检测方法在每一制造步骤后能否被应用（工序检测）。

（2）确定某一检测方法在检测产品对验收标准的符合性时能否被应用（最终检测或成品检测）。

（3）确定某一检测方法在应用的产品上是否能够继续应用（在役检测）。

在各阶段，选择的原则是努力做到即要保证产品质量，又要不产生检测过剩提高生产成本，不能造成对焊接质量的不利影响。具体选择方法与产品特点及要求有关，与生产实践经验也有很大关系，同时选择无损检测方法要考虑的主要因素是缺陷的类型和位置以及被检工件的尺寸、形状和材质。

2. 缺陷类型与无损检测

焊接中常见的体积型缺陷包括：咬边、夹杂、夹渣、夹钨、气孔、弧坑及腐蚀坑等。可供选择的无损检测方法有：目视检测、液体渗透检测、磁粉检测、涡流检测、微波检测、超声检测、射线照相检测、计算机层析成像检测、红外检测、全息干涉/错位散斑干涉检测等。

平面型缺陷是一个方向很薄、另两个方向较大的缺陷。常见的平面型缺陷包括：裂纹（疲劳裂纹、应力腐蚀裂纹、焊接裂纹等）、未熔合、未焊透等。可供选用的无损检测有：目视检测、液体渗透检测、磁粉检测、涡流检测、微波检测、超声检测、计算机层析成像检测、声发射检测、红外检测、全息干涉/错位散斑干涉检测、射线照相检测等。

3. 缺陷位置与无损检测

根据缺陷在物体中的位置，可以分为表面缺陷和内部缺陷(不延伸至表面的)。

可供检测表面缺陷的无损检测方法有：目视检测、液体渗透检测、磁粉检测、涡流检测、微波检测、超声检测、红外检测、全息干涉/错位散斑干涉检测、声显微镜以及射线照相检测等。

可供检测内部缺陷的无损检测方法有：磁粉检测(近表面)、涡流检测(近表面)、超声检测、射线照相检测、计算机层析成像检测、声发射检测、微波检测、红外检测(有可能)、全息干涉/错位散斑干涉检测(有可能)等。

4. 被检工件尺寸与无损检测

被检工件尺寸(厚度)不同，最适宜的无损检测方法也不同。

(1)仅检测表面(与壁厚无关)：目视检测、液体渗透检测。

(2)壁厚最薄(壁厚≤1 mm)：磁粉检测、涡流检测。

(3)壁厚较薄(壁厚≤3 mm)：微波检测、红外检测、全息干涉、错位散斑干涉检测、声显微镜。

(4)壁厚较厚(壁厚≤50 mm，以钢计)：X射线照相检测、X射线计算机层析成像检测。

(5)壁厚更厚(壁厚≤250 mm，以钢计)：中子射线照相检测、γ射线照相检测。

(6)壁厚最厚(壁厚≤10 m)：超声检测。

上述壁厚尺寸是近似的，这是因为不同材料工件的物理性质不同；除中子射线检测以外，所有适合于厚壁工件的无损检测方法均可用于薄壁工件的检测；中子射线照相检测对大多数薄件不适用；所有适用于薄件工件的无损检测方法均可用于厚壁工件的表面和近表面的缺陷检测；当采用高能直线加速器作为射线源时，X射线照相检测、X射线计算机层析成像检测可检测壁厚数百毫米(以钢计)的工件。

5. 被检工件形状与无损检测

根据被检工件的形状从最简单到最复杂，优先选用无损检测方法的顺序大致为：

全息干涉/错位散斑干涉检测—红外检测—微波检测—涡流检测—磁粉检测—中子射线照相检测—X射线照相检测—超声检测—液体渗透检测—目视检测—计算机层析成像检测。

6. 被检工件材料特征与无损检测

针对不同的无损检测方法，对被检工件的主要材料特征有不同的要求。

(1)液体渗透检测：必须是非多孔性材料；

(2)磁粉检测：必须是磁性材料；

(3)涡流检测：必须是导电材料或磁性材料；

(4)微波检测：能透入微波；

(5)X射线照相检测：工件厚度、密度和化学成分有所不同；

(6)X射线计算机层析成像检测：工件厚度、密度和/或化学成分变化有所不同；

(7)中子射线照相检测：工件厚度、密度和/或化学成分变化有所不同；

（8）全息干涉检测：表面光学性质一定。

以上粗略讨论了选择无损检测方法要考虑的主要因素，具体方法的选择应综合考虑所有的因素。一般，可选择几种互补的检测方法进行检测。例如，超声和射线照相检测共同使用可保证既检出平面型缺陷（如裂纹），又检出体积型缺陷（如孔洞）。

表8-2列出了几种常见无损检测方法检出缺陷类型。表8-3列出了不同情况下无损检测方法的选择。

表8-2　常见无损检测方法检出缺陷类型

检验方法	适合检出缺陷类型
射线检测	有利于检出夹杂、气孔等体积性缺陷。对平行于射线方向的平面缺陷有检出能力
超声检测	有利于检出裂纹类面积形缺陷
磁粉检测	检出表面及近表面缺陷
渗透检测	光洁与清洁工件表面开口类缺陷
涡流检测	可检出各种导电材料焊缝与堆焊层表面与近表面缺陷

表8-3　不同材质焊缝检测方法的选择

被检对象	检验方法	射线检测	超声检测	磁粉检测	渗透检测	涡流检测
铁素体钢焊缝	内部缺陷	◎	◎	×	×	
	表面缺陷	△	△	◎	◎	△
奥氏体钢焊缝	内部缺陷	◎	△	×	×	
	表面缺陷	△	△	×	◎	△
铝合金焊缝	内表面、内部缺陷	◎	◎	×	×	
	外表面、近表面缺陷	△	△	×	◎	△
其他金属焊缝	内部缺陷	◎		×	×	
	表面缺陷	△			◎	△
塑料焊缝接头		○	△	×	○	×

注：◎：很适合；○：适合；△：有附加条件时适合；×：不适合。

为了提高无损检测结果的可靠性，必须选择适合于异常部位的检测方法、检测技术和检测规程，需要预计被检工件异常部位的性质，即预先分析被检工件的材质、加工类型、加工过程，还要预计缺陷可能是什么类型？什么形状？在什么部位？什么方向？然后确定最适当的检测方法和能够发挥检测方法最大能力的检测技术和检测规程。

专业常识

正确选择检测方法是保证焊接质量的重要因素之一。

目前在检测中使用的方法各不相同,信息处理也差异极大,据不完全统计目前有检测方法或手段不下70余种,无损检测方法也有几十种之多。各种方法都具有各自的特点,也有各自的局限性,没有一种方法是万能的。作为无损检测人员就是要根据检测对象和要求及被检出的缺陷情况,优选出可行的无损检测方法,才能充分发挥无损检测的作用,达到预定的检测目的。

8.4 压力容器检测

8.4.1 压力容器基础

凡承受流体介质压力的密闭设备统称压力容器,如各种气瓶、储罐、合成塔、槽车等,大都是由各种零(部)件组合而成的焊接产品。

容器是石油、化工、热能动力等生产过程中的多用设备,而压力容器又是其中的一种要求更高的特殊设备。通常容器是指内部不进行化学反应或其他物理、化学过程的那些设备。而工程上使用的压力容器不可避免地会发生一定的物理、化学过程,就使得压力容器的质量要求变得十分复杂。

锅炉也是一种压力容器,是利用燃料燃烧时放出的热量或工业生产中的余热来产生蒸汽或热水的热力装置,锅炉受压又直接受热是一种特殊的压力容器。

8.4.2 压力容器的分类及工作条件

1. 压力容器的分类

(1)压力容器按容器的用途可分为反应压力容器、换热压力容器、分离压力容器和储运压力容器,各类所属的容器名称见表8-4。

表8-4 按用途分类的压力容器

类别序号	类别名称	主要用途	容 器 名 称
1	反应压力容器	完成介质的物理化学反应	反应器、分解锅、分解塔、聚合釜、高压釜、合成塔、变换炉、蒸煮锅、蒸球、蒸压釜、煤气发生炉等
2	换热压力容器	完成介质的热量交换	管壳式余热炉、热交换器、冷却器、冷凝器、蒸汽发生器、蒸发器、煤气发生炉水夹套等
3	分离压力容器	平衡介质流体压力和气体的净化分离	分离器、过滤器、集油器、洗涤器、吸收塔、干燥塔、除氧器、分气包等
4	储运压力容器	盛装生产原料用气体、液体、液化气	液化石油气储罐、铁路罐车、汽车槽车、各种气瓶等

(2)根据制造容器使用材料不同,可分为钢制容器、有色金属容器和复合材料容器等。

(3)按容器几何形状分为球形、矩形、圆筒形、方形、圆锥形及组合形容器等。

(4)依据容器承受压力的不同,可分为不受压容器和受压容器。压力容器相对于常压容器而言，不仅在安装方面有较高的要求，而且在设计原理上也有很大的不同。压力容器的选择、结构、壁厚都要通过理论计算、强度校核而确定；常压容器则是要根据刚度确定。

（5）受压容器又分为内压容器和外压容器：承受内压在 0.1 MPa 以上的容器，又称为压力容器；压力容器按其工作压力 p 的大小分为低压、中压、高压和超高压容器四类：

①低压容器：$0.1\ \mathrm{MPa} \leqslant p < 1.6\ \mathrm{MPa}$；

②中压容器：$1.6\ \mathrm{MPa} \leqslant p < 10\ \mathrm{MPa}$；

③高压容器：$10\ \mathrm{MPa} \leqslant p < 100\ \mathrm{MPa}$；

④超高压容器：$p \geqslant 100\ \mathrm{MPa}$。

（6）按容器的设计温度，可分为低温容器（设计温度 $\leqslant -20\ ℃$）、常温容器和高温容器（设计温度 $\geqslant 450\ ℃$）。

（7）根据工作介质的不同，可分为气体用容器、液体用容器和气液混合用容器、直接火与非

专业常识

> 具有Ⅲ类容器制造资格的企业同时可以生产Ⅰ类和Ⅱ类容器；具有Ⅱ类容器制造资格的企业可以生产Ⅰ类容器，但不能生产Ⅲ类容器；具有Ⅰ类容器制造资格的企业只能生产Ⅰ类容器。

直接火容器、真空与非真空容器、受腐蚀介质作用与受辐射作用容器、易燃与非易燃容器、有毒与无毒介质作用容器等。

（8）按容器的装配方法分为可拆容器与不可拆容器。

（9）根据容器的壁厚分为薄壁容器和厚壁容器；当容器的外径 D_0 与内径 D_i 之比值 $D_0/D_i = m$，$m \leqslant 1.2$ 时，为薄壁容器；$m > 1.2$ 时，为厚壁容器。

（10）按《压力容器安全技术监察规程》，从安全技术管理和监察检查的角度，根据充装介质的危害程度，将压力容器可分为三类，见表 8 – 5。

表 8 – 5　压力容器按安全技术管理的分类

Ⅰ类容器	Ⅱ类容器	Ⅲ类容器
一般工况下的低压容器	1. 中压容器 2. 低压容器（毒性程度为极度和高度危害介质） 3. 低压反应容器和低压储存容器（易燃介质或毒性程度为中度危害介质） 4. 低压管壳式余热锅炉 5. 低压搪玻璃压力容器	1. 高压容器 2. 中压容器（毒性程度为极度和高度危害介质） 3. 中压储存容器（易燃或毒性程度为中度危害介质，且 $pV > 100\ \mathrm{MPa \cdot m^3}$） 4. 中压反应容器（易燃或毒性程度为中度危害介质，且 $pV \geqslant 0.5\ \mathrm{MPa \cdot m^3}$） 5. 低压容器（毒性程度为极度和高度危害介质，且 $pV \geqslant 0.2\ \mathrm{MPa \cdot m^3}$） 6. 高压、中压管壳式余热锅炉 7. 中压搪玻璃压力容器 8. 使用强度级别较高（指相应标准中抗拉强度规定值下限大于等于 540 MPa）的材料制造的压力容器 9. 移动式压力容器，包括铁路罐车（介质为液化气体、低温液体）、罐式汽车［液化气体运输（半挂）车、低温液体运输（半挂）车、永久气体运输（半挂）车］和罐式集装箱（介质为液化气体、低温液体）等 10. 球形储罐（容积大于等于 50 m³） 11. 低温液体储存容器（容积大于 5 m³）

注：表中 V 为容器体积；p 为容器最高工作压力。

2. 压力容器的工作条件

压力容器的工作条件主要包括载荷、温度和介质。

（1）载荷性质　大多数容器除了主要承受静载荷外，还承受疲劳载荷的作用。静载荷包括内压、外压、温度压力、自重、水压试验时的水重等。疲劳载荷包括水压试验、开停车调试、定期检修、工作温度和压力波动等变化载荷的作用引起的低到高应力循环载荷以及由于交变温度或振动等引起的高到低应力循环载荷。对于一些特殊要求的结构，还应考虑风、雪、地震等自然条件引起的载荷。

（2）工作温度　有高温、常温和低温三类。

（3）工作介质　有空气、水蒸气、海洋、热带、工业和郊区环境的大气；海水和各种成分的水质；硫化物和氮化物，石油气和天然气中的氨、氯、氧、氮、氢，各种酸和碱及水溶液；溴化物和碘化物，某些熔融金属蒸气以及其他物质等。这些介质以气、液、固相或组合状态存在。此外，还有受到核辐射及宇宙射线辐射的工作条件。

8.4.3　压力容器组成、结构及焊缝要求

1. 焊接压力容器的基本组成与结构

焊接压力容器的结构是多种多样的，其中以单层锻焊式和钢板卷焊式压力容器最为常见，见图8-5。典型焊接压力容器的基本组成如下：

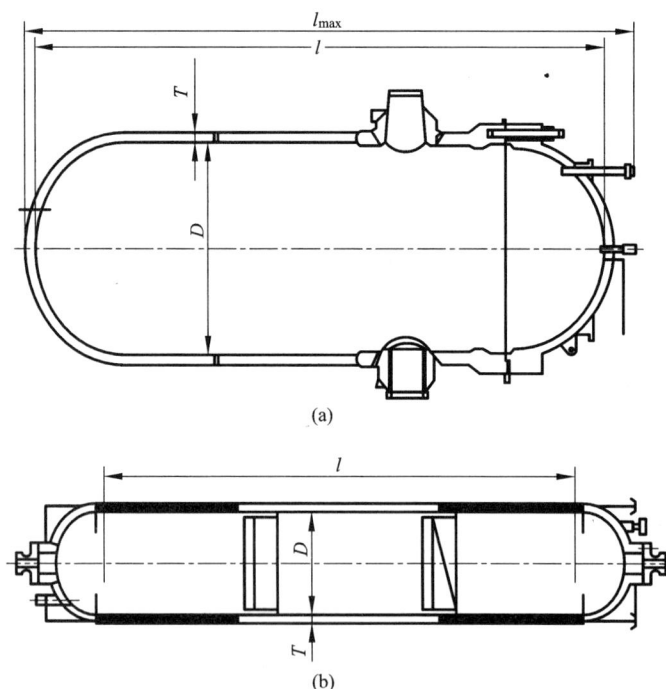

图 8-5　常见压力容器的结构形式

（a）单层锻焊式；（b）钢板卷焊式

（1）筒体　筒体是压力容器最主要的组成部分，包括筒体端部、内筒、板层等，是储存物料或完成化学反应所需的压力空间。当筒体直径很小时，可用无缝钢管制成，这样的筒体无

纵焊缝。当筒体直径较大时，筒体可用钢板卷成圆筒或压制成弧形，然后再将钢板焊接成一个完整的圆柱形。此时焊缝与筒体中心轴线平行，故称为纵焊缝。容器直径适中时，一般只有一条纵焊缝。容器的直径逐渐增大，可能有两条或多条纵焊缝。

当容器长度较短时，可在一个圆柱形两端焊接上、下封头，制成一个密闭的压力容器外壳。当容器较长时，有时需要卷焊成若干筒体，每一段为一个筒节，再将两个或两个以上的筒节焊成所需长度的筒体。筒节之间，筒体与两侧封头之间连接的焊缝，称之为环形焊缝，简称环缝。

（2）封头　封头是压力容器的重要组成部分，根据几何形状不同，封头可分为球形封头、椭圆形封头、蝶形封头、有折边锥形封头、无折边锥形封头和平盖封头等多种。一般情况下，容器组装后不再需要开启时封头与筒体焊接成一体，以保证它们之间的密封。

（3）法兰　如果容器有外接管时，须采用法兰来连接容器和管道。法兰是压力容器及管道连接中的重要部件，它的作用是通过螺栓连接，并通过拧紧螺栓使垫片压紧而保证容器密封。用于管道连接的法兰称为管法兰；用于容器顶盖和筒体连接与密封的法兰称为容器法兰。在高压容器中，用于顶盖和筒体连接的并与筒体焊在一起的法兰又称为筒体端部。

（4）密封元件　密封元件被置于两个法兰或封头与筒体端部的接触面之间，借助于螺栓等连接件压紧，从而把有压力的液体或气体介质密封在容器中而不致泄漏。

（5）开孔与接管　由于工艺要求和检修的需要，常在焊接压力容器的筒体或封头上开设各种孔或安装接管，如人孔、手孔、视镜孔、物料进出口接管以及安装压力表、流量计、安全阀等开口和接管等。

（6）支座　压力容器是靠支座支撑并固定在基础上。支座有立式容器支座和卧式容器支座。常用的立式容器支座又分为悬挂式支座、支承式支座、裙式支座等。球形容器常采用柱式和裙式支座。

为确保压力容器能安全生产和运行，对压力容器的结构必须有一定的要求。具体表现在其具有足够的强度、刚度、耐久性和可靠的密封性；制造、操作、运输方便等。

2. 压力容器的焊缝要求

焊接是压力容器生产过程中的重要环节，而焊缝是压力容器中的薄弱区域，因此，焊缝质量的好坏直接影响着压力容器的安全运行。通常对压力容器焊缝的表面质量有如下基本要求。

（1）焊缝外形尺寸符合标准规定和图样要求，焊缝与母材应圆滑过渡，焊缝高度不能过高也不应低于母材表面。

（2）焊缝与热影响区表面不应有裂纹、气孔、弧坑和肉眼可见的夹渣等缺陷。

（3）焊缝局部咬边深度不得大于 0.5 mm。低温压力容器焊缝不应有咬边。对于任何咬边都应进行修磨或焊补磨光，并作表面探伤。经修磨部位的厚度不应小于设计要求的厚度。

3. 检验要求

（1）下列压力容器应按台制作纵焊缝产品焊接试板：

①使用 Cr－Mo 低合金钢和抗拉强度标准规定下限大于 540 MPa 的材料制造的压力容器；

②设计温度低于 －20℃需要进行低温冲击试验的压力容器；

③需要经热处理保证钢板力学性能的压力容器；

④盛装高度、极度危害介质的压力容器；

⑤设计压力大于 10 MPa 的压力容器；

⑥设计压力大于 1.6 MPa 的有色金属制压力容器；

⑦异种钢之间进行焊接的压力容器；

⑧球形储罐；

⑨移动式压力容器。

（2）压力容器的焊接接头应按设计图样的要求进行无损检测。但下列压力容器的 A 类及 B 类焊缝①，焊接接头应进行 100% 射线或超声检测，材料厚度≤38 mm 时，其焊接接头应采用射线检测。

①第三类压力容器及第二类压力容器中易燃介质的反应容器或储存容器。

②设计压力大于 5.0 MPa 的压力容器和设计压力大于 0.6 MPa 的管壳式余热锅炉。

③焊缝系数为 1.0 的压力容器（无缝钢管制筒体和压力容器本体最后焊接的一条环焊缝除外，但后者应提供保证其焊接质量的相应焊接工艺）。

④使用后无法进行内部检测或耐压试验的压力容器。

⑤筒体钢板厚度大于 30 mm 的碳素钢和厚度大于 25 mm 的低合金钢或奥氏体不锈钢制压力容器。

⑥使用 Cr – Mo 低合金钢和抗拉强度标准规定下限值大于 540 MPa 的材料制造的压力容器。

⑦盛装高度和极度危害介质的压力容器。

⑧耐压试验为气压试验的压力容器及按分析设计标准制造的压力容器。

⑨多层包扎压力容器内筒和热套压力容器各层单筒的对接焊缝。

⑩图样规定需进行 100% 射线或超声检测的压力容器。

（3）除本条二款规定以外的压力容器，允许对其 A 类及 B 类焊接接头进行局部无损检测。局部无损检测的检测长度为不少于每条焊缝长度的 20%，且不小于 250 mm。但下列焊接接头应进行 100% 检测，合格级别符合压力容器的要求：

①所有 T 型焊接接头；

②开孔区域内（以开孔中心为圆心，1.5 倍开孔直径为半径的圆内）的焊接接头；

③被加强圈、支座、垫板等其他元件覆盖的焊接接头；

④拼接封头和拼接管板的对接接头。

专业常识

压力容器不允许降低焊接接头系数而不进行无损检测。

（4）公称直径大于 250 mm 接管的对接接头的无损检测比例及合格级别应与压力容器本体焊接接头要求相同。

（5）压力容器的压力试验报告和气密性试验报告应记载试验压力、试验介质、试验介质

① 压力容器中的焊缝按所处位置和接头形式共分 A、B、C、D 四类：A 类焊缝是指容器受压部分的纵向对接焊缝（但多层包扎容器中的层板纵缝除外），此外还包括各种凸形封头的所有拼接焊缝、球形封头与圆筒连接的环向焊缝以及嵌入接管与筒体或封头的对接焊缝；B 类焊缝是指容器受压部分的环向对接焊缝、锥形封头小端与接管连接的对接焊缝（明确规定为 A、C、D 类的焊缝除外）；C 类焊缝是容器受压部件（如法兰、平封头、管板等）与壳体或与接管连接的焊缝、内封头与圆筒的搭接填角焊缝以及多层包扎容器层板的纵向焊缝；D 类焊缝是指接管、人孔、凸缘等部件与壳体连接焊缝，这些插入式受压部件与壳体的连接一般为填角焊缝（已规定为 A、B、C 类的焊缝除外）。

温度、保压时间和试验结果。试验报告随同设备同时交给用户。

8.5　检验人员技术资格鉴定

8.5.1　检验人员资格等级及职责

检验人员分为检验员、检验师和高级检验师。

(1)检验员的职责有：

①在资格证书允许的范围内从事相应项目的检验工作；

②编制检验方案，出具检验报告，并对检验结果负责。

(2)检验师除正确履行检验员职责外，还具有以下职责：

①对检验员进行技能培训、工作指导和考评；

②编制、审核检验方案、检验报告；

③参与事故的调查、分析和处理。

(3)高级检验师除正确履行检验师职责外，还具有以下职责：

①对检验员、检验师进行技能培训、工作指导；

②参与重大疑难问题研究及重大事故的调查、分析和处理；

③参与有关法规、标准的编写和审定。

8.5.2　无损检测人员一般要求

无损检测与评价技术涉及的不仅仅是单纯的测试，还要涉及材料的物理性质研究、产品的设计与制造工艺、使用中的应力分析以及断裂力学分析等，这就意味着对从事无损检测技术工作的人员要求具备较深的物理基础，有较广泛的知识面和较高的综合分析能力。

无损检测人员应经过执业培训，并具备相应的资格和经验，熟知检测服务的要求，并且具备根据检测结果做出正确判断的能力。基本要求如下：

(1)热爱本职工作，钻研专业知识和检测技术，具有与所承担检测工作相适应的技术水平；

(2)熟悉并执行国家有关法规、标准和技术条件，确保检测工作质量；

(3)勤于实践，能熟练使用常用检测工具、仪器，不断提高检测水平；

(4)坚持原则，依法检测，作风正派，勤政廉洁。

8.5.3　无损检测人员的资格等级

不同行业对焊接质量的要求不同，检测的要求和标准也有所不同，这里以特种设备无损检测人员为例进行简要介绍。

根据国家质量检验检疫总局，国质检锅[2003]248号《特种设备无损检测人员考核与监督管理规则》规定：特种设备无损检测(包括：射线RT、超声波UT、磁粉MT、渗透PT、电磁ET、声发射AE、热像/红外TIR)人员(以下简称无损检测人员)的级别分为：Ⅰ级(初级)、Ⅱ级(中级)、Ⅲ级(高级)。

从事特种设备无损检测工作的人员应当按规则进行考核，取得国家质量监督检验检疫总局(以下称国家质检总局)统一颁发的证书,方可从事相应方法的特种设备无损检测工作。

特种设备无损检测人员的考核工作分别由国家质检总局和省级质量技术监督部门负责,并由国家质检总局特种设备安全监察机构和省级质量技术监督部门特种设备安全监察机构具体实施。考核的具体工作由相应的无损检测人员考核委员会(以下简称考委会)组织进行。

> **专业常识**
>
> 特种设备指涉及生命安全、危险性较大的锅炉、压力容器（含气瓶）、压力管道、电梯、起重机械、客运索道、大型游乐设施和场（厂）内专用机动车辆。

全国考委会负责Ⅲ级无损检测人员的考核及管理工作;省级考委会负责Ⅰ、Ⅱ级无损检测人员的考核与管理工作。

8.5.4　各级检测人员的报考资格与条件

各级检测人员的报考资格条件如下:

(1)年龄在18周岁以上,60周岁以下,身体健康;

(2)双眼矫正视力和颜色分辨能力满足所申请无损检测工作的要求;

(3)报考Ⅰ级应当具有初中(含)以上学历;报考Ⅱ级应当具有高中(含)以上学历,持无损检测专业大专(含)以上或理工科本科(含)以上学历可直接报考Ⅱ级。报考Ⅲ级,应当至少持有2个Ⅱ级项(除TIR外,报考RT或UT项,Ⅱ级证中应当含有MT或PT项;报考MT、PT、ET、AE项,Ⅱ级证中应当含有RT或UT项)。申报不同级别的学历和持低一级别证的时间,应当满足表8-6要求。

表8-6　学历及持低一级别证工作的最短时间

报考级别	无损检测专业大专(含)以上	理工科本科(含)以上	其他大专(含)以上	中专、高中、职高(机电类)
Ⅱ	/	/	6个月	1年
Ⅲ	3年	4年	6年	8年

(4)报考Ⅰ、Ⅱ级申请,经省级考委会初审,并报省级质量技术监督部门核准后,报考人员方可参加考核;报考Ⅲ级申请,需由聘用单位所在地的省级质量技术监督部门签署意见,经全国考委会初审,并报国家质检总局核准后,报考人员方可参加考核。未通过核准的,全国考委会将及时以书面的形式通知报考人员。

(5)报考Ⅰ、Ⅱ级的人员,应当参加其聘用单位所在地组织的考核。特殊情况,由报考人员申请,经其所在地的省级质量技术监督部门同意后,方可参加其他地区省级组织的考核。合格者,由负责组织考核的省级质量技术监督部门批准,报国家质检总局核准。

(6)持证人员证件到期后,如继续从事持证项目的无损检测工作,应当在有效期满当年的2月底前,按要求向相应的考委会提出复试申请(年龄满65周岁以上者的申请,不再予以受理),经初审和核准后,方可参加复试。未通过核准的,考委会将及时以书面的形式通知报考人员。

(7)报考Ⅰ、Ⅱ级的人员,应当参加笔试和实际操作考核,报考Ⅲ级的人员,应当参加笔试、口试和实际操作考核，合格标准为 70 分（百分制）。

（8）无损检测初试、复试考核合格人员，将获得《特种设备检验检测人员证》，证件由国家质检总局统一制发，有效期 4 年，实行全国统一编号。

【综合训练】

一、填空题

1. 用于焊接质量评定的标准分为两类：一类是 _____；另一类是 _____ 要求的标准。

2. 质量控制标准是以人们长期在生产中 _____ 为基础。

3. 合于使用标准，以 _____ 为基础。

4. _____ 是焊接无损检测中的重点。

5. 无损检测的可靠性是指无损检测方法对缺陷的 _____，是对用该方法检出特定类型，特定尺寸缺陷有效性所作的一种定量度量。

6. 在各阶段选择与应用无损检测的原则是即要保证产品质量，又要不产生 _____。

7. 各种无损检测方法都具有各不相同的特点，也有各自的 _____，没有一种方法是万能的。

8. 凡承受流体介质压力的 _____ 统称压力容器。

9. 按容器的用途可分为 _____、_____、_____ 和 _____ 四大类。

10. 压力容器按其工作压力 p 分为 _____、_____、_____ 和 _____ 四类。

11. 容器的工作温度有 _____、_____ 和 _____ 三类工作条件。

12. 焊缝外形尺寸符合标准规定和 _____，焊缝与母材应 _____，焊缝高度不能过高也不应低于 _____。

13. 压力容器的 A 类焊缝是指 _____。

14. 压力容器的 B 类焊缝是指 _____。

15. 检验人员分为 _____、_____ 和 _____。

16. 从事特种设备的无损检测人员的级别分为：_____、_____、_____。

17. 无损检测人员证件有效期 _____，实行全国统一编号。

二、判断题

1. 质量控制标准考虑到每一产品的具体使用情况的差别，要求把缺陷尽可能地降到合理的限度。　　　　　　　　　　　　　　　　　　　　　　　　　　（　　）

2. 合于使用标准的观点是质量不合格并不等于使用不合格。　　　　　（　　）

3. 质量控制标准的目的是确保焊接结构的质量大体保持在某一水平上，其内容简单，容易掌握。

4. 合于使用标准是一种经济性好而又可靠的评定标准。　　　　　　　（　　）

5. 目前焊缝的无损检验技术足以检出所有的缺陷。　　　　　　　　　（　　）

6. 在不同的场合、不同的结构类型、不同的缺陷种类及焊接产品的质量要求，应合理地选择不同种类的检验方法的。　　　　　　　　　　　　　　　　　（　　）

7. 无损检测方法的选择与缺陷类型无关。　　　　　　　　　　　　　（　　）

8. 正确选择检测方法是保证焊接质量的重要因素之一。　　　　　（　　）

9. 移动式压力容器不需要按台制作纵焊缝的焊接试板。　　　　　（　　）

10. 压力容器的 A 类及 B 类焊缝，焊接接头应进行 100% 射线或超声检测。（　　）

11. 当焊缝出现偏析带并具有较高的淬硬性，就会具有较大的开裂敏感性。（　　）

12. 从事无损检测技术工作的人员要求具备较深厚的物理基础，有较广泛的知识面和较高的综合分析能力。　　　　　　　　　　　　　　　　　　（　　）

13. 从事特种设备无损检测工作的人员应当按规则进行考核，有行业统一颁发的证件，方可从事相应方法的特种设备无损检测工作。　　　　　　　（　　）

14. 从事特种设备无损检测工作的人员申报不同级别的学历和持低一级别证的时间没有要求。　　　　　　　　　　　　　　　　　　　　　　　（　　）

15. 无损检验人员，一般报考Ⅰ、Ⅱ级，应当参加其聘用单位所在地组织的考核。
　　　　　　　　　　　　　　　　　　　　　　　　　　　　（　　）

三、思考题

1. 分析为了使产品质量控制有效实施和贯彻企业应具备的条件。

2. 说明焊接质量控制的阶段和内容。

3. 试述无损检测方法的选择与哪些因素有关？并简要说明其理由。

4. 简述压力容器的主要组成及作用。

5. 压力容器的焊缝在哪些条件下要求进行全部无损检测？

6. 简述对无损检测人员的一般要求。

参考文献

[1] 李家伟, 陈积懋. 无损检测手册[M]. 北京: 机械工业出版社, 2002.

[2] 赵熹华. 焊接检验[M]. 北京: 机械工业出版社, 2003.

[3] 闻立言. 焊接生产检测[M]. 北京: 机械工业出版社, 1997.

[4] 石井勇五郎. 非破坏检查工学(第六版)[M]. 产报出版株式会社, 1984.

[5] 王自明. 无损检测综合知识[M]. 北京: 机械工业出版社, 2004.

[6] 中国机械工程学会焊接学会. 焊接手册: 第1卷(第二版)[M]. 北京: 机械工业出版社, 2001.

[7] 中国机械工程学会焊接学会. 焊接手册: 第3卷(第二版)[M]. 北京: 机械工业出版社, 2001.

[8] 中国机械工程学会无损检测分会. 超声波检测(第二版)[M]. 北京: 机械工业出版社, 2004.

[9] 中国机械工程学会无损检测分会. 射线检测(第三版)[M]. 北京: 机械工业出版社, 2004.

[10] 中国机械工程学会无损检测分会. 磁粉检测(第二版)[M]. 北京: 机械工业出版社, 2005.

[11] 中国机械工程学会无损检测学会. 涡流检测(第二版)[M]. 北京: 机械工业出版社, 2004.

[12] 中国机械工程学会焊接分会. 焊接词典(第三版)[M]. 北京: 机械工业出版社, 2008.

[13] 中国标准出版社. 无损检测常用标准汇编[M]. 北京: 中国标准出版社, 2006.

[14] 郑晖, 林树青. 超声检测(第二版)[M]. 北京: 中国劳动社会保障出版社, 2008.

[15] 张天鹏. 射线检测(第二版)[M]. 北京: 中国劳动社会保障出版社, 2007.

[16] 邵泽波. 无损探伤工[M]. 北京: 化学工业出版社, 2006.

[17] 国防科技工业无损检测人员资格鉴定与认证培训教材编审委员会. 无损检测综合知识[M]. 北京: 机械工业出版社, 2005.

[18] 国防科技工业无损检测人员资格鉴定与认证培训教材编审委员会. 射线检测[M]. 北京: 机械工业出版社, 2004.

[19] 国防科技工业无损检测人员资格鉴定与认证培训教材编审委员会. 渗透检测[M]. 北京: 机械工业出版社, 2004.

[20] 国防科技工业无损检测人员资格鉴定与认证培训教材编审委员会. 磁粉检测[M]. 北京: 机械工业出版社, 2004.

[21] 国防科技工业无损检测人员资格鉴定与认证培训教材编审委员会. 声发射检测[M]. 北京: 机械工业出版社, 2005.

[22] 李国华, 吴淼. 现代无损检测与评价[M]. 北京: 化学工业出版社, 2009.

[23] 刘贵民. 无损检测技术[M]. 北京: 国防工业出版社, 2006.

[24] 刘福顺, 汤明. 无损检测基础[M]. 北京: 北京航空航天大学出版社, 2002.

[25] 史亦韦. 超声检测[M]. 北京: 机械工业出版社, 2005.

[26] 梁启涵. 焊接检测[M]. 北京: 机械工业出版社, 1987.

[27] 徐卫东. 焊接检验与质量管理[M]. 北京: 机械工业出版社, 2008.

[28] 胡学知. 液体渗透检测[M]. 中国劳动社会保障出版社, 2007.

[29] 徐可比. 涡流检测[M]. 北京: 机械工业出版社, 2007.

[30] 李丽茹. 表面检测: 磁粉、渗透与涡流[M]. 北京: 机械工业出版社, 2009年.

[31] 肖宁辉. 现代无损检测新技术新工艺与应用技术标准大全[M]. 银声音像出版社, 2004.

[32] 李荣雪. 焊接检验[M]. 北京: 机械工业出版社, 2009.

［33］戴建树. 焊接生产管理与检测［M］. 北京：机械工业出版社，2007.

［34］（日）无损检测学会著，周荣斌译. 磁性检测与渗透检测［M］. 北京：航空无损检测人员资格鉴定委员会，1983.

［35］裴宇阳，唐国有，郭之虞. 中子照相技术及其应用［M］. 新技术应用，2004，5：17～22.

［36］李亚江，刘强，王娟等. 焊接质量控制与检验［M］. 北京：化学工业出版社，2006.

［37］国家机械工业委员会. 焊接质量的检验［M］. 北京：机械工业出版社，1990.

［38］国家机械工业委员会. 焊接接头试验方法［M］. 北京：机械工业出版社，1988.

［39］陈祝年. 焊接工程师手册［M］. 北京：化学工业出版社，2002.

［40］陈裕川. 焊接工艺评定手册［M］. 北京：化学工业出版社，2000.

［41］傅惠民，钱若力. 无损检测可靠性与寿命控制方法［M］. 航空动力学报，1994，9（3）：227～232.

［42］刘政军. 锅炉压力容器焊接及质量控制［M］. 北京：冶金工业出版社，1999.